88

新知
文库

XINZHI

Antarctica:
An Intimate Portrait
of a Mysterious Continent

# 南极洲

## 一片神秘的大陆

［英］加布里埃尔·沃克 著

蒋功艳 岳玉庆 译

生活·讀書·新知 三联书店

**图书在版编目（CIP）数据**

南极洲：一片神秘的大陆／（英）加布里埃尔·沃克著；
蒋功艳，岳玉庆译．—北京：生活·读书·新知三联书店，2018.2
（新知文库）
ISBN 978－7－108－06111－9

Ⅰ．①南⋯　Ⅱ．①加⋯　②蒋⋯　③岳⋯　Ⅲ．①南极－普及读物
Ⅳ．① P941.61-49

中国版本图书馆 CIP 数据核字（2017）第 233512 号

责任编辑　徐国强
装帧设计　陆智昌　康　健
责任校对　夏　天
责任印制　徐　方
出版发行　生活·讀書·新知三联书店
　　　　　（北京市东城区美术馆东街 22 号　100010）
网　　址　www.sdxjpc.com
图　　字　01-2017-6491
经　　销　新华书店
印　　刷　北京隆昌伟业印刷有限公司
版　　次　2018 年 2 月北京第 1 版
　　　　　2018 年 2 月北京第 1 次印刷
开　　本　635 毫米×965 毫米　1/16　印张 24
字　　数　290 千字　图 12 幅
印　　数　00,001－10,000 册
定　　价　45.00 元
（印装查询：01064002715；邮购查询：01084010542）

新知文库

# 出版说明

在今天三联书店的前身——生活书店、读书出版社和新知书店的出版史上，介绍新知识和新观念的图书曾占有很大比重。熟悉三联的读者也都会记得，20世纪80年代后期，我们曾以"新知文库"的名义，出版过一批译介西方现代人文社会科学知识的图书。今年是生活·读书·新知三联书店恢复独立建制20周年，我们再次推出"新知文库"，正是为了接续这一传统。

近半个世纪以来，无论在自然科学方面，还是在人文社会科学方面，知识都在以前所未有的速度更新。涉及自然环境、社会文化等领域的新发现、新探索和新成果层出不穷，并以同样前所未有的深度和广度影响人类的社会和生活。了解这种知识成果的内容，思考其与我们生活的关系，固然是明了社会变迁趋势的必需，但更为重要的，乃是通过知识演进的背景和过程，领悟和体会隐藏其中的理性精神和科学规律。

"新知文库"拟选编一些介绍人文社会科学和自然科学新知识及其如何被发现和传播的图书，陆续出版。希望读者能在愉悦的阅读中获取新知，开阔视野，启迪思维，激发好奇心和想象力。

生活·讀書·新知 三联书店

2006 年 3 月

舍弃一切，得到所有。

——e.e.卡明斯

献给弗雷德和戴维，

我的两个书挡

# 南极洲

阿尔茨托夫斯基站（波兰）
别林斯高晋站（俄罗斯）
长城站（中国）

埃斯佩兰萨站（阿根廷）
奥伊金斯将军站（智利）

哈雷站（英国）●

威德尔海

帕默站（美国）
法拉第站（英）

贝尔格拉诺将军站●
（阿根廷）

罗瑟拉站（英国）

南极半岛

圣马丁站（阿根廷）

龙尼冰架

南美洲

南极冰盖西部

阿蒙森海

玛丽·伯德地

南极圈

60°W

30°W

90°W

120°W

150°W

80°S

70°S

60°S

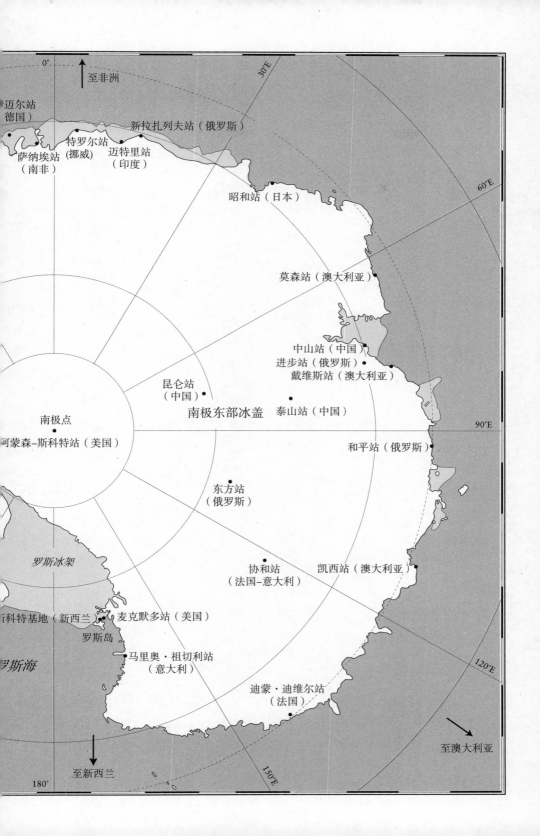

# 目　录

# 引 言

南极洲，地球上独一无二之地。虽然也有其他的蛮荒绝域，但唯有这片大陆，人类从未永久居住。在这片大陆的腹地，人类无以为生——没有食物，没有住所，没有衣服，没有燃料，也没有液态水。一无所有，唯有寒冰。

长期以来，人们一直猜测世界尽头可能存在某种陆地。古希腊人曾经根据独特的哲学逻辑，相信一则关于南极的传言：在遥远的南方肯定有一块大陆来平衡北方的陆地。诗人和小说家也曾幻想，炎热的南部大陆上居住着新的人种，或者南极存在一个巨大的孔洞，通向中空的地球内部。

他们的幻想可以随心所欲。伟大的航海大发现让欧洲强国在西部找到了新大陆，在东部找到了古代世界，但是每当他们驶向遥远的南方，却总是被迫返航，因为横亘在他们面前的浮冰群坚不可摧，环绕了整个南部海域。

1819年，人类首次发现南极洲最外围的几个岛屿，但是对岛屿后面是什么样子，却仍然充满好奇。一百年前，人类才开始尝试进入南极内陆从而开启了由斯科特、阿蒙森、沙克尔顿等人引领的英雄探险时代。南极内陆。

这片大陆要比欧洲或美国本土还要大，但是即使现在也只有49座临时基地，而且大多数位于相对容易靠近的海岸。[①] 每年夏季，冰盖上生活着大约三千名科学家，另外还有三万名来此做短暂停留的游客，后者通常乘船去南极半岛西部；而到每年冬季，整个大陆可能只剩下一千人左右。

在这里，很难判断距离的远近。前面有一座山或者一座岛屿，看上去只有几小时的路程，于是决定徒步去看个究竟，但五天过后，你依然在路上跋涉。这样的事，早期的探险家经历过许多。问题不仅在于冰川和山脉的规模太大——冰川大到令阿拉斯加相形见绌，山脉高到令阿尔卑斯山尽显渺小，而且还在于没有可以进行判断的参照物。这里没有树木，甚至可以说没有任何植物，也没有陆生动物；目之所及，只有冰川、雪原和棕褐色的岩石。

南极广袤无垠，但是并不属于任何人。全球49个公开表示对它感兴趣的国家已经签订了一项国际条约，明确禁止商业开发，整片大陆只用于"和平与科研"目的。因此，南极大陆是一片科研热土。几十个国家都以科研为崇高目标，在此建立了基地，并以此为立足点进行更深入的探索。无论各国政府资助南极科研的真正原因是什么，研究成果的影响远远超出了南极大陆本身。在这里取得的科研发现已经极大地改变了我们看待世界的方式。

由于上述及其他很多原因，二十多年来，我一直痴迷于南极。我先后五次造访南极，主要身份是美国政府国家科学基金会资助的科研计划的客座研究员。通过参与科研计划，我去过南极极点几次，在麦克默多站（McMurdo Station）待过四个月——麦克默多是美国

---

① https://www.comnap.aq/members/sitepages/home.aspx.

在南极的主要基地，也是南极洲的非正式首都——还去过散布在整个大陆上的多个美国野外营地。我还应意大利、法国、英国和新西兰政府的邀请到过南极。在不同时期，我还乘坐旅游船、英国皇家海军破冰船以及科学考察船到过南极。我在冰面上开过拖拉机、推雪机、雪地车和怪异的三角车轮履带车，还乘坐过直升机、"大力神"运输机和带有小型滑雪板的"双水獭"飞机在南极上空翱翔。

在所有这些经历中，许多事情让我惊叹不已。南极绝非仅有冰川和企鹅。去南极，就像在火星上漫步；它是探索太空的一个独特窗口；它拥有被时间遗忘的山谷、秘不示人的湖泊以及水往高处流的冰下瀑布。它还保存着关于我们星球历史的绝无仅有的历史档案。南极是浪漫、冒险、有趣之地，也是代价高昂的秘境。这里以前没有出现过人类文明，没有土著居民，在南极生活的现代人可以从头书写自己的历史。对于新来者，这里就如同一块白板。

甚至满目荒凉的景象，也彰显着南极的魅力。人们被吸引到南极，正是因为可以轻装上阵。我遇到的保障人员告诉我，他们到南极来与其说是要"寻找自我"，不如说是"自绝于世界"。人类社会的大多数常见交往手段，在南极都难觅踪影。这里不需要用钱，人人都穿同样的衣服，拥有同样的住宿条件——无论是帐篷、小屋、宿舍，还是较大基地里与旅客之家差不多的小套间。你吃的食物也跟别人的一模一样。你会忘掉手机、银行账户、驾驶证、钥匙，甚至孩子——几乎没有基地会接纳18岁以下的人。极简的生活，令人心神澄澈，如醉如痴。

不仅是待在冰面上会如此，回到现实世界后，南极生活也会赋予你一种看待事物的新方式。从美国麦克默多基地返回的人，主要是前往新西兰的基督城。这些南极人在冰面上度过数月后返回此地时，当地人对他们的种种怪诞不经早已司空见惯。入住酒店取房间钥匙时，他们会顺便要一杯鲜牛奶（南极没有奶牛），或者不结账就信步踱出餐馆，没人会对此感到惊讶。每到科考季结束，植物园里经常可以见到那些家伙，他们静坐移时，好奇地盯着花花草草，仿佛这是生平第一次看到。

在本书中，我尝试独辟蹊径，将南极洲的方方面面融汇到一起。这些不同的方面包括：在南极的感受；形形色色的人被吸引到南极的原因；南极所扮演的角色，如科研园地、政治足球场、地球历史秘密档案馆、能够预测我们未来的冰质水晶球，等等。只有看到这些不同的方面，明白它们之间的相互联系，才能开始了解这个异乎寻常的地方。

简言之，我在为地球上唯一一块几乎没有人类史的大陆写一部自然史。

南极洲由两块巨大的冰盖组成，本书第一部分以东部冰盖上的海岸科考站为背景。东部冰盖相对较大，有一片荒凉而美丽的冻湖区，因为太像火星，所以被戏称为"地球上的火星"。在这里可以遇到南极"异形"，它们常年生活在这片海岸上，被迫做出种种不可思议的变化，以适应极端生存条件。其中，有血液中含防冻液的鱼，有整个冬天都在海冰下不停游动的海豹，有飞翔时像天使、一靠近就吐你个满头满脸的雪海燕，还有为了哺育下一代而把自己饿到极限的企鹅。

在第二部分，我们将目光转移到位于东部冰盖腹地的高原。这里是天文学圣地，在冰盖顶上架起的巨型望远镜，透过干冷天空中的观察窗口，可以观察到其他望远镜无法企及的宇宙深处。在这里，我们还会看到有人困守在基地里度过漫长的寒冬，仿佛是在与世隔绝的太空站。

在本书的这一重要部分，我将描述在东部冰盖发现的另一个宝藏：非同凡响的地球气候史档案，即埋藏在3公里厚的冰层的古代空气气泡。尽管世界其他地区的科学家仍在为气候变化争论不休，但是南极确凿无疑地告诉我们，人类燃烧石油、煤炭和天然气已经明显改变了我们的大气层，将其置于危机四伏的异常境地。

第三部分将侧重于大陆西部：南极洲西部冰盖以及正对着南美洲的南极半岛尾部。南极半岛正在迅速变暖，速度超过全球任何地方。西部冰盖非常脆弱，因为下方是湿滑的岩石，所以很容易滑入海中。虽然规模较小，但其蕴含的水量足以将全球海平面提高3.5米。[①] 如果西部冰盖完全融化，甚至只是部分融化，南极都将不再是一个可望而不可即的秘境。冰水将注入海洋，抬升海平面，海水将淹没伦敦、佛罗里达、上海以及正在危机四伏的近海地区谋生的数亿人口。

本书的主线仍是经典的"英雄故事"，讲述者跋涉至地球的尽头，到达最陌生、最遥远的地方，结果找到的却是一面镜子、一位邻家女孩、一种回归家庭生活的真谛。但故事，还有更深一层的含义，因为南极就是活生生的比喻。最富经验的南极人从不奢谈征服这片大陆，而是臣服于它。无论你自诩如何强大——技艺多么高超，创意多么丰富——南极始终比你强大。人类如果能够诚恳地以冰为鉴，照出自己是何等渺小，也许就可以学会谦卑，而谦卑正是通向智慧的第一步。

---

① Jonathan L. Bamber, Riccardo E. M. Riva, Bert L. A. Vermeersen and Anne M. LeBroq, 'Reassessment of the Potential Sea-Level Rise from a Collapse of the West Antarctic Ice Sheet', *Science*, vol. 324, 2009, pp. 901–903.

# 序 曲

史蒂夫·邓巴（Steve Dunbar）的头灯射出斑驳的光线，裂缝内的冰墙泛着灰白色。周围黑暗寒冷，冰墙陡峭如削。上方的世界呈圆锥形，锥面自远处井盖大小的洞口延伸下来，只有微弱的光从洞口处透进来。

在爬进这样的裂缝前，史蒂夫通常会将盖在上面的雪桥凿开一些，拓宽洞口，让射进去的光线多一点。但这一次，他却不敢让雪倾泻而下。在他身下地狱般的裂缝中，还有一个人，这个人已经在 -37℃ 的低温中坚持了三十个小时，也许更久。史蒂夫清楚自己可能会看到怎样的一幕。尽管如此，他必须竭力一试。

消息是昨天晚上传来的。呼叫机一响，史蒂夫就知道麻烦来了。他是麦克默多站搜救队的队长。根据合同，他的工作是保护参与美国科研项目的科学家和支援人员的人身安全。按照这片大陆上的不成文规矩，任何人在任何地方遭遇事故，史蒂夫的呼叫机都可能会嘟嘟地响起来。

这次是一个挪威团队。他们一行四人骑着雪地车朝南极点进发，希望找回伟大的挪威英雄罗尔德·阿蒙森（Roald Amundsen）于

1911年遗留在那里的一顶帐篷。阿蒙森是曾经踏上南极洲的最著名的人物之一，是南极点的征服者，也是一场奔向世界尽头竞赛的赢家。此时是1993年，这顶帐篷已经在雪中埋了几十年，而且被流冰挪动了位置。但是，这些人自信能够找到它，把它挖出来，然后带着它凯旋，在来年的挪威利勒哈默尔冬奥会上展示出来。

但是，他们现在遇到了麻烦。在距离目的地1000公里处，有人掉进了冰缝。他们启动了遇险信标，挪威政府收到信号后，联系美国政府，美国政府联系美国国家科学基金会（NSF），基金会又联系麦克默多基地指挥官，最后指挥官联系上了史蒂夫。

如果事故发生在附近，搜救队二十分钟左右就能上路，但是挪威人遇险的地方却远在天边。史蒂夫组织了一支七人搜救队，打包了一千磅重的装备。与此同时，飞机协调员又调来一架带滑雪装置的"大力神"运输机，这架飞机本来是要给一个边远科考站运送给养的。

"大力神"是重型飞机，重量太大，无法前往冰层开裂的事故现场。这架飞机载着搜救队飞了三个半小时才抵达南极点，史蒂夫挑了三名可靠的队员——一名海军医生、一名美国登山队员和另一名来自麦克默多站附近新西兰基地的登山队员——与他一起换乘一架小型"双水獭"飞机。他们将携带一些装备去探明情况，必要时呼叫增援人员。

他们到达沙克尔顿山脉（Shackleton Mountains）的事故现场时，距离信标发出闪光信号已经一天多了。飞行员发现了一顶帐篷，于是将飞机嗡嗡地拉到距地面100英尺（1英尺约为0.3048米）处，但没看见有人从帐篷里出来。这是个不祥之兆。他们从南极点开始就一直与挪威人保持无线电联络，但就在几个小时前联系中断了。透过"双水獭"的舷窗，史蒂夫可以看见挪威人的雪地车在雪桥上砸开的无数孔洞；还能看见雪地车撞上雪丘飞出时留下的痕迹。他们当时肯定是全速行驶，试图越过冰缝，结果险象环生，冰洞开裂，顿时吓得魂飞魄散。帐篷旁停着三辆雪地车。大约200英尺开外的地方有一个冰洞，几根绳子无助地垂进洞里。

他们能找到的最近的着陆点距离帐篷将近3英里（1英里约为1.6093公里）。"双水獭"着陆滑行时，左边一座雪桥裂开了，留下了一个大洞，飞机的滑雪装置很容易就会掉进去。到处都是冰缝。现在所有增援的希望都破灭了。这将是一次一站式行动，找到伤员，带他上飞机，赶紧离开。

队员们在下到冰面之前就已经用绳子互相系好，做好了准备。史蒂夫领头，拿着一根与身高差不多的细杆，一步步试探着前行。由于不断地拔插，他的胳膊很快就疲惫不堪了。雪像糖一样，弥漫在空中，他几乎分不清雪到什么地方结束，危险的冰缝又从什么地方开始。尽管他们小心翼翼，但四个人还是不断地掉进雪里，绳子绷得紧紧的，两条腿在看不见的裂缝上方悬着。

冰缝的混乱，令人难以置信。不是雪地中常见的妊娠纹般的平行线，而是朝四面八方伸展的疯狂之字纹。这真的很危险。通常，可以从侧面走近冰缝，然后从上面跨过去，而且你心里清楚，就算自己掉进去，身后的人也不会跟着掉进去。但是，如果无法预测冰缝的走向，四人就可能会同时站在同一条冰缝上面的同一座雪桥上。如果踩塌了同一条冰缝，每个人都会掉进去。每迈出顽强的一步，史蒂夫肩上的责任就会加重一些。保护身后系在同一根绳子上的人的责任，什么时候才会超过救援遇险者的责任呢？

他继续前行，其他人紧紧跟随。跋涉了四个小时才走了3英里。在距离帐篷只有几码远时，终于有两个挪威人爬出来迎接他们。史蒂夫立刻就能看出，他们已经精神崩溃了。帐篷里，他们的一位同伴肋骨断裂并伴有脑震荡。他是第一个掉进冰缝的。他的雪地车砸穿了一个大洞，结果他连人带车掉了进去。幸运的是，他掉在冰缝内一个突出的地方，困在那里，人事不省，他的雪地车则坠进了深渊。恢复知觉后，他设法借助胸部安全带和同伴抛给他的绳索爬了出来。胸部安全带绑在断裂的肋骨上？那种疼痛肯定难以忍受！

这件事发生后，其他人便就地搭起了帐篷。但是接下来，真正的灾难降临了。这支队伍的二把手，一个名叫乔斯坦·海尔格斯塔（Jostein Helgestad）的军官，决定尝试寻找一条徒步穿越冰缝的安全通道。同伴们眼睁睁地看着他消失在距离帐篷一箭之遥的冰缝里。此后，他们再没听到他的任何动静。

必须有人过去看一下，于是史蒂夫将一根绳子拴在雪地车上，爬下冰缝。下去60英尺，冰缝便非常狭窄，他头都不敢转动，生怕碰掉头灯；与掉下去相比，现在被卡住的风险更大。他叉开双腿，用冰爪扒住冰墙；这样就无法控制绳子，上面的同伴只好把他往下放。他冲上面大喊着指令，接着垂直倒转身体，头朝下沉入黑暗之中。头灯照见了挪威队员扔下的一条睡袋，显然一直没人动过它。接着他看见了要找的人。

裂缝现在宽不足一英尺。乔斯坦侧身卡在掉落的位置，身体的热量已将他深深地融进了冰里。史蒂夫拼命去抓他，但就是够不到。他只好用冰镐往下探，钩住乔斯坦的胳膊，小心翼翼地往上提。胳膊已经冻得硬邦邦的。

连收尸的希望也没有了，可是外面还有三个人要救。回到冰面上，史蒂夫发出了更多指令。"双水獭"既不够宽大，也没有足够的燃料承载重负。要想让所有人都撤离，唯一的办法就是扔掉一切。他们留下了帐篷、雪地车、衣服、吊索、绳子——除了回到飞机上所需的装备之外，他们扔掉了所有东西。那三个挪威人，一个因脑震荡看东西重影，另外两个面对灾难手足无措，史蒂夫只能无奈地向他们解释冰川系绳行走的规则。

接着是漫长而危险的归途跋涉，到达停机的地方后他们仔细查找临时跑道上的裂缝，扔掉更多装备，减少更多负重，然后开始起飞。大家连大气都不敢出，直到飞机最终升入南极明亮雪白的腹地上空。

差不多二十年后，乔斯坦·海尔格斯塔仍然留在那里，僵硬的身躯嵌在那片毫不犹豫又毫无理由地惩罚他的冒失行为的大陆中。其实南极洲并不欢迎人类。我们已经成功开发了地球上的大部分地区，在充满敌意的沙漠、森林和崇山峻岭中，我们都能存活下来。即使在北极冰盖，在那片被大陆包围的冰封海洋里，海冰也只是薄薄的一层，冰下游弋的动物千百年来一直向人类提供着食物、燃料和衣服。但是，南极洲却不同。它是一块广阔无垠的、与世隔绝的岩石，几乎全部掩埋在数千英尺厚的冰层下。这是地球上唯一一片从未有人居住的大陆。在人类历史上，直到最近，它都像月球一样让我们感到神秘莫测。

即使在今天，南极大陆上星星点点的临时基地都是微型的生命支持系统，是人类在一个辽阔而陌生的地域边缘处的落脚点，生存所需的一切都必须从外面带进来。但每年还是有成千上万的人涌向那里，其中有科学家、探险家、冒险家和不可救药的猎奇者。

但是，好奇也意味着风险。如果你遇到麻烦，麦克默多站的电话将再次响起，这里是南极洲最大的基地、物流中心和非正式首都，也是通向寒冰的门户。

# 第一部分

## 南极洲东部海岸

外星世界

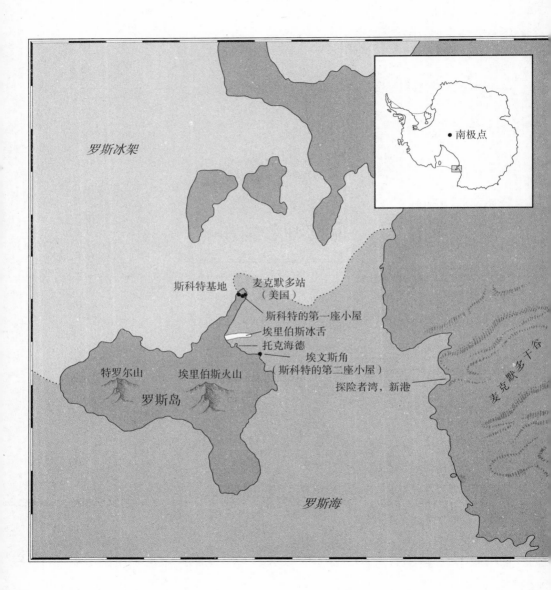

罗斯冰架

南极点

斯科特基地　麦克默多站
（美国）

斯科特的第一座小屋

埃里伯斯冰舌

托克海德

埃文斯角
（斯科特的第二座小屋）

探险者湾，新港

特罗尔山　埃里伯斯火山

罗斯岛

麦克默多干谷

罗斯海

# 第一章
# 欢迎来到麦克镇

麦克默多站坐落在一个火山岛上。从新西兰起航一直往南，走到底就是南极洲——最早的探险家就是这样发现它的。但是，现在大多数人去那里，都是乘坐庞大嘈杂的军用运输机，人们将整个身子绑在织带座椅上，周围满满当当全是货物。

如果运气好，一次就能飞抵目的地。如果运气差，飞机尚未飞到燃料足够返航的"安全折返点"时，天气就开始变糟，于是只得像回旋镖一样折返新西兰，第二天再来一次漫长而痛苦的尝试。（回旋镖的最远点过去被称为"无法折返点"，后来出于心理安慰换了现在这种叫法。）

住在这里的人把麦克默多叫麦克镇，或者简称"镇子"，它是美国科研项目的运营总部，触角从这里延伸到整片大陆。但如果你从没到过南极，一心期盼辽阔壮观的冰天雪地，麦克镇很可能会让你大吃一惊。

你走下海冰跑道，坐进一辆车轮比你脑袋还高的巨型巴士[①]，在看不见的障碍物上不停地颠簸。你伸长了脖子使劲朝窗外看，但周围人身上冒出的热气绝望地蒙住了窗玻璃。当初为了防止发生意外，大家都按规定穿着多层衣服，现在都默默地忍受着燥热。

最后总算是到了，你跌跌撞撞地走下陡峭的巴士台阶，抬眼望去……只见到一个肮脏丑陋的烂摊子。麦克默多本身没有冰，也没有浪漫情调。它更像一座矿山小镇，趴在污泥烂土里。建筑都矮趴趴的，一点儿都不协调。建筑物中间的道路上，履带车和重型装备笨拙地往前爬行，搅起黑色的火山土，散播着灰尘和污垢。没有任何东西能缓和一下坚硬的工业棱角：在这里见不到树木或其他植被，也没有儿童或外来动物。除了成人外，这里禁止所有外来物种进入。

我还记得刚到麦克镇的头几个小时，但这种记忆出奇地模糊。头顶上不断传来直升机的嗡嗡声；卡车将物资从一栋楼运到另一栋楼。人们从身旁跑过，拖着在基督城（Christchurch）发下来的橙色大袋子，里面装着红色保暖大衣、保暖内衣、防风裤、水杯，还有一排排令人眼花缭乱的、用于各种场合的分指手套、连指手套和围巾。有人骑着雪地车，摩托般轰鸣着朝海冰的方向驶去。我们这些新人忙着填写数不胜数的表格，接受令人头昏脑涨的各种详细指令，需要去什么地方、什么时间去、为什么去、带什么东西去，等等。

凌晨1点钟，其他人都前往指定的宿舍睡觉，我却在明亮的午夜阳光下偷偷溜到小镇边上，爬上了观测山（Observation Hill）。这是当地的一处火山灰堆，像孩子画的火山一样呈锥形。

山上的小路布满岩石，但清晰可辨。大约个把小时后，我登

---

① 这辆车侧面印着名称"恐怖的伊凡巴士"（Ivan the Terra Bus）。看来南极没有人能抗拒双关语的魅力。（the Terra Bus 为极地巴士，而 Ivan the Terrible 为"恐怖的伊凡"，指残暴的沙皇伊凡四世。——译者注）

上了山顶。山顶上高高耸立着一个木制十字架，这是罗伯特·斯科特（Robert Scott）船长在从南极点返回途中遇难后，他的同事们在1912年竖起的。十字架上刻着五位遇难者的名字，还有一行取自丁尼生（Alfred Tennyson）爵士的《尤利西斯》的诗句："寻找、探索、奋斗，永不屈服"。

斯科特两次南极探险均以罗斯岛（Ross Island）为基地。第二次（也是更著名的那次）是从埃文斯角（Cape Evans）启程的，从这儿沿着海岸就能走过去。但是，第一个基地建在麦克默多前方半岛末端的小屋点（Hut Point）上。现在远远地也能看见它，就在破冰船年度补给停靠点附近。那座小屋的木墙一尘不染，低矮的房顶十分整洁，仿佛昨天刚刚建成——它提醒人们，寒冰的保护作用很强，而且南极洲的英雄时代距今并不遥远。

我背对十字架坐下，想象着小屋周围发生的许多悲欢离合。贴在门上留给返回的探险队员的留言条，见证过成功，也见证过至少同样次数的灾难。在冰面上一路跋涉而归的探险者，渴望看到明亮的灯火，受到热情的迎接，但他们往往只能见到一片黑暗。

左手边是连绵不断的白色大冰障（Barrier）。它是一块浮动冰川，面积与法国相当，被称为罗斯冰架（Ross Ice Shelf）。冰架边缘形成巨大的冰崖，矗立在洋面上（洋面以下延伸得更远），就是这些冰崖阻止了早期探险家向更南方航行。任何人想去南极点，都必须在冰架上长途跋涉数百英里。斯科特手下的一名队员曾将此地描述成"狂风、积雪和黑暗的滋生地"。就在距此地约90英里的罗斯冰架上，斯科特和他的队员饥寒交迫，最终死去。

在往东约200英里处，罗尔德·阿蒙森也建起了营地，但并未建在像罗斯岛这样的坚实地面上，而是建在大冰障上。尽管大部分冰崖都无路可通，但是阿蒙森发现了一处名叫"鲸鱼湾"（Bay of

Whales）的入口，正是这处入口为其提供了通道。

在手下人发现阿蒙森的"弗拉姆号"（Fram）探险船之前，斯科特并不知道自己正身处一场到达南极点的比赛之中，当时斯科特正和另一些人在大冰障的其他地方设立补给站。双方队员彬彬有礼地分享了各自的食品和计划。但英国人很快就匆忙赶回基地，将竞争对手的消息带了回去。斯科特大为震惊，他曾经自以为荣耀早已胜券在握。虽然他尽量表现得不以为意，但其队员在日记中私下记述，他好像睡不好觉，这个消息显然对他打击很大。

整个冬天，两个团队都在各自的营地里储备给养，盘点装备，整装待发。阿蒙森带来的是一个精干的小团队，大家各司其职，黑暗寒冷的日子都用来改善装备。斯科特团队的人数是前者的三倍，其中有两人是付了钱后才随队前来的，队员活动也更加混乱。进行训练或者表现得太过努力，似乎都是缺乏绅士风度的表现，于是在他们动身前往南极点之前，未来悲剧的种子就已经在罗斯岛上播下了。

尽管阿蒙森做出了正确的选择，并最终赢了比赛，但在今天麦克镇注重科研的氛围中，真正永存的是斯科特小屋所体现的精神。斯科特的人大部分冬季时间都在彼此传授科学知识，他自己也曾写道，由于队员们在探险过程中计划进行的科研工作，"如果这次南极之旅顺利结束，任何事情，包括率先到达南极点，都无法阻止本次探险成为曾经进入极地地区的最重要的探险之一"。[①]

今天，科研是探险项目的核心。麦克默多夏季人口多达1200人，冬季可能也有250人。这些人来此都有一个最重要的目的：支持美

---

① Huntford, *Race to the South Pole*, p. 39.

国国家科学基金会① 以及由该组织选派到这里的科学家。

1959年，12个国家签署（后来又被另外37个国家批准）了《南极条约》，禁止在南极从事军事或商业活动，包括矿山勘探。野生动物受到保护，一切带进来的东西最后都必须带出去。为了获允在这片大陆上占据一席之地，相关国家必须签署该条约并设立科研项目。

有人抱怨说，科研只是一个占位符，一旦南极洲由于某种原因被证明具有战略价值，人们就可以以科研为借口在此插上旗帜，保持存在。但是，在每个参与国，选拔科研资助对象的竞争都非常激烈。除非能在多轮测试中证明自己，否则没人能来这里。

如果你问支援人员，为何愿意舍弃家庭生活，来到这个丑陋的小镇，每周工作六天，一连工作好几个月。他们会争相告诉你，他们喜欢那种干大事的感觉，而且热爱各种学习机会。科研是基地的命脉，它无处不在。就算科学家们饭后在走廊里谈话，都往往有听众站在旁边。

尽管——或许也是因为——它与世隔绝，南极洲却成了一处科研胜地。多年来，在这里产生过许多关于这个世界的真知灼见。在整个大陆的野外营地和基地内，来自不同国家的研究人员探索异域险地，寻找观察月球、火星、银河系中心以及探索宇宙起源的新方法。但是，观察得越远，地球家园就会越用力地往回拽你。南极大陆冰幔中包含的信息，不仅涉及外太空，而且还涉及人类世界的历史，也许还涉及它的未来。

在探索过程中，南极洲的冰展示出许多非同寻常的特征。科研只是南极洲的一个方面，也是目前世人看到的主要方面。但是，南

---

① http://www.nsf.gov/dir/index.jsp?org=OPP.

极洲还有历史、政治、自然史、浪漫和冒险。也许你会问哪一个才是这片大陆的真面孔。答案当然是所有这一切。

除了科学家和合同工外，各种贵宾、艺术家、音乐家和作家也络绎不绝地来到麦克镇。美国科学基金会邀请他们提出对这片大陆的新看法。初来乍到的那几天，我和雅恩·阿索斯-贝特朗（Yann Arthus–Bertrand）分在同一间办公室。他是一位法国摄影师，因从空中拍摄壮观的地球照片而知名。

我来的时候，他已经花了一个月时间从直升机上拍摄麦克默多周边地区。但是他告诉我，他还有一个"编外项目"，就是通过摄像机探索人类行为背后的动机。他带着一套标准化问题走遍了全世界，正计划整理出答案，并通过某种设备放映出来。我一到办公室，雅恩就让我坐下，拿镜头对准我，然后开始连珠炮似的发问："你最怕什么？你觉得你给了身边人足够的爱吗？你绝不会原谅什么事情？你最后一次痛哭是什么时候，原因是什么？你有敌人吗？生命的意义是什么？你幸福吗？金钱对你意味着什么？为什么存在贫穷，为什么我们容忍贫穷？你觉得人死后会发生什么？你恨谁，为什么？"

后来，我问他迄今为止有什么发现。他告诉我，麦克默多人抛出的两个答案把他吓了一跳。首先，尽管牢骚不少，但很多人都说他们很幸福，而且比例高得惊人。但真正令他惊讶的是金钱问题。在世界的其他地方，人们通常会说金钱意味着权力、安全或者地位。但对麦克默多人来说，金钱——显然——意味着自由。

麦克默多由美国政府资助，主要接待美国科学家和偶尔到访的国际合作人员。对他们来说，这里是中转站，是通向野外的门户。大多数人只在此停留几天，整理装备，接受必要的训练。一所授课期两天的雪地学校会教你如何搭帐篷、点燃普里默斯煤气炉，以及操作笨重的高频无线电设备——如果直升机或飞机坠毁，或者被暴风雪困在外面，使用无线电可能是你发出求救信号的唯一途径。再就是必听的各种南极交通方式的说明会。在直升机说明会上，将演示坠机前应保持的姿势。"这是典型的'亲屁股说再见'，"上课的时候，教官告诉我，"在一切停止之前，或者在听见飞行员说'嘘，好险呐'之前，不要放松姿势……即便听见了，最好也要再等几分钟。"

研究人员进入一间巨大的仓库挑选野外装备，仓库里堆满了帐篷、睡袋、普里默斯煤气炉和极寒天气装备，接着又去类似大小的冷库里挑选食品。然后，他们登上直升机或者带有滑雪装置的飞机，被送到事先选定的前哨站开展研究工作。

但是，有些科研在这里就可以开展，就在麦克镇的边缘地带。比如在海冰下方，就有很多怪异而奇妙的生物，它们愿意拼尽全力在这片条件最恶劣的大陆上安家。

其中有餐盘那么大的蜘蛛！长度相当于我身高两倍的黏糊糊的巨型蠕虫！长爪四处舞动、下颌咬合力巨大、个头比我手掌还大的生物！初见萨姆·鲍泽（Sam Bowser）时，如果他说自己爱看 B 级科幻片，我肯定怀疑他在瞎掰。但证据就在眼前。我见过他下潜至岸边海冰下潜水时拍的影，我还把手伸进克拉里实验室（Crary Lab）冰冷刺骨的水族箱里，亲自捞出过他所说的怪异生物。

萨姆来自纽约奥尔巴尼的沃兹沃斯中心（Wadsworth Center），是一位生物学家，拥有多年南极潜水经验。[1] 每个科考季，他的团队都会在与麦克默多隔海相望的一个叫探险者小海湾（Explorers

---

[1] 萨姆制作了一个非常好的网站介绍自己的工作，参见 http://www.bowserlab.org/antarctica/。

Cove）的地方建立营地。这不是普通的冰下潜水——不能挖个洞了事，因为这里的海冰可能厚达3米、4米甚至5米。他们要在电钻机上加几个扩展件，就像老式烟囱清洁装置上的扫帚。先在冰里钻出一条窄洞，然后再把一串香肠模样的亮红色炸药塞进洞里。轰！潜水洞就成了。

这里的水温在 −2℃左右，也是海水能达到的最低温度。盐分令水温降至正常冰点以下，上方的浮冰也能阻止海水变暖。手放水里从1数到10都能冻疼。而萨姆的团队要在这个温度下一次下潜长达一小时。

他说诀窍是在氯丁橡胶干式潜水服的下面多穿几层保暖内衣。双手最难保暖。暖手袋管用，多戴几副手套也行。不过，如果戴上真正保暖、怪里怪气的橘黄色三指手套，手就变成了龙虾钳，很难操作随身携带的装备了。

嘴巴是唯一直接暴露在水中的身体部位。先是觉得有点疼，接着变麻，再后来就没事了。但是，一旦从潜水洞里钻出来，嘴唇就会跟橡胶一样不听使唤，如果在最初几分钟想说话，人们听到的将是含混不清的胡言乱语。

但是，萨姆说，就冲着穿过潜水洞那一刻看到的景象，这种罪就没有白受。"简直难以置信！在你身下出现的是一片浩渺的海洋。就像跨出宇宙飞船舱门看到整个宇宙。如果当不了宇航员，不妨退而求其次，来南极当潜水员。"

海水清澈，就着半明半暗的绿光，能看到250码（1码约为0.9114米）甚至300码远的地方。但是，理智告诉你这不可能，深潜员不可能潜这么深，还能看这么清楚。他们肯定只是待在更近的地方，像叮当小仙女一样悬在附近的水中。潜水时不用系保险绳，这样就可以随意漂浮，灵活自如。但要记住被萨姆称为"耶稣光束"的那条光柱，它从洞口射进来，指引你的返回之路。

海冰的下表面时而光滑，时而又像教堂的尖顶，悬挂着一柱柱石钟乳和羽状冰霜。呼出的气泡会向上升，在冰下聚集成水银般的气泡，四周都是海水环绕。

下方，灰色的海床布满了奇异的生物。用手电筒照去，顿时色彩斑斓，十分醒目。蛇尾海星，状如金色圆盘，人一靠近就立起五条长腿，踮着脚跑开，活像电影《世界大战》里的火星人；还有毛头海星，直径达40厘米，就像一簇瓶刷子，游动时触须狂挥乱舞，仿佛喝醉了的八爪鱼；还有海盘车，一种亮黄色的海星，长着四十条手臂，在麦克默多湾里能长到1米多长。

这里是巨人的世界。这里的海蜘蛛比世界其他地方的同类大一千倍。从头到尾足有一英尺长，如同巨象般在海床上大步疾行。跟它们的陆地亲属一样，它们本该长着八条腿。但有些却长出十条甚至十二条腿。（19世纪20年代，第一批博物学者从南极归来，带回了这些巨兽的草图，同行们都以为他们无意间多画了几条腿。）它们就像高大多刺的狼蛛，美得让人不可思议。

当然，也有一些生物没有那么漂亮。比如纽虫，有拇指粗细，近10米长，是一团不断翻转、令人作呕的剧毒黏液，活像裸露的肠子一样在海床上四处蠕动。世界大部分海洋里都有纽虫，但是这里的纽虫块头最大。它们猎食帽贝，据说还抓鱼吃。[①] 还有大海虱，看起来像土鳖虫或蟑螂，但是比手掌还大，外壳脆硬，毛茸茸的腿蠢蠢欲动，令人毛骨悚然。如果把它翻过来，它的毛腿便会狂挥乱舞。它的下颚从毛茸茸的甲片下凶狠地突出来，据说电影《异形》

---

① 有一段非常棒但会令人不适的 BBC 视频，显示纽虫在麦克默多湾蚕食海豹尸体的场景：http://news.bbc.co.uk/earth/hi/earth_news/newsid_8378000/8378512.stm。

里怪物的创作灵感即来源于此。

为什么这里的生物比其他地方大这么多呢？虽然听起来很矛盾，但答案就在于极寒温度。这里的生活节奏极慢，化学反应更是慢到近乎荒唐。与温暖地带的同类相比，这里的动物寿命要长得多。最重要的是，冷水溶氧更多，而氧对动物生长至关重要。就像身处寒冷的边远村落，由于远离快节奏的城市，生活成本低，自然住得起大房子。

不过，在冰点以下的水里生活也有风险。大蜘蛛和其他无脊椎动物无须太在意，因为它们的体液很浓，水中的冰晶无法渗透进去。鱼类却不可同日而语。为了获取盐分，它们必须将冰冷的海水吸进胃里，但稀薄的血液根本无法阻止寒冷入侵。因此它们不仅个头大，还具备了一种绝对怪异的适应能力：将体内充满防冻液。

早在19世纪60年代，麦克默多的研究人员阿特·德弗里斯（Art Devries）就在多种鱼体内发现了这一现象。其中有一种鱼叫南极美露（*Dissostichus mawsoni*）[1]，在麦克默多附近潜水时就能见到。它们脑袋大，下巴尖，嘴唇肥厚，能长到1米多长，通常叫南极鳕鱼（实际上二者并无关联）。阿特发现它们稀薄的血液里流动着自制防冻液，与车用防冻液相差无几。胃、肝、大脑、肠壁，整个体内都有。但这个妙方最多只能保护它们到 –2℃左右。如果你在极寒天里抓住一条鱼，出水时不小心掉在冰上，它立刻就会冻硬——变成一支鱼冰棍儿。

萨姆·鲍泽最爱的南极海洋生物，尽管在其同类中也算巨人，却只能潜水时见到。萨姆将手电筒绑在棍子上，插在海底，让光束水平照出去，它们就会一闪一闪地进入视野。这些生物属于有孔虫类，简称有孔虫。有些长得像微型橡树，另一些则比较松软，体

---

[1] 以伟大的澳大利亚科学家和探险家道格拉斯·莫森（Douglas Mawson）的名字命名。

内充满了滴状脂肪，但它们都会用亮闪闪的沙子做一层保护壳。

　　萨姆之所以对这些模样古怪的生物着迷，部分原因是它们本来长不到这么大。每个虫子只有一个单细胞，本来极小，应该比句号还小。但实际上却能长到数毫米长，指甲盖大，用镊子都能夹起一个来。

　　它们的保护壳设计精妙。萨姆曾将沙子清理掉，将虫子跟大小不等的玻璃珠一起放在水碟里。他发现虫子会伸出黏性触须（也叫伪足，字面意思是"假脚"），将珠子卷起来拖过去。触须由微型发动机驱动，就像精虫一样，而且还能跳动，仿佛是在跳舞。虫子会按一定的顺序挑选大小不等的珠子，并把它们粘在一起形成外壳。这些生物虽然只有一个单细胞，却是建筑大师。

　　为了适应极端条件，有孔虫会变得极其凶猛野蛮，这正是萨姆喜欢它们的主要原因。在绵密的南极海洋食物链中，虫子捕猎的对象的重量远超其自身。

　　有一天，萨姆将几只虫子带回克拉里实验室，准备做几项简单实验，结果却有了惊人的发现。他说："单细胞有机体位于食物链最低端。就算它们以生物为食，也应该是吃其他单细胞生物，比如细菌或藻类。所以，我们原本只想了解其他生物是如何吃掉这些虫子的。我们找来一些类似的东西，比如甲壳类生物，把它们一起放在培养皿里。"

　　第二天早晨，他发现情况对甲壳动物极其不利。"我们发现虫子变大了许多，甲壳动物却已经支离破碎。这些虫子竟然是掠食者！大动物一旦落网，虫子就会把它们身上的肉撕下来。我们拍了一些慢镜头，的确非常可怕。"[①]

---

① Stephanie B. Suhr, Stephen P. Alexander, Andrew J. Gooday, David W. Pond and Samuel S. Bowser,'Trophic modes of large Antarctic foraminifera: roles of carnivory, omnivory, and detritivory', *Marine Ecology Progress Series,* vol. 371, 2008, pp. 155–164.

虫子的作案工具就是拖沙子用的那些伪足。假设你是小甲壳动物，走路时不小心踩在这些伪足上，一开始你会觉得不太舒服，于是想把它们抹掉，但你做不到。伪足牢牢地抓在你身上，于是你开始扭动身子，但这些伪足就像苍蝇纸，你越挣扎就越难逃脱。等你被彻底困住，伪足就开始在你身上寻找可以刺穿的部位。"它们到处爬，"萨姆一边说，一边不怀好意地笑起来，"然后开始一块块地往下撕你的肉，直到把你活活撕碎。"

这绝不是食物链本来的工作方式。多细胞生物应该吃掉单细胞生物，而不是相反。萨姆和他的团队还拿其他可能的捕食者做过实验，比如小海星、小海胆等。所有扔进去的东西都会被抓住，接着变成午餐。

这似乎很残忍，但在南极却是行之有效的过冬策略：抓一只个头比你大得多的东西，吃掉它把自己养肥。

萨姆和他的团队目前正把相机放进海水里，观察野生环境中是否也存在同样的情况。他们还想知道树形有孔虫是在海底生根还是漫游。"我希望它们可以走动，"他说，"那肯定非常有趣。"


如果你在麦克默多待上一段日子，就能看到丑陋和污垢之外的东西。这里夏季很少下雪，但偶尔下一点薄雪，便会妙趣横生。整个冬天更是银装素裹。这里的居民打趣说，麦克镇还是"穿上衣服"更漂亮些。

在天气晴朗的日子，朝镇外望去，景色美不胜收。南边是白雪覆盖的群岛——其中有一半位于罗斯冰架的怀抱之中。向西越过冰封的洋面，是白雪皑皑的绵绵群山，它们是纵贯南极大陆的群山余脉。但如此非凡之地却存在这样的怪事：壮丽的高原竟起了一个无比乏味的名字"皇家学会山"，原因是这个学会曾赞助过某次探险。

古怪的南极地名常令人忍俊不禁，整片大陆都是如此。跟"皇家学会山"同样壮丽的还有一座"执行委员会山"；还有从冰崖上突出来的两座"办公女郎山"，它们于1970年被命名，以"感谢那些对南极科研项目提供无私支持的办公女郎"。还有其他一些名称，可能只是简单地描述地形特征，比如"棕色半岛""白岛"；或者明显地带有发现者的个人情绪，如"孤独岛""失望角"和本人最爱的"愤怒湾"。

　　如果你善于观察，便会发现麦克镇其实独具魅力。虽然略带些军事色彩（该基地曾由美国海军负责运营，直到现在，餐厅在这里仍被称作"军舰厨房"），但麦克默多更像一所大学。这里有宿舍、酒吧和手工艺中心，有一种生活节奏紧张、瞬息万变的感觉。

　　这里的人也是如此。大多数合同工都是坚韧不拔的梦想家。他们是为了冒险才来到这里的，却不得不在麦克镇的肥皂水和发动机油里寻找冒险机会。他们充当洗碗工、理发师、酒吧服务员、清洁工、重装机械师和锁匠。随处都能见到博士在厨房里削土豆，或者执业律师在清点货物。他们都拼命地想走出麦克默多，走进无边的白色旷野。

　　如果你不是科学家，这样的机会可不容易得到，但却鲜有人抱怨。麦克默多人有个说法，如果你抱怨各种规则、时间被浪费了或者冰激凌机又坏了，他们会跟你说："这片大陆严酷得很啊！"话里的讽刺意味显而易见。在这里抱怨生活艰辛，简直就是自找没趣。

　　但是，麦克默多也并非我料想的那样大男子主义。我曾听过一句很搞笑的口号："到南极来吧——这里每棵树背后都有一个女人！"还听说过少数女性是如何来此攒"颜值"的，一位女性如果在别的地方能打5分，在南极就能打10分。但奇怪的是，麦克镇有很多女性，无论待在酒吧、咖啡厅，还是四下溜达，完全没有感觉到不自然。

但是，过去可并非如此。在男人们踏足南极一百多年之后，女性却仍被禁止接近南极。目前已知的第一位登上南极的女性叫卡罗琳·米克尔森（Caroline Mikkelsen）。她是一位挪威捕鲸船长的妻子，曾于1935年登岸稍作停留。后来直到1947年，才有另外两名女性跟丈夫一起参加探险，并坚持到了最后（本来她们最远只能到智利）。这次尝试并不是很成功，因为两个家庭闹翻了。其中一位女士后来写道："我认为女性不属于南极"。从那之后，除了1956年苏联海洋生物学家玛丽·科勒诺娃（Marie Klenova）曾短暂造访外，再无别的女性来过。20世纪50年代，南极开始实施一项大规模的科研计划，但参与者仅限男性。

1969年，刚移居美国的新西兰冰川学家科林·布尔（Colin Bull）终于取得了突破。过去将近十年里，他一直试图让女性加入他率领的冰原科考队，但每次都过不了美国海军这道关。虽然科考绝不能算是军事行动，但海军负责为美国民用科研项目提供后勤保障。他们断然拒绝在任何运输工具中搭载女性。

后来，科林提出组建一支女子科考队。他恳求了很久，海军确实没法再找借口。他们同意了，前提是他能找到有过南极经历的女性。好吧，有一位女性曾研究过南极岩石标本。通过。还有两位，她们丈夫去过南极，她们负责看家。好歹也算是经历吧。通过。第四位会拆摩托车，还能搬运包裹。说实话，此时基本上大局已定，海军那帮人也不愿再跟他抠字眼了。行动获批后，科林收到了一位首次在南极点过冬的朋友寄来的信。信中写道："亲爱的科林。你是个叛徒！"

她们就这么出发了，总共四位女性（再加上一位企鹅研究员，不过她是跟丈夫一起在另一个团队里工作）。海军司令的助手负责管理这个科考队。他说："我告诉大兵们，这些女士都是科学家，她们都结过婚了，放尊重一点，不要跟我耍小聪明。"他们真的做到了。女士们报告说，海军军官见到她们都彬彬有礼到几乎夸张的程度，无论哪个级别的军人，谁要胆敢说话带一个脏字儿，立即便会遭到众口痛斥。当然也不是所有人都知道队伍里来了女性。有一次，在麦克默多，有位女士注意到身后总有个男人跟着，后来发现他竟然坐在走廊上痛哭流涕。当这位女士上前询问时，男人回答说："我以为你是个女人！"为了让这位男士消除疑虑，她说自己也是这么以为的。[①]

　　这次尝试虽然没能完全把门敞开，但它确实为许多有志于来冰上工作的女性打开了一条缝。如今，麦克默多的男女人数虽然不等，但已经很接近了。更重要的是，女性不再仅仅是科学家。如果你想找个木匠、锁匠或者机械师，找到男性技工和女性技工的概率一样大。

　　至今仍有女性记得麦克默多过去的样子。2004—2005年，我第二次去麦克默多，当时萨拉·克拉尔（Sarah Krall）还在麦克默多运营部工作。麦克默多运营部是一大半南极大陆的控制中心，萨拉则是"南极之声"。虽然她从来没出过麦克镇，但每个美国野外营地、每架直升机、每架飞机上都能听到她的声音。如果在约定的着陆时间过后，直升机飞行员未能呼叫控制中心，萨拉就会发出警报。她必须随时准备应对紧急情况，还要能对付瞬息万变的南极日程表。（如果你收到一份飞机或直升机的行程计划，备注上总会写上"唯

---

① 摘自美国南极计划发行的报纸《南极太阳报》，参见 http://antarcticsun.usap.gov/features/contenthandler.cfm?id=i946。

一能肯定的就是计划肯定会变"。)

我赶在晚上去找萨拉。此时一天的行程大多都已结束，剩下的无线电通信主要是野外营地报告当地天气、人数和健康状况："麦克默多运营部，麦克默多运营部，这里是比肯谷（Beacon Valley）。这里总共四个人，一切正常。"所有通信都使用晦涩难懂的高频率无线电码。为了将数字与背景噪声区别开，"nine"（9）要念成"niner"，不要说"是"和"遵命"，要说"roger"（知道了）和"wilco"（照办）。而且，每次对话结束都要说"clear"（清楚了）。

除此之外，就什么都没有了，只剩下嘶嘶作响的高频背景声，还有宇宙射线偶尔穿插的几个杂音，萨拉将其称作"来自宇宙的飞吻"。她告诉我，像海浪拍在海滩上的那种哗哗的声音是来自木星的射电风暴，那种低沉短促的哨声则来自路过的流星。

萨拉第一次来南极是在1985年。家里四个孩子，她是老四，家人眼中的小不点儿。离家对她意味着无须再受人指使。"我最想做的事，就是自己拿主意，不愿意听别人摆布。"最后，父母只能把萨拉和她的狗带到爱荷华州老家附近的湖边，让她们整天在那里玩皮划艇。在申请去南极之前，她已经在国家户外领导力学校（National Outdoor Leadership School）当了十四年的指导。尽管如此，她还是等了两年才被接受，而她的男友等了两个星期就被接受了。

一见到南极的风景，她就被迷住了。她说道："我觉得简直难以言表，这里太大，太漂亮了。可能看起来光秃秃的，但我压根就不会想到'光'这个字。因为南极太有内涵了。"

美国海军当时还在负责后勤，一千个人当中只有二十八位平民女性。这自然意味着每位女性身上都有一盏永不熄灭的聚光灯。那些认为女性不该来到冰面上的男人对此毫不讳言。对他们中的许多人来说，如果女人都能干这个活，那说明这个活也没啥大不了的，干起活来就感受不到英雄气概。但是，她说也有很多男性因变化而高兴，他们愿与女性做同事交朋友。

"又过了几年，一群俄罗斯人来到镇上。"她告诉我，"国家科学基金会的代表戴夫·布雷斯纳汉（Dave Bresnahan）邀请我去参加为俄罗斯人举办的鸡尾酒会。'什么意思？'我问他，'应召女郎项目？'戴夫说：'不是这个意思，萨拉。俄罗斯人不让女性参加他们的项目。我希望你跟他们谈谈，告诉他们你都做了些什么工作，从而影响他们。'"这句话让她深受触动。"这不是女性跟男性之间的斗争，"她说，"而是女性和男性一起与偏见做斗争。"

多年来，萨拉先后从事过许多工种：在野外中心工作过，当过登山员、直升机技师，甚至一度在基地内驾驶（传奇般的）气垫船。但是，她最爱聊的就是在埃里伯斯山（Mount Erebus）营地当主管的那个科考季。现在，只要一闭上眼睛，想到冰，眼前就浮现出那个地方。

从埃里伯斯山顶可以俯瞰麦克默多和罗斯岛的大部分地区。它是世界最南端的活火山，太平洋火山带的最底部，也是极少数一直拥有熔融岩浆湖的火山之一。山坡起伏不大，覆盖着白雪，一旦云开雾散，远远地就能见到一缕青烟从山顶上冒出来。

埃里伯斯山很高，海拔3794米。萨拉主管的营地距离山顶还有相当的距离。科考季快结束时，有一天她骑着雪地车一路朝山上开，开到没路的地方，下了车徒步朝火山口进发。到山顶后，她朝南一望，禁不住惊喜得热泪盈眶。"向下顺着半岛看过去，观测山变成了小不点儿，右边的埃里伯斯冰舌远看就像一把电锯。我当时就想：'能欣赏如此美景，我何德何能？我该做些什么来感恩呢？’”

她用了三小时才绕火山口走完一圈。天气寒冷，但景色迷人，只是空气中弥漫着一股臭鸡蛋味儿。（据她自己说，由于冷天长途跋涉，加上闻多了这种硫酸味，结果患上了"烟羽咳"。）她选了一个最方便观察的位置停下来，观看火山口全景。左手边往东就是岩浆湖，其实它不是一个注满了火山口的火红的大湖，而是一大块暗黑色的外壳，上面纵横着几条火红色的纹路。火山口周围散落着乌黑发亮的熔岩弹，大小如同手掌、椅子、汽车，不一而足，都是随岩浆喷射出来的。

"人们打算测量那个地方，试图搞清楚它的底细。但是，我不同意，不能这么做。我会用那个地方来衡量自己。我有资格站在那里吗？我能在那里生存吗？平静的一天，埃里伯斯山上万籁俱寂。突然，没有任何警告，它就开始往外扔炸弹。砰！整个心灵都感到震颤。这个地方让我感受到自己的渺小。我并非弱不禁风，但是很渺小。我喜欢那种感觉。"

她的描述令人着迷。只是我不明白，为什么这个科考季她愿意把自己关在这栋黑黢黢的建筑里。"我爱干这个。"她拿手指着面前一排排的开关和麦克风跟我说，"我也不知道为什么，估计是喜欢身临其境吧。"但接着，她又耸了耸肩，有些后悔地笑了一笑，说："真是怀念在野外的日子啊。"

朱莉·尤伯罗嘉（Jules Uberuaga）也是个开风气之先的人。她一头黑发，身材瘦小却精力充沛。身高只有1.57米，却驾驶重型设备，开着一台男人开的巨型雪地推土机，修跑道，挖壕沟，压路面。如果在酒吧里碰到她，只要你客客气气地提出请求（顺便再打点趣），她很可能会邀你去坐她心爱的D7——一台巨型雪地推土机，绰号"特丽克西"（Trixie）。

她会跟你解释压跑道的最佳方法——从雪堆里往外刨房子，又不会把自个儿陷进去的最佳方法。她还会跟你讲，地面是否平整要靠直觉——要找到那种"眼睛一瞄就有了"的感觉。她还会教你微调雪铲的角度，整整齐齐地铲出一条雪卷来。如果你能在朱莉设定的距离内保持雪卷完整不碎，她还可以让你以胜利者的姿势站在车顶拍一张照片。

1979年朱莉第一次来这里，当时她才24岁。整个项目几乎没有女性，更没人能开重型车辆。起初，她在冰上负责维护跑道。但别人不许她用男洗手间，也就是说，她干脆就不能用洗手间。工作没法干下去了。后来，海军允许她使用医疗中心的卫生间，这才解了她的燃眉之急。

过去的三十多个科考季，她听到过各种你能想得到的非难，说什么女人本就不该来南极，尤其不该开 D7。但是，就跟萨拉的情况一样，尽管有男人反对，也总有很多男人维护她的利益。有一次，她骂领班是个"该死的混蛋"，问他是不是整天就想着怎么整她。领班暴跳如雷："你敢骂我混蛋？""对！你就是个混蛋！"她扯开嗓子回击。"好吧，"他回答说，"确实该有人骂我混蛋！"

现在朱莉已经成了老手。对麦克默多来说，她就像建筑和家具一样不可或缺。她说："我敢打赌，世上任何女人都没我推的雪多。"这话一点都没有自夸的意思，因为这是事实。就像有孔虫一样，她活在一个远超其能力范围的世界里，而且活得很好。但是，你跟她聊天时能感觉到，她之所以能生存下来，部分也是因为打造了一层保护壳。

为了适应这里古怪的生活方式，所有的人都各显神通。人们穿着用各种复杂工艺制成的拉链毛衣，费尽心思打理自己的山羊胡子。人们用经典科幻片或者《大青蛙布偶秀》( *The Muppet Show* )

里的歌曲制作恶搞视频，用各种复杂的方式打招呼，在厨房或者咖啡厅里为了尼采或者某个游戏节目主持人争论个没完。恋爱关系建立得快，结束得也快。有些合同工还有"冰上丈夫"或者"冰上妻子"。这种露水夫妻关系只在冰天雪地里才能维持，但双方似乎都很用心。尽管科考站可以二十四小时上网，但是外部世界对这里几乎没有影响。

即便那些很少离开麦克镇的人，也有机会见识南极的真面目。基地里装有空调，御寒自然不难。但狂风会时不时掀起一场"一级"风暴。每当此时，能见度降到零，哪怕从一栋楼摸到几米开外的另一栋楼，也异常凶险。一级风暴期间，所有户外活动一概禁止，碰巧走到哪儿，就待在哪儿。不管困在什么地方，人们都无可奈何地说："匆匆赶来，慢慢等待。"然后，便开始打牌，生炉子，用无处不在的咖啡机煮咖啡。

冬天，每当极夜降临，寒风骤起，冰冷刺骨，上述情形更为常见。当风暴席卷麦克镇，你一定要待在原地不动。如果身处户外，最好先找一个避难所。

附近的动物，尤其是那些真正的南极动物，对此早就习以为常。因为不管天气多糟，它们是绝不会北迁的。每当寒冬来临，南极威德尔海豹就钻进水里，住在数米厚的冰下。它们会在冰里啃出一条隧道般的洞来，用于呼吸空气。接下来的数个月，它们都要在黑暗之中游动、觅食和休息，依靠冰冷的海水将它们与更加严酷的外部环境隔离开来。

冬天是见不到这些海豹的，只有在夏天才能发现它们的一些生活线索，因为母海豹会在夏天出水产子、换毛，并为即将到来的冬季考验重新做好准备。

天空辽阔无垠，点缀着朵朵白云，就像一个个箭头指向地平线。白云之间是明亮的蓝色天空，阳光从白云间洒下来，真是一个无比美好的日子。我开着最钟爱的南极车"麦特拉克"（Mattrack）——一辆完全正常的红色皮卡，只不过轮子是三角形的。它的模样总让我忍俊不禁。远看简直难以置信，好像车轮自个儿在笨头笨脑地到处跑。但是，当你走近时便会发现，实际上它们是一条条独立的履带，三角外形能在滑溜溜的冰上产生最大的抓地力。

开这种车比走路快，但也快不了多少。我把车窗摇下来，正好看看风景。窜进来的空气很冷，但并不刺骨。气温也不比冰点低太多，所以我索性连大衣都脱了。

从麦克默多朝四面八方延伸出一条条用海冰铺成的"道路"，就像一棵家族树。道路呈亮白色，零星点缀着几台雪地车和履带车。路右侧是长长的一溜标志旗，大部分是红旗，也有几面绿旗。旗杆是竹子做的，每隔几米就插一面。插这么多旗帜似乎很荒唐，简直太多了。要这么多旗帜干什么呢？但据我所知，罗斯岛上的风暴经常会毫无征兆猛地横吹过来，眼前这片开阔明亮的景色立即便会被雪掩盖，陷入混乱状态。

预报说天气不错。但在获准出行之前，我必须先了解车辆能安全跨越多大的冰缝，如何搭应急帐篷。帐篷必须搭在车辆背后，而且要用破冰螺丝钉，要花很长时间才能把螺丝钉钻进坚硬的灰色海冰里。由于禁止单人出行，所以我身旁坐着来自重型设备库的迈克。在免费出城名单中，他正好排在我下面，能出来这一趟，他心里也是乐开了花。

我们要去见鲍勃·加罗特（Bob Garrott）。他是蒙大拿州立大学的研究员。有一次他进行野外考察时，我们曾在克拉里实验室见过一面。鲍勃在好几处威德尔海豹聚居地做研究，他说今天可以去托克海德（Turk's Head）找他。托克海德是一个岩石海角的硕大尾部，海角顶部刚好伸出埃里伯斯冰舌，直插进外面的海冰里。

鲍勃曾跟我讲过，11月上旬是研究威德尔海豹的最佳时机，因为这几乎是海豹出水的唯一时段。即便如此，我们也不大可能见到公海豹。因为除非争夺水下领地失败，它们一般不会出现在冰面上。但是，母海豹必须出来产子，所以我们正好遇上了海豹产子的黄金季节。

鲍勃还跟我讲过他为什么对威德尔海豹这么感兴趣："当动物处在生存边缘、面对巨大生存压力的时候，它们往往会想出最有趣的生存策略。我很想了解它们达到极限的时间和地点。"

我们常常会远远地看见一只海豹。它们长得像鼻涕虫，又圆又黑，躺在那儿一动也不动。由于美国人常驻麦克默多，因此也形成了一个优势：近四十年来，研究人员一直在对这里的海豹进行研究和标记。这里能见到的每只威德尔海豹几乎都在鳍上带一个亮黄色或蓝色的标记。在野生动物身上见到如此显眼的人类标记，感觉可能不那么和谐。但这些标记并不会伤害海豹，也不会妨碍它们游泳。标记可以提供一个巨大的数据库，用来研究在其他温血动物无法生存的地方，地球最南端的哺乳动物是如何生存的。

我们刚停下"麦特拉克"，鲍勃就走上来迎接。他带着我们一路朝海豹聚居地走去，不时用冰镐敲打试探。"在海豹身旁做研究，总能碰到冰缝。"他说，"你们小心点，跟着我的脚印走。"

大家一边走，一边听鲍勃讲解。他现在正在研究种群动态——海豹是怎样生活的，需要做出怎样的取舍等。其他南极海豹都生活在更往北的浮冰上，那里每天都会形成大片的开放水域，呼吸也容易一些。威德尔海豹是唯一生活在坚冰下的海洋哺乳动物——海冰非常厚，几乎不存在断裂的地方——它们必须付出巨大的努力才能生存。在空气如此稀薄的地方，一只呼吸空气的哺乳动物要生存实在艰难。它们的上下颚之间长有特殊的铰链结构，嘴巴能张得特别大。上门牙带有斜角，可以用来啃冰块，这样就能确保呼吸孔在整个冬天保持畅通。威德尔海豹能闭气长达一个半小时。一旦找到呼吸孔，先发出小号般的警告声，让占用呼吸孔的海豹走开，然后纵身一跃，呼吸到第一口新鲜空气。

威德尔海豹为什么要自找麻烦呢？鲍勃认为，这是因为可以在竞争更少的情况下，充分利用稀缺资源。其他哺乳动物不会来这里捕鱼。而且，可能更重要的是，其他动物不会来此猎食海豹幼崽。浮冰上四处都是虎鲸和豹形海豹，但在这里它们无法生存。

由于避开了捕食者，跟其他同类相比，威德尔小海豹的成活率非常高。但是即便如此，也只有五分之一能存活。鲍勃很想了解残酷的数字背后掩藏的细节。谁的存活率更高？怎样才能在生存竞赛中脱颖而出？

大家正在聚居地内走动的时候，鲍勃的同事马克·约翰斯顿（Mark Johnston）过来跟我们打招呼。当时我正目不转睛地看两只死掉的小海豹。可怜的小东西，一只把脸埋在雪里，另一只更瘦一些，整个身子弯成了诡异的直角。马克解释说："80% 的死亡者就包括它们。那个小瘦子是饿死的，饿了差不多六天才断气，太可怜了，你都想把它带回小屋，让它躺进睡袋里。"

我心如刀割。但是理智告诉我，即使他们想干预，即使能救活其中一只（幼崽能否救得活尚且值得怀疑），他们也不能这么做。因为鲍勃和他的团队正在研究存活与死亡的原因，任何人为干预都会无可挽回地扭曲研究结果。

目前的研究内容是称量母海豹和小海豹的体重，以确定体重对存活率的影响。此前，他们已经用雪地车拖进来一个滑板秤，现在就要用它服务当天的第一位客户。

鲍勃招呼我过去看一只趴在冰上的母海豹。它身旁不远处就有一只小海豹，刚刚来到这个世界上，身上还连着脐带。小海豹呈浅棕色，在妈妈鼓起的灰色身躯旁，显得纤细而瘦弱。雪地上还留着几条生育时的血迹和残余的胎盘。巨大的海鸟在附近盘旋，它们正等待机会扫荡天赐美食。

大家一走近，小海豹便紧张地朝妈妈身边靠，像个小逗号一样缩进妈妈怀里。两个研究员跟上去，用绳子把它套起来。小海豹看上去非常弱小，所以一开始我还不理解为什么两个人费这么大劲才把它拖到滑板秤的旁边。但是等他们报出体重值，我不禁大吃一惊，小家伙的体重已经达到我的一半。母海豹这时也跟了过来，臃肿的身躯靠着两个鳍状肢在冰面上笨拙地蠕动，一边像《星球大战》里的伍基人（Wookiee）那样哀叫，哀号声在冰崖外都能听到。小海豹也跟着叫了起来，声音像婴儿的啼哭一样令人不安。

不过母海豹还是很开心地爬上滑板秤，跟小海豹躺在一起。研究员报出体重值：母海豹超过了1000磅。很快，母海豹和它的幼崽便爬了下来，安静地躺在距滑板秤几英尺远的冰上。太令人惊讶了！由于在地面上没有天敌，所以从进化的角度来说，这些“巨兽”在冰面上一点儿也不感到害怕。因此，刚才的种种不愉快，很快便一扫而光了。

其实，我不该这么轻率地解读威德尔海豹发出的声音。它们能发出二十种不同的声音，从卡车般的轰隆声到尖锐的吱吱声不一而足。我听过各种录音，有口哨声、轰鸣声、喘息声，还有叽叽喳喳的声音。它们还能像外星人那样发出嘶嘶的电波声，所有动物都发不出这种声音，更别说是一只毛茸茸的动物。[①] 鲍勃跟我讲，蹲在营地厕所里就能听见这些声音，经过与呼吸孔共振后，听起来令人毛骨悚然。

他一边说，我一边做笔记，可偏偏笔出了问题。我气得在纸上乱画，不明白墨水怎么突然就用完了。马克正好瞥见了，于是问我："你不会是在用钢笔写字吧？"他显出一副难以置信的样子。"这个地方怎么能用钢笔呢——墨水会冻住的！喏，用这个吧。"他在兜里摸索了一阵，递给我一支铅笔。这时我才注意到，他们记录海豹身体重量和长短用的都是铅笔。我身上的衣服非常暖和，都忘了气温还在 –32℃以下。

被训了一顿，着实不爽。也不管他们称不称重量了，我自个儿在人烟稀少的聚居地里闲逛了起来。当我路过两个呼吸孔时，突然从一个孔里探出一只海豹脑袋来，围着一圈冰泥。它冲我眨眨眼。眼睛呈淡紫色，亮闪闪的，仿佛全被瞳孔占据了，可能是有助于在黑暗中觅食吧。髭须上挂着珠子般的水滴。有好一阵子，它就悬在呼吸孔里，先用鼻孔深吸一口气，然后屏住呼吸，好像是在品味着什么，接着哼的一声呼出来。每次它一屏住呼吸，我也跟着屏住呼吸，就像是在替它喘气一样。

突然，海豹张大嘴巴大叫一声。伴随着从喉咙底部发出的一声"咕——咦——"，海豹瞬间便消失了。紧接着它又跳出身来，带出一大片海水和冰泥。虽然它是从对面孔里钻出来的，我还是警觉地朝后跳了开去。鲍勃定睛一看，大笑了起来。"哟嗬！这可是个上千磅的大家伙！"刚才的叫声是在呼唤幼崽，小海豹急忙赶过来，

---

① 可从以下网址试听其中一些声音：http://www.antarctica.gov.au/about-antarctica/fact-files/animals/sounds-of-antarctic-wildlife。

紧紧地咬住藏在母海豹肚皮下帽贝般的乳头。

鲍勃跟我说，为了在边缘状态下生存，急速喂养是威德尔海豹最重要的适应能力。母海豹先将大量能量储存在脂肪内——这就是为什么它们看上去那么臃肿，皮肤好像随时都会被撑裂。然后，它们迅速将数量惊人的脂肪灌进幼崽体内。在哺乳期内，母海豹连血液里都充满了脂肪，稠得像奶昔一样，奶水更是像热蜡。从下崽前直到断奶，在不到四十天的时间内，母海豹的体重能减轻将近一半。鲍勃指着一只怀孕的海豹告诉我："眼下它像个鼓鼓的软油箱，但等到下完崽断完奶，就会变得像根细长的雪茄。"而幼崽则恰恰相反，刚出生时体重约70磅，一个月内就能长到五倍重。

对幼崽的生存来说，急速喂养的效果至关重要。母海豹体重越大，幼崽活到断奶的概率就越高。[①] 幼崽断奶时越重，就越有可能活到成年。[②] 我倒是很喜欢这套逻辑。不是适者生存，而是胖者生存。

本人也很喜欢团队的另一个重大发现。要跨过初生到断奶，再到成年这两道坎，有个年纪较大的海豹做妈妈会受益无穷。6岁左右、体形苗条的年轻母海豹刚开始生育，跟那些下过好几个崽、经验丰富的同类相比，喂养幼崽的效率要低得多。研究员们认为，这是因为母海豹的年龄越大，就可能越胖，注入幼崽体内的能量就越多。但母海豹要是真老了，就会丧失大龄优势。中年发福期过后，情况便会发生逆转。一只22岁的威德尔海豹，由于多年啃咬海冰，

---

① K. M. Proffitt, J. J. Rotella and R. A. Garrott, 'Effects of pup age, maternal age, and birth date on pre-weaning survival rates of Weddell seals in Erebus Bay, Antarctica', *Oikos*, vol. 119, 2010, pp. 1255–1264.

② K. M. Proffitt, R. A. Garrott and J. J. Rotella, 'Long-term evaluation of body mass at weaning and postweaning survival rates of Weddell seals in Erebus Bay, Antarctica', *Marine Mammal Science*, vol. 24, 2008, pp.677–689.

牙齿磨损严重，捕食效率降低，往往比不上14岁的母海豹强壮。[①]

团队成员正手忙脚乱地对付一对不愿合作的海豹母子。他们把小海豹拖到滑板秤上当诱饵，但小家伙不停地扑打哀号。母海豹拱着身子一路爬到秤边，可就是不上去。它翻个身，一下把鼻子插进了雪地里。一个实习生赶忙上前挡住它，它又拱起背来，试图跑开。大家只能在一旁静观其变。这次能安静下来吗？没门儿，它又滚了一圈。"它不愿合作。算了吧。"

他们放开小海豹，让它回到妈妈身边。母子俩立即安静下来，刚才那一幕显然早被它们忘在脑后。整个过程太费劲了，每项数据都来之不易。我问鲍勃，为何愿意付出这么多努力。

"生态学中最深刻的见解来自实地考察，来自日复一日枯燥乏味的工作。"他说，"你可以利用卫星图像做研究，但除非你能每天见到它们并追问'它们为什么要这样做？'，否则你根本学不到真东西。"

母海豹大部分冰上时间都在睡觉和哺乳。你要是反复观察同一批海豹，就能发现——哪个是好母亲，哪个是坏母亲，哪个比较温和，哪个比较暴躁。有时候，你把大衣搭在头上遮住光，从呼吸孔朝下看，就能见到它们在冰下 -2℃的冷水中自如生活。我一直想知道，在这种无法生存的残酷环境中，它们是怎么生存下来的。而且，你知道吗？它们不仅活了下来，而

---

① Gillian Louise Hadley, *Recruitment Probabilities and Reproductive Costs for Weddell Seals in Erebus Bay, Antarctica,* Ph.D. Thesis, Montana State University, Montana, April 2006. Available at: http://etd.lib.montana.edu/etd/2006/hadley/HadleyG0506.pdf. 也见 Kelly Michelle Proffitt, *Mass Dynamics of Weddell Seals in Erebus Bay, Antarctica,* Ph.D.Thesis, Montana State University, Montana, March 2008。 Available at http://etd.lib.montana.edu/etd/2008/proffitt/ProffittK0508.pdf.

为了抵御严冬，母海豹要将幼崽急速喂肥

企鹅也是南极洲的主人

且还活得非常好。

在返回麦克镇的路上，我就在想，为了抵御寒冬，母海豹要将幼崽急速喂肥，但即便如此，仍然还有五分之四的幼崽丧生。麦克默多的那句箴言虽然饱含讽刺，却道出了事实：这的确是一片严酷的大陆。我想，这些生灵们用了上万年甚至上百万年才获得在此繁衍生息的适应能力，我们人类，我们这些后来者，可以从它们身上学到很多。

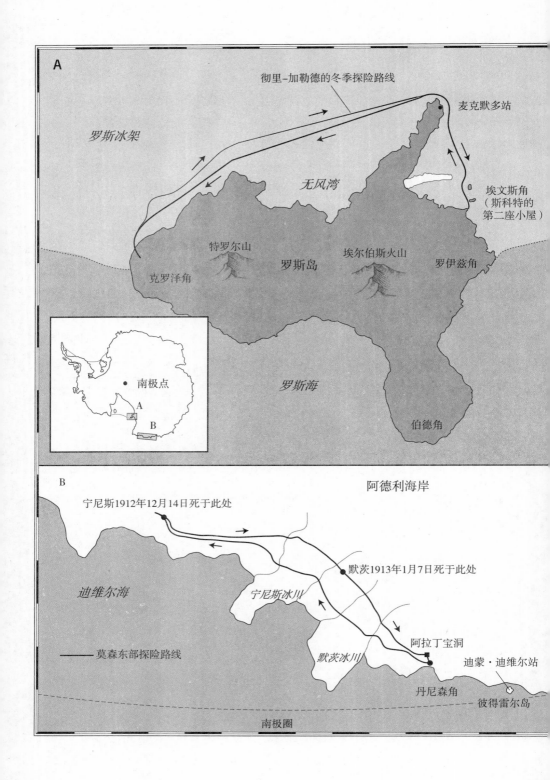

A

彻里-加勒德的冬季探险路线

麦克默多站

罗斯冰架

无风湾

埃文斯角
(斯科特的
第二座小屋)

特罗尔山

罗斯岛

埃尔伯斯火山

罗伊兹角

克罗泽角

南极点

A

B

罗斯海

伯德角

B

阿德利海岸

宁尼斯1912年12月14日死于此处

默茨1913年1月7日死于此处

迪维尔海

宁尼斯冰川

莫森东部探险路线

默茨冰川

阿拉丁宝洞

迪蒙·迪维尔站

丹尼森角

彼得雷尔岛

南极圈

# 第二章
# 企鹅的迁徙

戴维·安利（David Ainley）看上去就像上了年纪的冲浪老手，或者被风吹日晒过了头的登山家。他60岁左右，每年必到南极。一头乱蓬蓬的银发，脸被晒得黪黑，离开南极就蓄八字胡，一进考察季就蓄山羊胡。事先有人警告我，他待人不和善。还有人说他"沉默寡言"，而且"有点不近人情"。他几乎所有时间都在野外营地跟企鹅在一起，在麦克默多的时间少之又少。[1]

戴维是加利福尼亚圣何塞一家生态咨询公司的生物学家。说起话来不紧不慢，吞吞吐吐的，好像不记得怎么跟人类交流似的。有时候，他会给自己说的话放上无形的引号，讲长单词时非常夸张，仿佛是在讲笑话。不过他也确实经常开玩笑，这让我立刻就喜欢上了他。

当我走进主体科研帐篷时，他正在穿外套。

"正好一起去。"他说，"看看有多少张笑脸迎接我们。"

---

[1] 戴维制作了一个非常好的网站介绍自己的企鹅研究工作，参见 http://www.penguinscience.com/。

"啊？"

"企鹅一直都在笑，它们从不缺乏自信。"

我们穿着沉重的防寒靴走出帐篷，朝大海一路走去。戴维的营地位于罗伊兹角（Cape Royds），从麦克默多坐直升机去的话，很快就能到。营地位于罗斯岛最西端，属于阿德利企鹅聚居地。阿德利企鹅是经典的卡通动物，身高及人膝，脑袋、鳍状肢和背部呈黑色，喉部和胸部呈白色，眼睛周围长着一圈亮白色的羽毛。它们将整个繁殖期都集中在短暂的南极夏季，所以此时极其忙碌。阿德利企鹅非常调皮可爱，简直人见人爱。

但是，我却不喜欢它们。跟它们见面之前，我就已经被它们烦透了。自从跟朋友和家人提起去南极的那一刻起，我就开始收到大量的各种跟企鹅有关的东西。企鹅 T 恤、企鹅卡片、企鹅拼图、企鹅茶杯、企鹅马克杯、企鹅眼镜、企鹅扑克牌、企鹅围裙、企鹅睡衣，等等。过生日、过圣诞节或者根本不需要任何理由，我都能收到企鹅背包、企鹅铅笔、企鹅尺子、企鹅围巾、企鹅手套、毛茸茸的企鹅大玩偶、毛茸茸的企鹅小玩具、企鹅地垫、企鹅餐具。我宣布不再接受任何跟企鹅有关的礼物，但它们还是被送了过来。送礼物的人说："只是个小礼物，我实在忍不住喜欢它。"

但是，我能够忍住，而且很开心地忍住。我已下定决心抗拒真正的南极企鹅的魅力。企鹅是南极大陆俗不可耐、烦不胜烦却又令人爱不释手的象征，如果没有企鹅，南极将变回辽阔神秘的蛮荒之地。我认为企鹅是人类征服南极的手段。我们赋予企鹅人性，将它们人格化，把它们想象成讨人喜欢的缩小版的人类。在此过程中，我们就能将南极纳入可控的范围。我很讨厌这种想法。所以，尽管我很喜爱动物，但是我跟朋友们说过，也跟自己说过，我不会，再说一遍，我不会爱上这些企鹅。之所以要写企鹅，是因为跟它们有关的科研很有趣。仅此而已。

外面的天气好得出奇，温度略低于冰点，灿烂的阳光照在岸边的浮冰上，朝四下反射开去。大部分地面都是裸露的火山岩，远处矗立着庞大的埃里伯斯火山，山顶上习惯性地笼罩着白云。

戴维跟我说，阿德利企鹅会将聚居地选在布满岩石的地方，以免企鹅蛋被海冰损坏，但是离海也要足够近，以方便捕食。我们站在高处朝麦克默多湾望去，从站立的地方直到地平线之间并没有无冰的水域，只见无尽的海冰，被挤成了山脊状，大冰块到处都是，宛如一个巨婴从童车里乱扔出来的积木。远处一只肥胖的威德尔海豹正从冰缝中拖出身子，七只阿德利企鹅正艰难地走在回家的路上，一路上跌跌撞撞，一头栽下冰块之间的缝隙，又拍打着脚蹼爬出来。它们看上去异常艰辛，在到达岩石区之前，还有很长一段路要走，而且还要再爬一段陡坡，才能到达聚居地。

我们路过一个小池塘，池塘的水一半结了冰，另一半溢出来，形成一条小溪，在岩石上汩汩流淌。池塘边散落着白色的蛋壳。过了这里就是企鹅聚居地。耳旁的声音从窃窃私语变成了吼叫，听起来杂乱无序，就像震耳欲聋的卡祖笛（Kazoo）组成的乐队。空气中弥漫着鸟粪的腥味，但也没有预想的那样强烈。尽管地面上密密麻麻地布满了鸟巢，但这是个开阔地带，我觉得大风足以将怪味吹走。

与那些在海冰上来回奔忙的企鹅相比，巢里的企鹅非常安静，甚至有些无精打采。偶尔有一只站起身来，拍拍翅膀，露出粉红色的腹部。企鹅用腹部严丝合缝地盖住企鹅蛋，皮肤紧贴着蛋壳，将尽可能多的热量传递给壳内的小企鹅。戴维跟我说，企鹅通常一次下两个蛋，但今年很多企鹅只下了一个。

一只贼鸥落在地上，开始四下乱窜。贼鸥长得跟海鸥很像，但体型更大，羽毛呈棕色，长着老鹰一样恶狠狠的曲喙。我在麦克默多就见过贼鸥，有人警告说，如果由着贼鸥的性子来，它们甚至敢抢你手里的三明治。贼鸥惯于抢劫，一找到机会就去骚扰、恐吓或者盗窃。这家伙明显瞄上了企鹅蛋。离它最近的企鹅纷纷伸长脖子，就像负责警戒任务的家鹅那样，恶狠狠地随时准备发出嘶嘶的警告声。企鹅来回扭动身子，把蛋掩藏在身下，同时眼睛紧盯着敌人。

"为什么贼鸥不直接去抢呢？"我问。

"因为它怕企鹅，而且是有原因的。"戴维说，"贼鸥的个头跟企鹅差不多，但是它们身上全是空气跟羽毛。体重可能只有0.9—1千克。但企鹅可要结实得多，体重能达到7—8千克。而且它们的脚蹼很有劲儿，贼鸥要是挨上一击，肯定终生难忘。"

但是，这并不能阻止它们瞅准机会，迅速出手偷窃。虽然面前这只贼鸥一无所获，但我们右手边突然爆发出一阵愤怒的吼叫声。随即便看见另一只贼鸥从头顶上飞过去，嘴里衔着一只硕大的企鹅蛋。喧嚣过后，企鹅们又在巢里安静了下来，丝毫看不出那颗蛋是从哪个巢里偷的。大家好像都在听天由命。

现在是12月中旬，在这场与时间的赛跑中，阿德利企鹅快跑完了一半。每年它们都必须将所有的繁育阶段——包括碰面、求偶、交配、孵卵、喂养和断奶——压缩进夏季短短的几个月之内。

11月初，南极夏季甫至，它们就赶到这里，与去年的配偶匆匆会面，根本没时间注意求偶的礼节或者不必要的忠诚。企鹅如果迟到一两天，去年的配偶可能就已经名花有主。再过一个星期，企鹅就会产下第一批蛋。两个星期之后，大多数蛋都已经产完了。

企鹅初来时胖乎乎的，以鱼为食的它们为繁殖季储备了充足的营养。产卵完毕，母企鹅回到开放水域补充营养，公企鹅负责孵蛋，同时防止贼鸥偷袭。运气好的话，母企鹅会在两个星期内回来替班。

小企鹅孵出后的头几个星期内，父母中至少有一方会陪在它身边。但是，随着小企鹅慢慢长大，吃得越来越多，父母双方必须同时出去捕食。除了留几条给自己外，将剩下的鱼一股脑儿倒进小企鹅日益膨大的胃里。至此为止，小企鹅都生活在"托儿所"里，身旁来回巡视或者孵卵的成年企鹅都可以为它们提供保护。等到七八周大，小企鹅就要褪掉柔软的棕色绒毛，换上蓝白相间的成年企鹅套装，但颜色很快就会变成黑色。从2月的第一周开始，它们陆续走向大海，开始自力更生。

卸下重担后，企鹅父母要花几周的时间狼吞虎咽，以恢复脂肪储备，然后拖着肥胖的身子走到浮冰上换毛。这是企鹅们唯一不会笑的时段。戴维跟我说，企鹅换毛时，不喜欢别人碰它。它们枯坐在那儿，眉头紧锁，附近不允许存在任何其他企鹅，直到旧羽褪尽，换上新毛。当寒冬的第一波触角触及这片大陆，企鹅们便动身北迁。但是，绝不会迁徙得太远，因为它们是南极真正的主人。它们稍微后撤一点点，退到开阔水域的边缘等待冬季结束，但从不离开冰面。春季开始，它们又会忠实地返回同一筑巢点，一切从头再来。

这是在正常情况下发生的情形。对罗斯岛上的阿德利企鹅来说，过去几年充满了挑战。2000年3月，一大块冰体从罗斯冰架上剥落，形成了世所罕见的最大冰山之一。虽然冰体后来又断裂成好几块，但其中最大的一块——通称为 B15a[①]——依然绵延100多英里，面积比美国的特拉华州还要大。

B15a 就像一个楔子塞住了麦克默多湾一大半出海口，形成一堵白色巨崖，堵住了企鹅从冬季家园返回夏季筑巢点的路线。企鹅们只能向左转，去罗斯岛东侧克罗泽角（Cape Crozier）的大聚居地，

---

① 字母 B 表示该冰山在西经90度和180度之间断裂，此为当年被命名的第十五座冰山。加上"a"，是因为原来的 B15 破碎成多座小冰山，这是其中最大的一座。

或者向右转，往回走几英里，再转个弯，从那儿去罗伊兹角。前一条线路相对容易些。

企鹅们会选哪条呢？戴维跟同事给两个聚居地里的许多企鹅都戴上了数据环，戴在鳍状肢上，标出各个企鹅的身份和出生地。事实证明，这倒成了了解企鹅对出生地的忠诚度的绝佳机会。令戴维惊讶的是，答案竟然是……它们并不是很忠诚。戴罗伊兹环的企鹅会跑到13英里外的伯德角（Cape Bird），甚至离家40英里远的克罗泽角。但是，很少有企鹅反其道而行。

"这件事改写了企鹅迁徙记录。"戴维说，"人们曾以为阿德利企鹅很恋家——对回家这件事有着近乎宗教般的虔诚。但现在大家知道了，企鹅们远比我们想象中的要灵活。"

这很了不起——从某个角度来说。但大冰山也带来了不利的一面。海冰在夏季一般都会裂开，但 B15a 形成的巨崖却能岿然不动。阿德利企鹅聚居地距离开放水域通常不到1公里，以便企鹅父母能快速便捷地捕食，因为企鹅游起来比走起来快得多。但现在出现了冰山，一眼望不到头全是海冰。

阿德利企鹅正饱受冰山之苦。"现在来这儿的企鹅太少了。"戴维说，"一般都会有几只不孵蛋的或者年轻一点儿的企鹅负责驱赶贼鸥，但今年还没见着4岁以下的。很多企鹅一直在这里下蛋，但今年都弃巢而去了。"

他要去看看哪些企鹅还留在这里。他小心翼翼地在鸟巢间走来走去，不时停下来用铅笔在一个橙色笔记本上做记录。突然，他开心地冲我招手，让我过去欣赏本季第一只小企鹅。就在这时，在一片咯咯声中，突然爆发出一阵吵闹声。在我这个外行听来，好像是在争夺领地。但戴维笑着告诉我："这是夫妻俩准备换班了。"更多的呱呱声和咯咯声还在后面呢。只见两只企鹅仰起头，就像唱歌剧一样把喙张得大大的，然后再把脖子曲起来互相绕，先向左绕，再向右绕，再向左，再向右。接下来，伴随着精心设计的舞蹈动作，巢里那只先让开，新来的那只立即换进去。其间只有一两秒的时间能见到巢里的企鹅蛋。它们比鸭蛋稍大一点儿，略微带点灰白色。换班的母企鹅坐下去，又站起来把两只蛋换个位置，又坐了回去。下班的公企鹅在巢边转悠了一会儿，又叼起几粒石子添到巢里。

"石子就是企鹅的钱。"戴维说，"阿德利企鹅要想获得尊严，石子是头等大事。"石子可以把企鹅蛋垫高并保持干燥，令冰雪融水不至于流到蛋上，所以非常重要。只要气温稍高于冰点，雪就开始融化。但融水一碰到蛋，立刻又会冻结，蛋里的小企鹅就会被冻僵。堆的石子越多，企鹅蛋就越安全，夫妻俩就越有底气抬头挺胸向周围的企鹅大声炫耀。对企鹅来说，石子就相当于名牌服饰或者跑车，是显露于外、触目可见的成功标志。"一旦企鹅收集了一大堆石子，占有欲就会变得非常强。它们还会去偷石子、争石子。如果石子被偷走，而且附近还有贼鸥，那就根本没机会弥补损失——企鹅必须在巢里稳坐不动，等着伴侣回来。所以每次换班，下班的那只总会找几颗石子添到石堆里。"

眼前刚下班的这位好像有点心不在焉。通常它都要花一个小时在巢边找石子，但这只公企鹅跟它丰满的伴侣一比，实在是瘦得可怜。仅仅过了几分钟，它就转身朝斜坡走去，斜坡下面就是海冰。

我们目送它离开。"这个冰山实验本来是为它们量身定做的，"戴维说，"但现在拖得太久了。"

在戴维的帐篷和企鹅聚居地之间的岩石上，突兀地矗立着一间小木屋。经历日光照晒和风尘冲刷，外墙早已变成金色。里面与其他英雄时代的小屋一样，几乎是全新的，只不过家具都颇古旧，带着历史的沧桑感。墙上挂着两张肖像，一张是乔治五世国王，很庄重地看向一侧，另一张是玛丽王后，目光投向小屋外边。小屋一侧放着烧木柴的火炉和烤箱，火炉上还带一个金属烟囱。货架上放着略微有些锈渍的食品罐头，上面用古朴的字体写着"熏鲱鱼""腌白菜""爱尔兰棕面包"。

这最后一种恰好可以指代小屋的建造者、探险队领队欧内斯特·沙克尔顿。沙克尔顿出生在爱尔兰，一开始生活在爱尔兰，10岁移居英格兰，进入一所私立学校学习。这所学校要培养的是大英帝国的坚定继承者，可惜沙克尔顿从未退尽身上的爱尔兰味儿。傲慢的同学嘲笑他的出身，但他从不示弱。他的一个朋友说："只要有人打架，一般都少不了他。"[1]

早在1902年，沙克尔顿就参加了斯科特队长组织的"发现"探险队。位于小屋点处的第一间小屋就是在那次探险中建的。斯科特选了两个人跟他一起首次尝试到达南极点，其中一个就是沙克尔顿。但由于计划不周，行程以失败告终。三个人都患上了败血症，虽然勉强将装载过重的雪橇拖到距离基地500公里远的地方，但最后还是不得不返回基地。斯科特知道沙克尔顿招人喜欢、受人推崇，这在某种程度上似乎威胁到了他自己的权威。另外，他也要为这次惨败找个"替罪羊"，于是便宣称沙克尔顿体检不合格，并责令其回家。

为了报这一箭之仇，沙克尔顿找到一艘名为"尼姆罗德"（Nimrod）的小船，自己拉起了一只探险队，再次尝试到达南极点。当斯科特听说沙克尔顿撇开自己单干时，气得七窍生烟。对沙克尔顿来说，这次探险只能成功不能失败。

---

[1]　Riffenburgh, *Nimrod*, p. 25.

两人之间对比鲜明。斯科特是皇家海军军官；而沙克尔顿——他父亲是内科医生，根本没能力送他进海军——则是在名气差得多的商船队里学的航海。斯科特一板一眼；沙克尔顿魅力四射。斯科特认为官兵之间应该界限分明；沙克尔顿则在处理上下级关系时平易近人。

　　沙克尔顿于1908年2月到达罗伊兹角，并搭建了这间小屋。小屋内部的布局将沙克尔顿的理念表现得淋漓尽致。大家平等相待，每个人都拥有自己的独立空间。小屋沿墙被分隔成多个双人间，每间400平方英尺，并且都有一个非常贴切的绰号。其中一间洁净无比，书架上摆的都是高雅书籍，所以被称作"帕克街1号"，因为这是当时伦敦最风雅的地方；另一间则被粗俗地称作"酒吧"，因为其中一个居住者患有慢性腹泻；还有一间住着两位科学家，里面放着各种稀奇古怪的仪器和设备，所以就叫"老古玩店"。

　　只有沙克尔顿独住一间房。这与其说是注重隐私，倒不如说是因为沙克尔顿知道，有时候大家都想离领队远一点。整个1908年冬，小屋里都洋溢着欢乐。领队可能性子急了点，但脾气来得快，去得也快。更重要的是，他有本事让每个人都觉得自己是这次任务不可或缺的一分子。

　　夏季甫至，1908年10月29日，阳光灿烂，万里无云，沙克尔顿向着他的梦想出发了。跟他一起启程的有三个精心挑选的同伴、一个支援组、一辆牵引车和一队西伯利亚矮种马，每匹马各拉着一批东西。

　　大冰障表面凹凸不平，牵引车走起来非常困难，矮种马也好不到哪里去。但探险队继续前行。支援组沿途留下返程所需的食品和物资，完工后于11月7日返回罗伊兹角。沙克尔顿和其余三个人毫不费力地超越了斯科特此前到达的南部最远点，很快便见到了人类从未见过的景象。平坦的白色大冰障尽头，群山苍茫，在他们眼前拔地而起。为了勘察山那边的南部地形，四人挑一座矮点儿的山峰爬了上去，后来他们将这座山命名为希望山（Mount Hope），沙克尔顿后来写道："只见一条大道笔直地向南延伸。"他们发现了一座广袤的亮闪闪的冰川。为了纪念这次探险的一位赞助人，特将此处命名为比尔德莫尔冰川（Beardmore Glacier）。他们将顺着这条阶梯一路向南，直达南极东部冰盖上的高原。

大家费力爬上冰川，高海拔又开始折磨他们。沙克尔顿发现大家前进的速度慢得令人忧心，当初他是按每天走19英里计算的食物储备，可现在勉强走到5英里。

等上了高原，情况愈发糟糕。队员弗兰克·怀尔德（Frank Wild）在圣诞节那天的日记中写道："衷心祝愿我最大的仇人在这个倒霉的、被上帝抛弃的地方过圣诞。这里海拔9500英尺，是人类到过的距离文明世界最远的地方……狂风呼啸，雪花乱舞，温度是 −29℃。"[1]

吃完丰盛的圣诞大餐，沙克尔顿清点了一下剩下的食物。他觉得必须削减大伙儿的口粮，过去吃一周的东西现在要坚持十天。"我们别无选择，无论如何，我们一定要到达南极点。"[2]

英雄时代探险家的主要食物是茶叶、可可和干肉饼——后者用肉干和肥油混合制成，简直倒尽胃口，不过倒是可以调成一种名叫"杂锅菜"的浓汤，里面常常还要再加点儿饼干末。即便如此，每一滴汤都弥足珍贵。为了公平分配，他们设计了一种叫作"闭眼"的分汤仪式：一个人背转身，另一个人指着盛出来的汤问："这是

---

① Riffenburgh, *Nimrod*, p. 226.

② Ibid., p. 226.

谁的？"

走得越远，汤变得越稀，队员们也越爱做跟食物有关的美梦。与其说是美梦，倒不如说是噩梦。大家梦见自己置身于小吃摊边或宴会中，到处都是刚出炉的新鲜面包、小圆面包、巧克力，还有烤肉。要是有运气，至少还能在梦里尝个味儿。要是倒霉，每晚都是刚把东西送到嘴边就醒了。

坡越来越陡，队员们越来越费力。空气稀薄而干燥，由于燃料有限，融化不了很多雪，大家都快要脱水了。根据沙克尔顿的记述，他们每拉一小时雪橇，就要倒在雪地上休息三分钟，才能恢复体力。

1909年1月2日，他们打破了人类在南北两极曾到达的最高纬度纪录。虽然食物日渐耗尽，但队员们继续前进。最后，在1月9日，他们越过位于南纬89度的大冰障，距离南极点已经不到100英里。目的地触手可及，沙克尔顿几乎都能闻到它的气味儿。他知道自己的队伍能达到目标。但是，他也明白，口袋里的食物已经无法维持返程的需要。如果继续前进，大家都会丧命。考虑到人命比荣耀更要紧，他做了一件非同寻常的事。

他下令返回。

就算返回，也是一刻也耽误不得。食物储备少得可怜，还没抵达下一个储存点，预备的食物就差不多吃光了。队员们食不果腹，筋疲力尽，都快瘦成了稻草人。大家在跟崩溃的身体赛跑。沙克尔顿写道："大家都瘦得厉害，钻进睡袋躺在雪上，都能硌到骨头。"①

大家也在跟时间赛跑。队员们虚弱不堪，行进速度比沙克尔顿预期的慢太多，有可能赶不上返航船。走到还剩最后33英里时，一

--------

① Riffenburgh, *Nimrod.*, p. 260.

名队员彻底垮了，当时离开船只剩下36小时。沙克尔顿把他留给其他人照应，自己带着怀尔德前去探路。他们只带了一个指南针、两条睡袋和一些食物。两个人走了整整一夜，终于在第二天，也就是2月28日晚上8点到达了小屋点。小屋里一片漆黑，门上钉着一张留言条，上面说船最多等到2月26日，之后就要起航。

两个人愁闷了一夜，但毕竟不死心。第二天早上，他们一把火点着了屋外的一个小储藏室，并在屋顶上升起了求救信号旗。谢天谢地！"尼姆罗德号"虽然留了便条，但并没有真的开走。一看到信号，便立即赶来救援。

怀尔德一上船就垮掉了，但沙克尔顿的任务还没完成。还有两名队员留在大冰障上。他又组织起一支救援队，并且亲自带队。我无法想象他当时有多累，多想一头倒下，多想留在船上这个相对文明的地方。可他连留下来的心思都没动过，更别说让别人接手最后一次行动。没有大肆炫耀，也不是故作姿态，之所以如此，只因为他是领队，领队就该这么做。

沙克尔顿的妻子曾说他是一个"被游荡的野火鞭策前行的人"。[1] 事实可能确实如此，但鞭策沙克尔顿的还有一种领导欲。回英国后，如果不组织探险，沙克尔顿就表现得非常低俗，活脱脱一个满脑子愚蠢计划、幻想一夜暴富的骗子。但一到了冰面上，沙克尔顿就会变得无比高尚。

有这么一则故事，也可能是杜撰的[2]，说沙克尔顿曾经在英国一家报纸上刊登了一则广告，为他的"尼姆罗德号"探险队招募队员：

---

[1]　Riffenburgh, *Nimrod*, p. 107.

[2]　一家网站曾向能够找到原始广告的人提供奖励。你可以通过以下网址查看结果：http://www.antarctic-circle。

## 招人探险

工资低，天气冷，长期不见光。安全返回无保障，一旦成功美名扬。

在后来历次南极探险中，沙克尔顿从未实现出发之初设定的目标。但是，他自己确实做到了名扬四海。他不断开展各种离奇的冒险活动，实施英勇救援，虽然广告里说"安全返回无保障"，但还从来没有一名队员在他直接领导的行动中丧生。

沙克尔顿失败后，又过了不到三年，就有两个探险队刷新了他的南极纪录，并成功到达南极点，不过其中有一队人马命丧归途。

沙克尔顿曾这样告诉妻子："活驴总比死狮子强。"但沙克尔顿并不是驴子。眼看着荣耀唾手可得，却在相距不到100英里的地方下令折返，这一行动胆识过人——是南极探险家做过的最勇敢的事情之一。

最终征服南极点的阿蒙森比别人更能理解这一点。晚年谈起自己的探险经历时，阿蒙森曾这样评价："欧内斯特·沙克尔顿这个名字将在南极探险史册上永远闪耀。"

出了沙克尔顿的小屋，距主聚居地不远处有两座小山头，中间是一块空地。空地上有人用绿网围起一个高及大腿部的围栏，里面有四十来只企鹅安静地躺在巢里。这是个小聚居地，戴维把它单独隔离出来开展研究。起初我还以为企鹅是被困在围栏里的，但后来我发现了一只桥式地秤，相当于一条拱起的过道，下面铺着金属灰色的毛毡，四周堆着石头。

这项实验跟食物有关。"阿德利企鹅全身都是能量，"戴维跟我说，"它们忙个没完。除非坐下来孵蛋，不然没一刻能站着不动。

不过这要消耗大量的食物。它们肯定得吃很多东西。"

他跟我说，这里每只企鹅的皮肤下面都嵌着一块芯片，跟人们用来识别自家猫狗的那种芯片一样。整个实验可谓别出心裁。企鹅一上秤，身体就会切断光束，地秤随即启动。这时，地秤上方有一个线圈，线圈里的磁场就会激活芯片里的发射器，发送出企鹅的身份代码。毛毡下面的电子秤负责称量企鹅体重。当企鹅切断第二条光束时，就会知道它是进入还是离开围栏。

"进出都要称重。"戴维说，"如果它们要给小企鹅喂食，我们将进栏体重与离栏体重一对比，就能算出它们喂了多少。如果通过称小企鹅来计算，那就太麻烦了。"

企鹅以鱼和像小虾一样的磷虾为食。戴维告诉我，研究人员之所以知道这一点，是因为过去他们花了大量时间让企鹅把吃进去的东西吐出来。

"先把它们肚子里灌满水，然后再把它们头朝下提起来。"他说，"这样来回倒三次，才能把它们的胃清空。不过我们这里只倒一次，给它们留的食物还算是挺多的。但现在我们可不干这个了。以前那种做法，无论是研究员还是动物都很痛苦——侵犯了企鹅的自我意识。"

"企鹅的自我意识？"

"它们当然有自我意识，就是一种身为企鹅的荣誉感。其他企鹅不愿做的事，我们也尽量不做。企鹅拿人当大企鹅看待。要是你靠巢太近，它们会像啄其他企鹅一样啄你，它们的喙尖得很，而且还会用脚蹼踹你的小腿。不过一旦被提起来，它们就要失魂落魄了。装发射器的时候，我们总是尽量用脚把它们夹起来。除非迫不得已，才会把它们提起来。"

"它们摸起来是什么感觉？"我问他。

"要是全抖开了，羽毛是软软的。如果收紧了，摸起来就跟鳞片一样。"他说，"企鹅精力充沛，极其强壮，而且还总是扭来扭去，它们浑身都是骨骼和肌肉。跟其他的鸟不一样，企鹅的骨头是实心的。而且由于经常游泳和走路，肌肉都是一大块一大块的，所以真的很难抓住。你必须先抓住它的两条腿，再把它的脑袋夹在胳肢窝下面，还要把它的眼睛捂起来，就像抱橄榄球那样才行。"

我冒昧地问了一个比较私人的问题："你做了这么多，到底图什么呢？"

"不知道，就是对海鸟和海洋感兴趣，然后……嗯……也可以说是为了浪漫吧。"他变得健谈起来，"在这片广阔的海洋上，跟这些温血动物生活在一起，就像跟人类同住在一条船上一样，只不过企鹅比人类更明白一点儿道理。从某种程度上来讲，人类已经彻底破坏了海洋。但是，企鹅却解决了这个问题，因为你知道，它们总是适应环境，从不试图去改变环境。"

"人类是怎样改变海洋的？"

"在其他的大洋里，我们已经杀光了所有最高等级的掠食者。鲸、海豹、鳕鱼、青鳕、金枪鱼、旗鱼、鲨鱼几乎都灭绝了。高级掠食者都是长寿物种，一旦食物供应不足，它们就能吃掉多余的个体，整个种群很快就会恢复平衡，生态系统也会保持稳定——不至于在两个极端之间剧烈摆动。"

在戴维看来，由于罗斯海仍有鸟类、鲸、海豹和掠食性鱼类存在，所以它是地球上唯一正常运转的海洋。

"可惜太野蛮了。"我若有所思地说。

"确实如此。赤裸裸地摆在那里，一览无余。企鹅不会隐瞒任何事，也不会问问题，但你可以问它们问题。如果你脑子足够灵活，甚至还能找到答案。"

"你喜欢另一种野蛮，大自然的野蛮吗？"

他稍微想了一下。

"我不愿冒险，也不想让肾上腺素飙升。"他回答说，"但是，我确实很喜欢克罗泽角，那里的风可是出了名的大，天气也是独具一格。你找个避风处坐下，就能见到飓风在几英里外肆虐，就像一片乌云尖啸着扫过罗斯冰架，把海水搅成一团白色泡沫。"

"你遇到过风暴吗？"

"遇到过几次。就站在那儿，四下里风平浪静。突然来一阵时速70节①的暴风，扫得你四脚朝天。做研究生那会儿，有一次一场风暴差不多刮了三天。等风停了，我穿上装备，跑到海滩上去查看企鹅的状况。因为要是风刮得太大，企鹅就会被吹起来跌断骨头。

"我正查着呢，风又刮起来了。速度有100多节，周围全是白茫茫一片。没法走，只能爬。幸好我对小聚居地还算熟悉。那里有个小观察哨，约莫电话亭那么大，我手脚并用地爬了进去。里面有个睡袋，还有C型口粮——大兵们吃的那种。那些罐装的东西我是碰也不会碰的——太倒胃口了——但我把所有的蛋糕都吃光了。我在那里待了差不多三十六个小时。后来风速虽然还有100节，但视野亮堂了，我硬是爬了将近一公里才回到小屋……从那以后，觉得所有的日子都是幸福的。"

"你当时害怕吗？"

"不怕，就觉得无聊。"

"小屋里其他三个人呢？他们担心你吗？"

"当然啦。"

"那他们怎么不出来找你呢？"

---

① 速度1节为每小时1海里，1海里为1852米。——译者注

"因为他们什么都看不见。"

我把这句话仔细地品味了一阵子。狂风把你困在一个电话亭大小的盒子里整整一天半，你只能以蛋糕为食。而你的朋友却不能过来看看你的死活，因为他们根本啥都看不见。外面狂风暴雪，大家除了等，一筹莫展。这片大陆确实不适合缺乏耐心的人。

对于克罗泽角可怕的狂风，斯科特探险队的三名队员也深有体会，而且他们还是在冬天去的。我问戴维是否听说过这件事。

"听说过。"他说，"在克罗泽角的时候，我从书上读过他们的故事。那些家伙简直脑子坏了。"

他停顿了一下，好像在思考这样说是不是公平。但接着又说："他们根本不了解要去的是个什么地方。麦克默多完全不可同日而语，因为这里刮风的方式不一样。每次我们通过无线电汇报情况，人家根本不信克罗泽角的风吹到了140节，因为麦克默多的天气好得很。那些家伙根本不知道自己会遇到什么。要不是博迪·鲍尔斯（Birdie Bowers）此前在那儿垒了个石头房子，他们早就没命了。"

> 1911年7月20日，克罗泽角
>
> 一觉醒来，也不知是几点。周围静悄悄的，一片死寂；这种死寂可能令人放松，也可能令人恐惧，一切要看情况。风中传来一声呜咽，但很快重归寂静。又过了十分钟，突然狂风大作，仿佛整个世界都开始抽风，大地被撕成了碎片：那是一种无法想象、难以名状的愤怒和咆哮。[①]

那景象肯定恍如世界末日。阿普斯利·彻里-加勒德（Apsley

---

① Apsley Cherry-Garrard, *The Worst Journey in the World*, p. 281.

Cherry-Garrard）还有同伴比尔·威尔逊（Bill Wilson）和博迪·鲍尔斯，此前经历了常人难以想象的痛苦，整整走了三个星期才到达克罗泽角。好几次都差点丢掉性命，到后来干脆无所谓了。最后总算到了目的地，大家一起垒了一间结实的石头房子，打算安顿下来歇息一会，没想到却遇上了传奇般的克罗泽角风暴。

更糟的还在后面。猛然间，彻里-加勒德听见鲍尔斯一声狂吼："帐篷跑了！"三个人此前在石屋背风面搭了一顶帐篷，但狂风竟把它连根拔了起来。此地距离斯科特探险队设在埃文斯角的小屋有100多公里远。现在丢了帐篷，外面又天昏地暗，温度更是低到人所未见，根本就没希望返回了。

他们三人随着斯科特来到南极，准备参与南极点探险。在冬季开展准备工作期间，狂热的博物学家威尔逊请求斯科特批准他去一趟克罗泽角，研究生活在那里的帝企鹅。理由听起来很充分：威尔逊认为帝企鹅是最原始的鸟类（后来证明是错的），他可以利用帝企鹅胚胎追溯鸟类和爬行动物之间的进化链。

当时唯一知道的帝企鹅聚居点就在克罗泽角。之前就有探险队在春季到过那里，但当时小企鹅已经出壳了。很明显帝企鹅肯定是在冬天孵蛋。如果想得到胚胎，那就得等冬天过去。

斯科特批准了。彻里-加勒德和鲍尔斯自愿陪威尔逊前往，三个人兴高采烈地做着各项准备。他们谁都没在南极的冬季远行过，满心期待一段激动人心的行程。当他们踏上被彻里-加勒德称为"有史以来或者放眼未来最怪异的鸟巢探险之旅"时 [1]，绝不会知道将会发生什么。

首先，很不幸，他们没有为迎接严寒天气做好准备。气温低到

---

[1]　Apsley Cherry-Garrard, *The Worst Journey in the World.*, p. 240.

超乎想象，哪怕是脱掉手套或者把皮肤稍微暴露一会儿，就能冻出水泡。帐篷里的温度又刚好可以解冻，结果睡袋变得又湿又冷。衣服受了潮，一出帐篷，冻得更硬了。有一天早上，彻里–加勒德钻出帐篷，站起身来，抬头四处张望了一下。整个过程并不长，可能只有十秒或者十五秒。但这足以把他的衣服彻底冻硬，接下来四个小时里，他只得非常痛苦地直着身子拉雪橇。从那以后，三人钻出帐篷时总要小心翼翼地把腰弯到正好拉雪橇的位置。

7月6日，他们借着摇摆不定的烛光看了一下温度计，读数显示 –60.8℃，这是有记录以来的最低温度。彻里–加勒德后来曾说过，从那天起他发现记录气温并没有任何意义。

晚上本来有一丝喘息的机会。可进了睡袋又会痛苦地、不由自主地发抖，大家真怕连骨头都要抖断。彻里–加勒德后来写道，整个行程中最难干的两个活，一是钻睡袋，二是在里面躺六个小时。"人们总说冻得牙齿打战，"他写道，"但是只有连身子骨都在吱吱叫，那才真叫冷。"[1] 听到有人叫起床拉纤，简直如蒙大赦。但此时又黑又冷，手脚都冻得发麻，还得再花上整整五个小时才能拔营启程。

"我觉得零下五六十摄氏度在白天倒没什么，"彻里–加勒德写道，"相比较而言倒不算很糟，你能看见要去的地方、脚踩在什么地方、雪橇带子在什么地方，还能看见炊具、普里默斯炉子和食物；还看得见松软的雪地里新踩的深深的脚印，循着它们可以一路找回其余的物品；还看得见扎食品包的带子；还看得见指南针，不需要连划三四盒火柴才能找到一根干的。"[2]

---

[1]　Apsley Cherry–Garrard, *The Worst Journey in the World*, p. 246.

[2]　Ibid., p. 242.

他们连做梦都没想到情况会这么糟，但谁也不愿第一个说出来。队长比尔·威尔逊反复地问他的两个同伴是不是想回去，但是每一次他们都说不想回去。后来他干脆不问了，一个劲儿地道歉，一遍又一遍地道歉，不该带他们来这个可怕的地方。

大家继续跋涉。穿越洁白空旷的无风湾（Windless Bight）时，雪冻得非常硬，简直就像在沙子上拉雪橇。他们再也没力气把几只雪橇连在一起拉，只能一个接一个分程运送。大家摸索着系好套索，在寒冷和黑暗中气喘吁吁地拉了一英里，然后解开套索；再走回去，挂上第二只雪橇，再气喘吁吁地拉一英里；再走回去，再解开套索，就这样周而复始。所有这一切都要借助那只没罩子的蜡烛发出的光，而且温度还低得能把灵魂冻出窍。

接下来到了恐怖点（Terror Point）。海冰涌到岛上，挤压成山一样的冰脊，他们必须把雪橇从上面拖过去，而且一次只能拖一只。先爬坡，再翻过脊，再从另一边下坡。拖完这只，回头再拖另一只。冰面上布满了裂缝。冰缝上盖着雪桥，黑暗里根本看不见。唯一能做的，就是在一脚踏空的时候，希望身上的套索能把自己拽住，好让自己再爬出来。就这么踏空、希望、爬出来、再踏空、再希望、再爬出来……最终到达帝企鹅聚居地的时候，大家都累得身心俱疲。

但是，在博迪·鲍尔斯的一再坚持下，大家还是不顾疲惫搭起了一间小石屋。刚建好不久，就发现风暴即将来袭。他们急忙跑到聚居地，捡了五只企鹅蛋，小心翼翼地捧在戴着连指手套的手心里往回赶。可怜的彻里-加勒德捡了两个，却打碎了一对。不仅仅因为天黑，他还是个无药可救的近视眼，天寒地冻，根本戴不了眼镜。

他们手捧三只硕果仅存的企鹅蛋刚回到石屋，风暴就开始了。

石屋的帆布顶篷一下就被狂风扯得粉碎，石头和积雪倾泻而下，狂风就像特快列车一样洞穿而过。飓风的威力把他们彻底打垮了。大家蜷缩在睡袋里，舔雪当水喝。不可思议的是，在这漫长的两天里，他们竟然没有崩溃。大家挤在一起；彼此之间还不忘说"请"和"谢谢"；在狂风咆哮声中，他们竟然用微弱的声音唱起了赞美诗。

最后，风暴终于平息，他们摇摇晃晃地走出石屋，去找自己的帐篷。我始终无法相信他们竟然会做这件事。在昏暗的光线里，在目睹过最凶猛的风暴之后，他们竟然决定去找自己的帐篷。本来是不可能找到的，几乎根本没机会找到。但无论如何，他们还是要去找。也许是赞美诗起了作用，因为，简直是个奇迹，帐篷完好无缺地躺在雪地里，就像一把收拢的雨伞，离他们还不到一公里远。现在大家终于觉得自己能活着回去了。

彻里–加勒德这样形容威尔逊和鲍尔斯："温和、纯洁、灿烂、纯粹。简直无法用语言来形容他们的陪伴有多美好。"[1] 威尔逊和鲍尔斯与斯科特一起牺牲在从南极点返回的路上，死里逃生的彻里–加勒德对朋友的亡故永远无法释怀。

现在，英国自然历史博物馆把他们收集的企鹅蛋安放在位于赫特福德郡特林市的小分馆里。其中一个胚胎也存放在那里，装在一个酒瓶里放在架子上。孤独的小白团，长着圆鼓鼓的眼珠、软软的喙和已经完全成形的小翅膀。其余两个胚胎在科学家手中来回流转，直到1934年，格拉斯哥大学的帕森斯（C. W. Parsons）得出最终结论，它们并不能"大大增加我们关于企鹅胚胎学的知识"。[2]

彻里–加勒德是个浪漫主义者，在对待科学发现的过程时尤其

---

① Apsley Cherry-Garrard, *The Worst Journey in the World.*, p. 251.

② C. W. Parsons, *Zoology*, vol. 4, 1934, p. 253. 也见 Gabrielle Walker, 'The Emperor's Eggs', *New Scientist*, 17 April 1999, p. 42.

如此。他曾写道："如果你能为科学事业作一次严冬之行，而且不觉得后悔，那么科学就是一件大事。"[①] 尽管从科研的角度来说，他们收集的样品后来被证明毫无益处，但他并不后悔———点儿都不后悔。他跟两个同伴是世界上第一批在冬季见过帝企鹅的人。帝企鹅把企鹅蛋稳稳地放在脚上，保护它们免遭海冰的威胁。它们紧紧地挤在一起，共同抵御狂风、寒冷和黑暗。

"经历过无法形容的艰难困苦，我们目睹了大自然的一个奇迹，我们是第一批也是唯一一批成功做到的人。"他写道，"通过观察，我们把理论变成了事实。"[②] 他、威尔逊和鲍尔斯是第一批闯进企鹅世界的人，也是第一批几乎全军覆没在企鹅世界里的人。他们所做的这一切都是出于纯粹的冲动和疯狂的、英雄般的努力。

第二天一早，我独自下到聚居地去看阿德利企鹅。路过沙克尔顿小屋时，被脚下凸起的火山岩绊了几下，我发现石头上淋满了一坨坨白色的鸟粪。坡下山谷里，一只贼鸥拍打着翅膀，好像是在指责我。它看见我注意到它时，立即飞了起来，异常夸张地扑扇着翅膀。我看见远处地上有一只企鹅蛋，原来它正试图引开我的注意力。

我很知趣地转过身，继续朝聚居地走去。聚居地位于寒风中一个温暖的角落。我尽量小心避免太接近企鹅。《南极条约》禁止人们接近任何野生动物——除非它们主动接近你。戴维及其他研究员来这里做研究，需要经过详细的科学论证、填写许多申请表并取得各项许可。就算只是过来看看，都必须先获得许可。不过自从听了他的一番话，我再也不想侵犯企鹅的私人空间，或者更确切地说，

---

① Apsley Cherry-Garrard, *The Worst Journey in the World*, p. 234.
② Ibid., p. 274.

侵犯它们的自我意识。

我所在的地方静得出奇。企鹅大都趴在巢里，自顾自地呢呢喃喃。偶尔有一只从身边摇摇摆摆地走过去，我知道那是去换班。有几只企鹅返回时，巢已经空了。由于海冰阻隔，捕食花费的时间太长，它们的搭档最终只能弃巢而去。巢里的企鹅蛋已经被贼鸥偷走了。大部分筑巢用的石头也已经被其他的企鹅偷光了。剩下的只有留在石子堆里的一个浅浅的小坑，还有几颗其他企鹅偷剩下的可怜兮兮的石子。但无论如何，归巢的企鹅依旧还会蹲进巢里。偶尔有一只站起来，伸直了身子和脖子，把自己拉长到滑稽的程度，然后啪的一声，跟橡皮筋一样恢复到正常形态，接下来疯狂地扑打脚蹼。这个古怪的仪式就像打哈欠一样具有传染性，会如同波浪般传遍整个聚居地。

从我坐的地方就能看见一只企鹅独自远出捕食。它看上去非常瘦，也许是刚被换班的公企鹅。如果我没猜错，它能走这么远也算争分夺秒了。我看着它滑下斜坡又跳上海冰，就像七个小矮人之一，正忙着去干活。它的胸脯挺起，脚蹼伸得直直的以保持平衡，一路小跑，身子左摇右摆，活脱脱就是敬业和努力的化身。

昨晚在营地吃饭的时候，我跟戴维聊起阿普斯利·彻里-加勒德曾说过的一句话，大意是地球上没有任何生物比帝企鹅过得更悲惨。我觉得好像所有南极企鹅都过得不容易，本人下辈子绝不希望转世做企鹅。

"你要真是阿德利企鹅，那就得跟整个世界做斗争。"戴维说，"很多东西会合起伙来消灭你的有生力量。你会遇到海冰、海水、海浪。你费尽心力迂回曲折想返回聚居地，却发现海滩上到处都是几吨重的大冰坨，而且四下乱窜的海豹还想吃你。就算最后回到聚居地，你还要提防贼鸥和偷石头的蟊贼，还要担心搭档什么时候回来、能不能回来替你的班。但不知道为什么，它们好像很爱笑。估计是很开心吧。"

"如今冰山阻隔，一切努力都将化为泡影。它们还能开心吗？"

"为了繁育后代，企鹅父母真可谓尽心尽力，你都替它们难过。可它们不知情啊，我觉得它们不可能理解的。你不可能跟它们讲：'今年随便玩玩吧，放松放松，等来年再说。'说起来真有点替它们难过。"

眼前那个小黑点在冰面上越变越小，30公里的往返路，它才刚刚走完头几步。这种竭尽全力，这种令人惊愕的一根筋，带着一种傻乎乎的高贵气质，接近于人类才有的特质。等它回来，一切都已经结束了，但它依然会不管不顾地去做。我不禁想起刚来时戴维跟我讲的："企鹅从不自我怀疑。"它总是一路小跑，啪啪啪，啪啪啪。

一双黑色的大眼睛透过围栏上的小网格直勾勾地盯着我。眼睛的主人站在围栏里，差点就跟我的腰一样高。它紧靠在铁丝网上，几片白色的羽毛从网格里戳了出来。我站在围栏外，它却困在围栏里。我靠上去俯身观察，它头顶黝黑光滑，背上粘着一条维可牢（Velcro）尼龙搭扣，还在死死地盯着前方。

新认识的这位是一只帝企鹅，南极最高大、最威严的鸟类，目前它是"企鹅牧场"里的一员。企鹅牧场是一组设在海冰上、颜色鲜艳的小屋，距离麦克默多几个小时的车程。我来的时候，坐的是我的最爱——那种装着古怪的三角轮子的"麦特拉克"，当初参观海豹营地的时候坐的也是它。那天阳光无比灿烂，气温略低于冰点，空气中没有一丝风。身后车门上贴着一张西部牛仔版的帝企鹅卡通画，画上的企鹅戴着牛仔帽，还喜气洋洋地骑着一只威德尔海豹。从那时到现在，我一直情绪高昂，但面前这只威严的大鸟却让我忍不住要扼腕叹息——它看上去就像是在坐牢。

该项目的首席科学家是来自美国圣地亚哥斯克里普斯海洋研究所（Scripps Institute of Oceanography）的保罗·博格尼斯（Paul Ponganis），他亲自出屋迎接我。保罗也是个老南极，在这里的年头跟戴维·安利不相上下，也是一副饱经风霜的样子。只不过一头松软的银发更整齐茂密一些，与人相处也自如得多。

罗斯海附近有将近十万对帝企鹅，整个南极有三十五万对左右，也就是说整个世界只有三十五万对左右的繁育帝企鹅。跟阿德利企鹅一样，帝企鹅也是真正的南极居民，从不会远离南极周围的海冰。保罗每年都会来这里设一个帝企鹅营地。先去海冰上捉几只非繁育企鹅，然后把它们关在眼前这样的围栏里。围栏绕着一大块海冰曲曲折折地围成一圈，里面圈着十来只企鹅，在明媚的阳光下，它们一动不动地站在那儿。

我见过许多帝企鹅照片，但真正的帝企鹅甚至更可爱。它们的腹部呈柔和的乳白色。头部两侧各有一个由白色渐变成金色的色块。喙部两侧各带一个粉红色的条纹，至顶部则变成深蓝紫色。它们的脖子具有惊人的活动能力。有些企鹅能把脖子缩到几乎消失，另一些则能将脖子像蛇一样向上弯曲，或者以几乎不可能的角度向后扭转去梳理羽毛或者挠背。它们身体灵活，而且优雅得不可思议。就算企鹅用一只脚和尾巴保持平衡，同时用另一只脚挠头，也仍能做到优雅镇定。

跟不停奔忙的阿德利企鹅不同，帝企鹅显然认为不能因压力或恐慌而浪费体力。它们的策略是不将整个繁殖周期压缩在夏季那短短几个月内，而是提前开始，直面寒冷和黑暗。在隆冬时节，大家一起背对着寒风孵蛋。这样一来，小企鹅就能在盛夏独立，到那时食物供应也最为充足。这也是为什么彻里-加勒德和他的朋友需要开展寒冬之旅；如果他们等到春天，企鹅蛋就已经孵化了。

围栏正中间有一个不是很圆的洞，就挖在海冰里，里面漂浮着淡绿色的雪泥。一只企鹅突然从洞里冒出来，满翅膀都是冰水。它扑通一声跳到冰上，站起身子开始抖水，同时还踢脚甩脑袋。"它叫杰里——就数它抖得最厉害。"保罗说，"企鹅潜水时，四肢会变凉——翅膀上的温度能降到0℃。不过杰里可是个捕鱼高手，它的胃里会装满冰冷的小鱼，靠体温把食物加热一遍。"

好像是颇有同感，其他的企鹅也开始摇头摆尾，纷纷冲着太阳张开翅膀。但每个动作仍然带着一种莫可名状的优雅。如果说阿德利企鹅是企鹅界里过度兴奋的杰克·罗素（Jack Russell）小猎犬，那么帝企鹅更像是大丹犬（Great Danes），谨慎而庄重，若非绝对必要，绝不消耗体力。

我知道企鹅们并没被真正困住，它们随时可以潜到水里。但围栏里的洞是附近唯一的一个——保罗已经仔细检查过，方圆几公里之内不存在任何冰缝——所以每次下潜结束，终究还是要回到出发位置。看到它们被拘禁在这么小的一块冰面上，心里颇有些不舒服。保罗见我还是盯着那只紧靠在铁丝网上的企鹅，说："那只叫扎卡里，我的最爱。不管我们对其他企鹅做了什么，它都会跑过来，紧盯着我们，冲我们大叫，而且还会啄我们的屁股。"

扎卡里还这么有精神，我很是高兴。但它紧贴着铁丝网的模样不禁让我想把它和所有其他的企鹅偷偷赶出围栏。但是，就算我推倒围栏，它们也只会走到另一块一模一样的冰上，做着跟现在一模一样的事。它们不是人类，它们是动物。我不能把它们拟人化。不管有没有围栏，它们目前的行为都是天性使然。

我清醒了一下头脑，把注意力拉回到现实中。保罗正在解释如何研究企鹅。因为企鹅每次潜水结束都必须回来，所以他会把精密测量设备连到企鹅身上，等企鹅回来就能采集数据。他在维可牢上涂一层环氧树脂，再粘上个小背包，包里装着测量仪器，用于测量肺和血液中的氧含量等。"只要背包不晃，企鹅就不会介意。"保罗说，"你要是不跟它们打交道，就根本不知道它们有多壮。对它们来讲，背包重量还不到2磅，简直不值一提。"那维可牢呢？"也没问题。企鹅换毛的时候，维可牢和上面的胶会一起脱落。"

这项工作的目的是追踪帝企鹅的水下活动。帝企鹅是所有南极鸟类中最老练的潜水员——它们能下潜到惊人的1500英尺深的水里并坚持15分钟，同时全程屏住呼吸。为此，它们进化出了一些特异功能以适应南极环境。它们降低心率，减慢新陈代谢，幅度非常之大，以至于在我们看来它们就像在昏迷状态下潜水。它们还必须尽力节省肺里少得可怜的那点氧气，一点点注入肌肉里，让肌肉持续工作。

保罗的背包装置能测量并记录不同潜水阶段企鹅体内的氧气含量。"我们发现氧气含量非常低。"保罗说。测量仪器显示，如果潜水时间比较长，企鹅返回时就会耗光氧气。等到企鹅判断出洞的大小、调整泳速并重新跃入空气中，体内几乎已经没有任何氧气了。"企鹅能在极端条件下行动自如。如果人类体内的氧气含量这么低，早就昏过去了。"[1]

原则上来讲，保罗只是想了解企鹅是如何做到这一切的。但这项研究对人类来说也有一定意义。氧气是一种强效物质。我们吸进氧气，就能从肌肉中获得足够能量，就会感觉自己强壮有力。但是，如果氧气失控，它也能把我们体内的细胞撕成碎片。当人们突发心

---

[1] P. J. Ponganis, T. K. Stockard, J. U. Meir, C. L. Williams, K. V. Ponganis, R. P. van Dam and R. Howard, 'Returning on empty: extreme blood O$_2$ depletion underlies dive capacity of emperor penguins', *Journal of Experimental Biology*, vol. 210, 2007, pp. 4279–4285.

脏病或中风时，氧气供应就会被临时切断，但真正的破坏却发生在氧气失去控制、汹涌回流之时。企鹅长时间潜泳后，猛然回到空气中呼吸第一口氧气，此时它们必须应对氧气含量从零到满的瞬间变化。也许企鹅体内含有某种特殊的抗氧化剂。也许人类可以从中借鉴到什么。

小屋侧面是"观察筒"入口，所谓的"观察筒"就是一截穿过海冰浸入水中的圆筒，透过它可以一窥帝企鹅的水下世界。从外表上看，观察筒就像一根涂成医院绿的塑料大烟囱。保罗搬起木头盖板，我小心翼翼地钻了进去。筒壁上装着三角形铁箍当梯子，我手脚并用摸索着往下爬。我第一次发现这里的海冰竟然这么厚。以前我知道冰上可以开车、建屋、降飞机，但这样顺着梯子往下爬依然令人震惊。3英尺、6英尺、10英尺、16英尺，就是到不了水面。

到了筒底一看，里面设有一个有机玻璃窗口和一个观察台，空气潮湿阴冷，冻得我瑟瑟发抖。幽幽绿光穿过头顶上厚厚的冰层透进来，仅够辨别出周围海水里的企鹅。它们的动作把我惊呆了。在冰面上，它们灵活而优雅，动作稍显迟缓，所以我差点以为它们在水中应该像海豹，跟跳芭蕾似的不停翻滚。但绝对不是。它们像鱼雷，像子弹！嗖地从我身边一掠而过，身后只留下一串微小的气泡。又像流星，忽焉在此，忽焉在彼。


迪蒙·迪维尔站（Dumont d'Urville）是法国在南极的主基地，也是企鹅研究员的天堂。它紧邻阿德利企鹅聚居地，而且步行就能到达帝企鹅聚居地，在南极所有常年科考站中，独此一家。电影《帝企鹅日记》就是在那里拍的。法国科学家从1956年以来就一直在研究他们的帝王邻居。

基地位于南极东部冰盖边缘，距离澳大利亚霍巴特（Hobart）

1500余英里，从霍巴特去那里一般都要坐船。长期以来，法国科考员在霍巴特和迪蒙·迪维尔站（人们昵称其为 DDU）之间往返可是遭了罪，这跟一艘臭名昭著的小船"星盘号"（Astrolabe）有关。这艘船长200英尺，通体鲜绿，无往不前。为了防止被浮冰挤破，船体专门做成了圆形。可一旦驶入南纬40度狂风圈和南纬50度暴风圈，小船便会在怒海上剧烈颠簸。此时要想让圆形的船体保持稳定，根本毫无指望。从霍巴特往南，乘船可能需要五到十天。全程惊涛拍窗，巨浪袭顶，小船左摇右摆，前仰后合。人们大多躺在铺位上，有气无力地呻吟叹息，吃东西那更是连想都不敢想。

幸运的是，我不用坐船。法国跟意大利有个协议，每年夏天两国可以共用一架"双水獭"飞机。这架飞机一般在意大利基地和法国基地之间往返。其实要不是我听错了高频无线电通话（因为它吱吱叫），它本来可以飞到麦克默多，把我和其他几个人一块儿接到迪蒙·迪维尔站。

驾驶员是个乐呵呵的加拿大人，名叫鲍勃·希思（Bob Heath），长得像黑发圣诞老人。鲍勃蓄着大胡子，浑身圆滚滚的，起飞前跟大家讲解注意事项时，非常无厘头，令人捧腹不止。"一般大家会觉得太热或者太冷。要是你真觉得太热或者太冷，请务必告诉我们。我们啥也做不了，但我们会表现出同情的样子。"（后来我才知道，他的法语和意大利语也讲得很流利，但是发音实在不敢恭维。还有，大家都非常喜欢他。）

机舱里的温度确实令人不舒服，我的意思是太热了，最后连必穿的防寒服都脱掉了大半，但整个旅途本身却是无与伦比。我们越过深褐色的群山、连绵不绝的干谷冰川，飞向空旷辽阔、白雪皑皑的南极东部冰盖。快要飞抵海岸线时，首先映入眼帘的是一组齐头并进的巨大冰缝，这是冰盖因下方岩石倾斜而产生的裂隙。随着坡度上升，冰面被点染成淡蓝色，最后在白色的巨崖前戛然而止。这些白色巨崖让我想起了多佛尔白崖，尽管这种类比可能并不恰当。

迪蒙·迪维尔站建在群岛中的一个小岛上，离海岸线约一公里。建筑物都涂成了红、橙、蓝三色，显得活泼明快。岩石凹凸不平，所以建筑物都立在支柱上，中间用钢铁过道彼此连通。可能因为小岛一半被白雪覆盖，也可能因为跟麦克默多脏兮兮的火山灰地基相比，岩石地基显得略白一些，迪蒙·迪维尔站看起来非常可爱——不怎么像矿山小镇，更像一处度假营地。

在美国基地经历过各种繁文缛节，但是到了这里几乎没人给我什么指示，也不需要填什么表格（实际上一张也没填），实在出乎我的意料。基地只是派人去接我，把我领到房间里，房间虽然面积小，但明亮温馨，配了两张上下床、一张桌子，几无杂物。过了不久，基地的人又领我去主建筑群里吃晚饭。

有人说南极能放大性格，估计也能放大文化。跟法国南极人初次打交道，他们给我的第一印象就是对食物的认真态度。迪蒙·迪维尔站很小，夏天有六十来人，冬天可能只有二三十人，但他们竟然配了两个厨师——一个负责主食，另一个专做各种新鲜面包、甜点和精致的小蛋糕。在麦克镇，除了极特殊的场合外，餐厅内一概禁酒。而在迪蒙·迪维尔站，每到饭点儿，桌上必摆上一大瓶葡萄酒。[1] 这还不算，等宾主入座，八人一桌，竟然还有服务员给我们上菜——菜分四道：开胃菜、主菜、奶酪、甜点。基地里每人轮流当一天服务员。为什么非要这样呢？为什么就不能自助呢？这个问题让法国人很是挠头，他们能想到的最好的回答是"因为这样比较

---

[1] 法国人纪尧姆·达尔戈（Guillaume Dargaud）曾为网站"死极之地"（Big Dead Place）写过一篇非常有意思的评论，介绍自己在麦克默多站和迪蒙·迪维尔站对酒精的两种截然不同的体验，参见：http://www.bigdeadplace.com/alcoholreview.html。

文明"。

如果说麦克默多像个大中转站，迪蒙·迪维尔站则更像目的地。大家来这里，并不是以此为跳板去野外营地，在这里就能做科研。这里南极生物丰富多样，充盈着小岛的每一个角落。除了帝企鹅之外，海冰上星星点点地分布着威德尔海豹，头顶上飞翔着贼鸥和雪海燕，脚边到处都是阿德利企鹅。

建迪蒙·迪维尔站的时候，还没有规定说要远离企鹅，也不用先获得一大堆许可，才能小心翼翼地接近企鹅。20世纪50年代，当时还不存在《南极条约》，人们可以任选一个地方建科考站，就算建在巨大的阿德利企鹅聚居地的正中间都行。结果这里到处都是企鹅，声如汽笛者、声如人吼者、声如雁鸣者，不一而足。跟罗伊兹角不一样，在这里，异味简直是扑面而来、无处不在。阿德利企鹅行色匆匆，新陈代谢异常活跃，拜其所赐，整个基地内弥漫着腥臭无比、令人头晕目眩的陈年鸟粪味。

从某个角度来讲，阿德利企鹅本来就该生长在这里。迪蒙·迪维尔站这个名字来自19世纪的法国探险家儒勒·迪蒙·迪维尔，是他于1840年发现了这片南极海岸。基地主建筑外就立着他的半身像，下颚和肩膀都是方方正正的，肩上戴着船长肩章，目光凝视着远方海洋，显出一派高贵气息。（有一艘法国探险船叫"Pourquoi Pas？"，意思是"为什么不呢？"——这几个字恰如其分地解释了英雄时代许多探险家的冒险动机。）儒勒的妻子就叫阿德利，这也是为什么这个地方叫阿德利地，阿德利企鹅也正是因此而得名。

即便如此，看见阿德利企鹅跟人一起混居也还是觉得怪异。建筑物四周的岩石上到处都是企鹅巢，钢铁过道上方和下方都能见到企鹅来回蹦跶，人们踩出的小路上，也能见到它们啪啪啪地一路朝海边跑。

第二天一早，我赶去帝企鹅聚居地，路上却遇到了极其罕见的一幕。我前面有两个法国人正在路上溜达，两人走得不是很快，身后一只阿德利企鹅很快就跟了上去。就那么一眨眼的工夫，这个还没膝盖高的小家伙，伸直脚蹼，跑上前对着其中一个人的小腿"啪"的就是一下。挨打的家伙"哎哟"一声，赶忙跳到一边，那只企鹅从他身旁啪啪啪地走了过去。那样子就像在说：给我滚开！对，就这么滚！

我简直被它萌翻了。戴维·安利曾跟我讲过企鹅敢这么做，当时我还不怎么信。我原本打算回头再谈阿德利企鹅——我已经跟相关研究员约好了，等干完帝企鹅的活，就来谈谈阿德利企鹅的事。可眼下我发现那小小的一击竟已赢取了我的"芳心"。令我心醉的倒不是可爱，而是那种虚张声势，那种小小的肆无忌惮。

帝企鹅住在小岛背面，就是面朝南极大陆的南侧，那里有一片过冬残留的海冰。向导叫卡罗琳·吉贝尔（Caroline Gilbert），将近30岁，是一名来自法国斯特拉斯堡大学于贝尔·居里安研究所（Hubert Curien Institute）的企鹅研究员。我们离开岩石小岛，朝海冰的方向走。一路上她都在提醒我要小心，大多数海冰足以承受我们的重量，但在冰岩相接的地方，可能会出现危险的裂缝。

对此我已有所耳闻。那天吃早饭的时候，站医迪迪埃·贝雷奥（Didier Belléoud）兴高采烈地跟我讲，每年都有人从裂缝掉进去。他今年是第二次来基地过冬，而且，按照基地的传统，还兼任基地指挥官。原则上来讲，除非有人生病需要治疗，否则他当个甩手掌柜就行了。但是，今年他已经参加过紧急行动了。到基地还不到两小时，他就要给一名技师做阑尾切除手术，站上的夏季医生负责麻醉，另外又找了两个兽医当助手。（我试想自己在手术后清醒过来，却发现两个兽医盯着我瞅，那该是一种什么样的感觉，我觉得还是不要知道真相的好。）不过那名技师目前看上去还算正常。

我们已经安全通过危险区，现在就站在海冰上，感觉跟陆地一样坚实。虽然还没到聚居地，但已经开始见到单个的帝企鹅从身边滑过去。它们肚皮朝下一溜而过，但仍然保持着一副尊贵的模样。要是阿德利企鹅也这么溜过去，那非得手忙脚乱不行。但帝企鹅溜起来却有条不紊，它们用两只脚使劲往前划，右一下、左一下、右一下、左一下，速度越来越快，脑袋却纹丝不动，而且脚蹼还能整整齐齐地摆在身体两侧。

现在我们已经到达了聚居地。几千只帝企鹅松松散散地站成几大群，身边跟着小企鹅。它们的叫声非常高亢，但有点瓮声瓮气，听起来怪怪的。成年企鹅看上去就像个趾高气扬的市议员，动作又慢又笨，肚子上本来该系裤子的地方，被大肚皮占去了一圈，喉部一圈金羽更是像市长脖子上戴的金链子。小企鹅长着鸽灰色的绒毛，眼睛大大的，跟猫头鹰一样，带着一种特权阶层与生俱来的傲慢。卡罗琳扔下我去查看她的研究对象，我便在离聚居地不远的雪地里坐了下来。一群小企鹅立即围拢过来，充满好奇、自信满满地盯着我。

卡罗琳做完调查，回来在我身旁蹲下。"许多人偏爱阿德利企鹅，"她说，"因为各有各的筑巢点，所以辨认起来要简单一些。但帝企鹅却没有这么显著的特征，你很难单独辨认出某只帝企鹅并观察它的行为。不过我倒是更喜欢帝企鹅，因为它们更平和。"

小企鹅的青春期快要结束了，已经长得跟父母差不多一般高。大多数都已经开始褪去绒毛外套，长出一簇簇的成年羽毛。很快它们就要独自觅食，积攒足够的脂肪储备，供自己熬过严冬。但还要再过几年，等它们长大并进入繁育期，这些脂肪才会真正派上用场。帝企鹅，尤其是雄帝企鹅，要经历地球上最严酷的寒冬。与现实中大腹便便的市议员不同，企鹅们的大肚皮完全出于御寒所需。

　　繁育季节始于每年的4月。当海面因寒冬而封冻，雌雄企鹅就会在聚居地内再度聚首——所谓的聚居地就是一大块海冰，一般处在悬崖或者附近其他标志物的背风处。企鹅们很快就会完成见面、求偶和交配的整个过程。繁育季里，帝企鹅非常忠诚。但跟阿德利企鹅一样，它们也实行连贯式的一夫一妻制。如果去年的配偶没有及时现身，它们很快就会去找其他的企鹅。这也是迫不得已，因为时间太紧迫了，容不得一点点拖延。配对成功的企鹅会稍稍离群而立，交头接耳，窃窃私语，以期彼此铭记。

　　再过几周，雌企鹅便会产蛋，而且只产一枚，其实这一枚蛋已消耗掉它体内的大部分脂肪储备。接着它以非常精细的动作，小心翼翼地将这枚蛋转移到配偶的脚背上。即便在这个南极最靠北的聚居地，当前温度也能低至 −20℃。要是企鹅蛋落在冰面上，哪怕只有几分钟，里面的小企鹅都会冻死。

　　雌企鹅现在要消失一段时间；它要一直走到有开阔水域的地方，然后开始狼吞虎咽，弥补此前损失掉的体重。雄企鹅则要一直抱着那枚蛋，坚持两个月甚至更久。它不能吃东西，只能等待，只能期盼。夜越来越黑，越来越长，气温也越来越低，狂风卷地而起，疯狂咆哮。它只能一动不动地挺住，身体形成一道别致的剪影，弯腰驼背，悄无声息。只有当他站起来伸一下翅膀，才能在刹那间瞥见那枚白色的企鹅蛋。但很快它又会蹲下去，垂下大肚皮把孩子裹得严严实实。

　　卡罗琳正在研究在漫长黑暗的冬季、雌企鹅已经离开但企鹅蛋尚未孵化的这段时间里，到底发生了什么。她非常想了解雄企鹅如何能在寒冷、饥饿和狂风中存活下来。四年前，她挑了五只已经交配成功、将要孵蛋的雄企鹅，赶在雌企鹅离开前把它们抓起来，在它们身上装上仪器，然后整个冬天都在观察它们。

那些仪器非常复杂。需要一间专门改装的手术室，还要跟医生一起穿上蓝色手术袍、戴上发套和无菌橡胶手套，再铺上无菌绿色手术布，通过外科手术将数据记录器植入企鹅体内，记录皮下温度和体核温度。[①]她在企鹅背上也粘了一个记录器，用于测量气温和光照水平。还用自制的黑色防水墨水在企鹅白色的胸脯上画上了数字，又在背部羽毛下面粘上一根彩带。这样一来，无论企鹅是面朝前还是面朝后，都可以用望远镜观察彩带或者数字。[②]

做手术、装仪器都没惊扰到企鹅吗？"没有。我们一直在密切关注，它们行动自如，下蛋、孵蛋、出海，一切如常。我们特别小心，避免惊扰它们。我们必须让它们按自己的方式生活，否则就无法获得准确的数据。"

不过这种职业性的冷静很快就消失不见了。"我快要为它们着魔了。"她说，"我需要了解它们的一切，它们跟人太像了，你真的会爱上它们。如果没做标记，自然无迹可寻，你也认不出哪只是哪只。但一旦标记了，那么方方面面都要观察。如果你每天花三个小时做观察、做记录，最后你会发现自己已经离不开它了。要是天气太糟、风雪太大，困在这里出不去，我就会觉得情绪低落。就跟吸食毒品一样，非要见到它们。完全上瘾了，你就想知道它们正在干什么，雌企鹅有没有回来？它还抱着那只蛋吗？一切都好吗？一方面，它们是我的实验对象；另一方面，它们却成了我的朋友。"

① C. Gilbert, Y. Le Maho, M. Perret and A. Ancel, 'Body temperature changes induced by huddling in breeding male emperor penguins', *American Journal of Physiology*, vol. 292, 2007, pp. 176–185.

② 与海豹不同，研究人员发现脚蹼上的标签阻碍了企鹅活动，所以就没有使用。参见 Claire Saraux et al., 'Reliability of flipper-banded penguins as indicators of climate change', *Nature*, vol. 469, 13 January 2011, pp. 203–206.

帝企鹅跟其他的海鸟不一样，它们根本没有领地意识。除非你把它们的脚也算上，不然它们连个筑巢点都没有。实际上，它们全靠挤成一团取暖，这的确太可爱了。[①]

不过这个办法确实管用。卡罗琳通过实验发现：挤成一团的企鹅内部温度竟会高到灼热的程度。实验室数据显示，帝企鹅的理想体温在 –10℃到20℃之间。超过了这个范围，它们就开始排汗。低于这个范围，它们就要消耗更多的能量增加体温。只有保持在这个范围内，它们才感到舒适。

但卡罗琳植入企鹅体内的传感器显示，在群体内部，企鹅的皮下温度往往会超过20℃这个理想指标，有时候甚至能达到37℃。它们本来应该感到太热，但实际上并无此感受。与此同时，它们的体核温度绝对稳定在37℃，这是最佳孵蛋温度。

卡罗琳认为帝企鹅会根据体温变化有选择地关闭代谢功能。企鹅群之外的气温极低，寒风刺骨，但在内部，企鹅们却是暖洋洋地昏昏欲睡。它们仿佛已陷入沉睡，并以站姿进入冬眠，偶尔才会扑棱几下轮流站到外圈，用自己黑色的、宽阔的背部扛着风雪。[②]

这样看来，帝企鹅并不像是在与命运进行英勇的抗争，倒像是在泡热水澡或者是在睡一场迟迟不醒的懒觉。我把这个想法告诉了卡罗琳，她很不屑地耸了耸肩。"帝企鹅是禅宗大师。它们才知道该怎么样过冬，我们要学的东西还多着呢。

"曾经有个管道工跟我一块儿过冬，他就跟我讲，阿德利企鹅就像在度夏，手忙脚乱，东奔西跑，忙个不亦乐乎！而帝企鹅则冷

① C. Gilbert, G. Robertson, I. Le Maho, Y. Naito and A. Ancel, 'Huddling behavior in emperor penguins: Dynamics of huddling', *Physiology & Behaviour*, vol. 88, 2006, pp. 479–488.

② C. Gilbert, S. Blanc, Y. Le Maho and A. Ancel, 'Energy saving process in huddling emperor penguins: From experiments to theory', *Journal of Experimental Biology*, vol. 211, 2007, pp. 1–8.

静、镇定、专注，这才像个过冬的样。在这里过冬的人要把车子、房子、法兰西，乃至所有的一切都抛到脑后。要想在冬天活下去，你就要懂得合作，就像帝企鹅那样。"

那天下午我又回到海冰上，不过这次只有我一个人。此时的氛围已经变了：天空昏暗，风势渐增。虽然小企鹅再次围拢上来，但绒毛上都挂着一条条湿雪凝成的冰块。我试着想象在冰上过冬会是怎样一种感觉。上午的时候，我曾躺在和煦的阳光下，半开玩笑地跟卡罗琳讨论企鹅睡懒觉和泡热水澡的事儿。如今每一寸暴露的肌肤都在被狂风抽打，我深切感受到一种对帝企鹅们应有的敬意。

帝企鹅的故事当然少不了浪漫。卡罗琳曾向我描述过被期盼许久的雌企鹅觅食归来的场景。每只雌企鹅都会在雄企鹅围成的取暖大群边停下脚步，先引吭高歌，然后停下来，听听有无回应，接着继续朝前走。高歌三到四次后——在成千上万种叫声当中——她听出了期待已久的回应。她立即兴奋起来，把脑袋抬得高高的。此时雄企鹅便会急不可待地朝她的方向挪，同时小心翼翼地将蛋或者小企鹅保持平衡。接着两只企鹅便拥抱在一起——真的拥抱——它们把胸部紧贴在一起，轻轻抚弄着对方的脑袋。

我终于明白，与其说这是在将企鹅拟人化，不如说是将感情寄托在大自然的适宜之处。帝企鹅互相拥抱的原因与我们人类大同小异。在进化之中，我们都坚守着同类之间的纽带和承诺，以共同应对残酷的外部世界。

我又想起了卡罗琳最后说的那句话："要想在冬天活下去，你就要懂得合作，就像帝企鹅那样。"唯其如此，阿普斯利·彻里–加勒德和他的两个同伴才能活着走完可怕的严冬之旅。在临时搭建的石屋里，大家挤作一团。彼此以礼相待，保持希望之心不死。

到了晚上，风刮得更起劲了。在餐厅吃饭的时候，就听见外面风声越来越大，后来变成了音部齐全的交响乐。先是隆隆作响的低音，接着是沙哑的嘶吼，伴随着高亢的呼啸和呐喊，绕窗疾旋。随着风力增大，中音也加入进来，我能感觉到整个建筑物都在轻微摇晃，据说此时风速已达100节。

值日服务员清走甜点盘后，大家便围坐在巨大的电视屏幕前看《勇敢的心》。我乘机套上大衣，溜了出去。一阵疾风扑面而来，吹得我差点背过气去。想象不戴头盔骑着摩托全速狂飙，再想象坐在全速行驶的城际列车上把脑袋伸出窗外，这就是我当时的感受。情急之下，我一把抓住栏杆，过了好一会儿，好歹才算在狂风冲击下站稳脚跟。我戴上护目镜，缩头弯腰，缓慢而吃力地走上钢铁过道，来到一条小道上，现在我总算明白为什么两旁要系绳子了。

阿德利企鹅正一动不动地趴在巢里，压低身子缩成一团，形状和大小都像极了橄榄球。它们直面来风，双眼紧闭，羽毛上堆着厚厚的积雪。趁企鹅不注意，其实是趁别人不注意，我慢慢绕向岛上最高的那座小山的背风处。狂风劲吹，肩膀开始隐隐作痛。

等走到背风处，勉强才能直起腰来。狂风还在吹，但总算不用遭受那种劈头盖脸的击打了，不过朝水边走时，我还是格外小心。风从身后陆地上刮过来，它来自南极东部冰盖最高处的穹顶。在那里，原本静止的冷空气沿穹顶四周泼洒而下，就像尼亚加拉大瀑布那样，一边下泄，一边积累动能，等到达海岸时，就变成了强大的飓风。我蜷进水边一块大石头的缝隙里坐下来，亲眼见到大风从小山四周呼啸而来。卷起地上的积雪，形成缕缕青烟，接着又掠过水面，一路留下片片波纹和阵阵水雾。

我决心试试看能不能登上小山，但很快就要手脚并用往前爬，再过一会儿就几乎要平趴在地上，一寸一寸地向上拱。我双手死死地抠住石头，狂风则拼命地把我往外扯。等快到山顶的时候，我稍微抬了下头，狂风立即像水枪一样朝我全速射来，吓得我心惊胆战。这可不是闹着玩的！我被吓破了胆，连滚带爬回到最近的小路上，缓慢而吃力地走回宿舍楼。我在外面才待了两个小时，而且旁边就是住的地方，帮手更是近在眼前。我无法想象早期探险家孤家寡人如何对付冰面上如此恶劣的环境。

第二天早上，风力有所减弱，我拼尽全力去查看狂风造成的破坏。等我绕过小山，朝南一望，不禁呆住了。小岛和大陆之间只剩下清澈湛蓝的海水，前一天曾踏足的坚冰早被吹得踪影全无，随之而去的还有帝企鹅和小企鹅。

企鹅们倒不会特别忧虑，因为它们早晚会习惯。眼下它们可能会在大海中某处，就像漫画家最爱画的那样，在浮冰上挤作一团。但就算我昨晚曾在狂风肆虐的时候出去过，我还是不敢相信它竟能掀起一整片坚冰裹挟而去。

澳大利亚地质学家道格拉斯·莫森计划探索新发现的阿德利地（位于阿代尔角西侧）的时候，根本不会想到他挑选的是地球上风力最大的大陆，而且是这片大陆上的风力最大的地方。不过，不管怎样都可能要来这里，因为他毕竟是科学家。莫森对各种噱头毫无兴趣，比如争着抢着要去地理南极点，其实在这个没什么显著地理特征的地方，它不过就是随机的一个点、名义上的地球自旋轴心，除此之外，再无可取之处。不过，作为沙克尔顿尼姆罗德探险队的一员，莫森倒是去过南磁极，从科研上来说，这个地方更能带来满足感，因为它是地球磁力线的汇聚点——有助于解释指南针在世界各地的摆动方式。

莫森打算深入研究，阿德利地向他提供了两种可能性：进一步研究南磁极周围的异常磁场，或者开展地质研究，将这片未知区域与此前已经探索过的东部地区联系起来。

对任何一支南极探险队而言，莫森都是极有价值的队员。他身高1.84米，身体强壮，意志坚定，聪明睿智。一到南极就劲头十足。斯科特曾劝说莫森加入他的新探险队，甚至保证下一次冲击南极点时让他参加雪橇队。莫森一口回绝，他有自己的科研计划，而且一定要坚持下去。

1912年1月8日，就在斯科特探险队朝地理南极点艰难进发的前一周，莫森率领的澳大利亚南极探险队乘船驶进了迪蒙·迪维尔东部一个小海湾。莫森和队员们在卸装备和建房子的时候，就开始意识到可能会遭遇困难。风刮得异常凶猛，无形的气流卷起几百磅重的物资和设备，把它们像火柴杆一样四下乱扔，摔在石头上撞得粉碎。莫森和队员们都学会了"御风神行术"——身体在狂风中尽力前倾，一直保持在面部快要触地的水平。当风力偶尔恶作剧般降下来，御风神行者也就会一头栽到地上。

这段遭遇竟把务实的莫森逼成了诗人。"这里的气候是终年不断地下暴雪。狂风连续数周疯狂嘶吼，偶尔才会停下来稍作喘息，"[1]他曾这样写道，"一头扎进翻滚盘绕的风暴旋涡，心中立即留下难以磨灭的恐怖印象，在所有经历的自然现象中罕有其匹。眼前的世界变成一片空白，恐怖、惨烈、摄人心魄。大家连滚带爬地穿过冥河般的阴暗地带；无情的狂风像复仇的恶魔一般猛刺、敲打，要把我们活活冻死；刺骨的风雪令人睁不开眼，也无法呼吸。"[2]

莫森有一个队友叫贝尔格雷夫·宁尼斯（Belgrave Ninnis），是个年轻的中尉，他是从沙克尔顿探险队转到莫森探险队的。他的描

---

[1]　Mawson, *Home of the Blizzard*, p. 77.

[2]　Ibid., p. 83.

述则更加富有想象力：“想必造物主在造完陆地后，还剩下一大堆恶劣天气，于是就把它们全都倾倒在南极这片狭小的区域内。”[①]

冬天终于结束。队员们已经被永不停歇的风暴在小屋里困了整整一冬，现在个个摩拳擦掌，跃跃欲试。他们分成三组，分别带上雪橇犬队，朝三个不同的方向进发。风还在刮，大家仍然要顶风冒雪。宁尼斯跟莫森和另一个人，即泽维尔·默茨（Xavier Mertz），分在一组，踏上了可能最为艰难的一段旅程，一段通向遥远东部的漫长的雪橇之旅。

他们拉着雪橇朝东走了一个多月，一切都还算顺利。但就在这时，第一场灾难不期而至，不是因为风，而是因为冰。当时宁尼斯正跟在其他两人后面，伴着雪橇一路小跑。突然，莫森听到一声低沉的哀鸣。他还以为宁尼斯为了鼓劲又拿鞭子轻轻地抽了某条狗一下。可等他一转身，却不见了宁尼斯，连狗带雪橇全都没了踪影，雪地上只剩下一个张着嘴的大洞。默茨和莫森连忙冲到洞边，朝里一看，黑乎乎的一片，只能看见一条受伤的狗和几件设备落在一块突出的石头上。那个地方距离冰面足有150英尺，远远超出了他们最长的绳子的长度。至于宁尼斯和其他的狗，则是踪迹皆无。他们连喊了好几个小时，有心相助却无力回天。

在骤失同伴的恐惧之余，他们发现自己也遇到了大麻烦。他们原以为第一只雪橇可能更容易掉进冰缝，所以把几乎所有重要的东西都放在第二只雪橇上。大部分食物、帐篷、备用衣服、六条最好的狗以及所有的狗粮都跟宁尼斯一起消失在冰盖之下。要返回营地只能依靠临时拼凑的装备，同时杀狗喂狗、杀狗喂人。默茨在日记中写道：“我和莫森必须团结一致，依靠剩下来的少量东西，尽最

---

① Riffenburgh, *Race with Death*, p. 71.

大努力返回冬季营地。"莫森则在自己的日记中写道："愿上帝助我们渡过难关。"①

没过几天，他们就开始煮狗爪子了，狼吞虎咽地把剩下的几只骨瘦如柴的雪橇狗吃得渣都不剩。狗肝特别好吃，但也能让人丧生。他俩都不知道狗肝里含有大量足以让人中毒的维生素 A。实际上，那时候根本没人知道维生素 A 或其他维生素的存在。但是，他们确实注意到自己莫名其妙地变得虚弱不堪。手脚开始蜕皮，鼻孔和指甲里不断流出淡红色的血。最后，默茨倒在莫森的怀里死掉了。莫森无助地在尸体旁坐了整整两天。后来，莫森掩埋好默茨，又上路了，这次只剩他孤身一人。

没走多远，脚下的雪又塌了。就在掉下去的那一刻，极度的疲惫让他想到了放弃："就这样了结了吧。"可雪橇却偏偏卡住了他踩塌的洞口，雪橇上有一根14英尺长的绳子，一端正好连着他的套索，他就这样被挂在绳子上来回晃荡，上下不得。他想都没想就开始顺着绳子往上爬。费尽九牛二虎之力，终于爬到第一个绳结处，接着又爬到第二个绳结处。刚爬到突出的雪盖那儿，正准备爬出去，结果雪又塌了，他再次落回原处。

他又一次挂在冰缝内幽幽的蓝光中晃来晃去，绳子忽左忽右地打着旋，他也随之慢慢转动。他万念俱灰，只剩下两件憾事：没有吃光剩下的食物，这辈子到最后竟没能让自己吃饱；再有就是口袋里没带无痛死亡的药片。死亡必将缓缓而至，痛苦不堪。要么，他干脆从套索里脱身，掉到黑暗的深渊里死掉算了。他把手伸向吊带。

换成你，你会怎么做？我又能怎么做？

正在这时，莫森突然想起了罗伯特·瑟维斯（Robert Service）

---

① Riffenburgh, *Race with Death.*, p. 118.

写的那首名叫《半途而废》的诗：

再努力一把吧——死很容易，
难的是继续活着。

他选择了努力，选择了活着。他把手从套索的皮带扣上拿开，再次抓紧绳子。向上拉。喘息。换一只手。喘息。再向上拉。简直不可思议，他又一次成功地把自己拉了出去。他在雪地上躺了好几个小时，一动也不能动。接下来凭借所有真正南极生命体（无论是人类还是动物）所特有的那种为生存而战的冲劲儿，他爬起来做了些吃的，又编了一个绳梯，在返回营地之前，如果再掉进冰缝，他可以有备无患。

等莫森走到高原尽头，已经比原定的跟同伴和船只在冬季营地碰头的时间晚了整整九天。来自冰缝的危险已经过去了，但他还要再次与那些从冰盖上咆哮而下的阿德利地狂风做斗争。他曾两次被困在临时帐篷长达两天，时间一分一秒地过去，自救的可能性越来越小。"帐篷被积雪压得渐渐收缩，目前差不多只有棺材那么大，"他写道，"真让人不寒而栗。"[1]

最后，他总算到了阿拉丁宝洞[2]。这是个奇妙的地方，里面布满了亮闪闪的冰晶，而且距离营地小屋还不到6英里，所以探险队拿它当储藏室用。莫森在洞里狼吞虎咽地啃着橘子和菠萝；暴雪在洞外不分昼夜地怒吼咆哮。就这样他又痛苦不堪、焦躁不安地被困了整整一个星期。后来，暴雪总算停歇了一阵子，他连滚带爬地从冰

---

[1]　Riffenburgh, *Race with Death*, p. 141.
[2]　阿拉丁宝洞是西方传说中的一个藏宝洞，里面堆满了各种神奇的物品。——译者注

面上回到了冬季营地。但是，阿德利地飓风最后又残忍地捉弄了一次这个了不起的幸存者。等莫森赶到海边时，定睛一看，只能分辨出地平线上的一个黑点。他来得太迟了，船已经开走了。

有五名队员志愿留了下来，不过不是为了救他——大家都以为他死了，而是为了来年春天去给他收尸。情急之下，他们给船上发了封无线电报，请求返航。但短暂的平静天气已经结束，暴风又刮了起来。轮船没法确保安全靠岸，只能返回霍巴特。莫森就这样被丢在南极，再度困守一个冬天。伴随他的只有黑暗和暴风雪，还有屈指可数、心有不甘的几个队友，其中一个竟在不知不觉中疯掉了。

蒂埃里·拉克洛（Thierry Raclot）身材高大，仪表堂堂，一头浓密的黑色卷发，经常把脸给遮住，所以他总要很不耐烦地把它们拢回去。我发现他总在基地周围晃荡，要么在阿德利企鹅巢中间爬上爬下，要么一边观察一边做记录，有一次竟然见他抱着一只扭来扭去的阿德利小企鹅。他对待企鹅非常严肃，这一点倒是跟我很合拍。不过我也发现，要是在蒂埃里的实验室附近遇到阿德利企鹅，这些通常无所畏惧的家伙此时会非常机敏地跳到一旁。

我和蒂埃里一起顶着风去查看阿德利企鹅。四处都是企鹅巢，企鹅父母们正在昏昏欲睡地孵蛋。有些企鹅挺走运，因为雌企鹅已经返回，能换下长期挨饿的雄企鹅，让它们稍事休息并出去觅食。"第一次换班最重要。"蒂埃里说，"在那以后，等到小企鹅孵化后，雄企鹅便可以在小范围内觅食，孵蛋的工作就算完成了。"

他和他的团队正试图弄清楚：如果雌企鹅迟到会发生什么。很多原因会导致雌企鹅迟到。可能因产下两个巨蛋而精疲力竭；可能花了很长时间才找到足够的食物补充脂肪储备；也可能遭遇意外，被逆戟鲸或者海豹吃掉了。

但无论哪种原因，留守的雄企鹅都必须决定何时放弃岗位。如果孵蛋时间过长，自己就会饿死。如果离开得过早，就会失去尚未出生的小企鹅。蒂埃里想知道到底是什么触发了那个临界点——让进食的欲望压倒繁育的欲望。他怀疑可能有一种叫肾上腺酮的应激激素在发挥作用，但找到真相的唯一办法就是在雄企鹅离巢而去时抓住它们。这件事听起来容易做起来难。

今年以来，他们已经标记了50对企鹅，使用的黑色防水墨水跟卡罗琳标记帝企鹅时所用的一样。他们记下产蛋日期和产蛋数量。每天查看雄企鹅，一旦发现谁离巢，立即把它们抓起来，然后测量体重、脚蹼、喙和胸部尺寸以及血液中的肾上腺酮含量。

"难度相当大。你得尽量在石头上就把它们抓起来，因为在雪地上它们跑得非常快——甚至比你跑得都快。还有一些企鹅试图逃跑，那就得跟在后面追。要是它们就站在那儿，跟你面对面地搏斗，那反倒更好。要是天气好，你可以用钩子去钩它们的脖子，但现在风这么大，还是忘掉钩子吧。"

当雄企鹅体重下降一半（约8磅）的时候，它们就会离巢而去。从标记出的那群企鹅里，蒂埃里成功抓住了5只离巢雄企鹅。还有19只成功等到雌企鹅换班，剩下大多数都偷偷溜掉了。"这是个漫长而艰难的过程。我们很想多几只企鹅提供数据，但在挨饿的最后阶段，要获得数据很难——对企鹅来说是件幸事，但对我们的研究来说却是不幸。你得监控很多很多企鹅，才能从那么几只身上取得数据。"

在地势较高的地方密密麻麻地分布着企鹅巢，在中间位置上，有一只企鹅正稳稳地卧在蛋上。它胸前有个模糊的黑色数字，我勉强能分辨出上半部分。"那是18号，"蒂埃里告诉我，"也是最后一只仍在坚持的雄企鹅。他已经挨饿四十五天了，貌似雌企鹅是回不来了。但现在的主要问题是我得守在这里，好等它离巢时把它抓起来。它可不会跟你讲'再过一小时我就要跑了'。一整天我都在盯看它。今天天气太糟了，没法在外面待太久。要是天气好的话，我一次能盯三四个小时。"

我们两个都被风吹得受不了，于是蒂埃里便带我去看他的另一半实验。他的实验室旁边有个围栏，里面有几只阿德利企鹅，或站着或躺着。胸前都有一个黑色数字，只是眼下已经变成了褐色。脚蹼上都戴着彩条外加两个小仪器，仪器有香烟盒的一半大，粘在背部两侧。

蒂埃里跟我讲，对弃巢信号的了解大多来自对捕捉的企鹅进行的实验。12月初，他们挑出几只没有繁殖的雄企鹅，把它们抓到这里。每天称体重、采血样，以弄清企鹅体内发生的变化。一开始，企鹅会在几天内迅速耗尽体内的碳水化合物。接着开始消耗体内血脂——也就是脂肪储备。最后，当血脂减少到危险水平，大约相当于起始水平的20%，便开始消耗蛋白质。到了这个时候，就像马拉松运动员一样，企鹅到了"鬼门关"，就是在消耗自己的肌肉。也就在这个时候，它们体内的警钟开始报警。

从外表就看得出来，因为此时企鹅开始躁动不安。企鹅背上的仪器是个计步器。开始的时候企鹅几乎纹丝不动，就跟在巢里孵蛋一样。一旦要准备跑了，两只脚便开始不停地蹦跶，在围栏里跳来跳去。这时蒂埃里就会把它们放出去。围栏里一般一次关四到六只企鹅，放走一只，就再抓一只进来。这个科考季，已经轮替了大约十五只企鹅。[1]

---

[1] 为了安全起见，蒂埃里告诉我，他们从不圈养体重低于3.3公斤的企鹅，这是野生雄企鹅的实测最轻体重。如果任何一只企鹅体重低至该值，即便其没有躁动不安和消化蛋白质，也将获得自由。

有意思的是，企鹅好像非常清楚血脂水平什么时候降低、什么时候开始消耗肌肉。企鹅为什么会跟自己体内微妙的新陈代谢如此合拍？我们能不能从中学会如何感知，甚至控制我们体内的脂肪消耗过程呢？

蒂埃里和团队无意之中发现，肾上腺酮可能就是企鹅感知体内变化的信号，因为这种物质貌似能刺激其他企鹅开始觅食。为了验证这一点，他们给捕捉的企鹅注射不同剂量的荷尔蒙。截至目前，实验成功的希望很大。注射剂量最大的企鹅开始消耗体内蛋白质的时间比实际所需的更早，开始四处跑动的时间也更早。与此同时，另一种荷尔蒙——催乳素（用于刺激父母抚育幼崽）——的水平急剧下降。目前他想了解的是，当企鹅再也跑不动的时候，肾上腺酮的水平会不会自然上升。只要再抓几只正要离岗的企鹅就能确定。

回宿舍的路上，恰好路过18号的巢。它还在里面，脏兮兮的胸脯上那个脏兮兮的褐色数字依然清晰可辨。它还在忍饥挨饿，期盼同伴归来。荷尔蒙还没开始发信号，所以它知道自己目前还没有生命危险，但变化来得比我预料的快。那天晚上，我在公共洗手间里碰见蒂埃里正在刷牙。"没有逮住它。"他颇为沮丧地说，"18号已经跑了。"①

仲夏甫至，可我觉得进化之手已经选出了今年南极繁育竞赛的赢家和输家。小帝企鹅正在其他地方独立潜水或游泳，最后一批未等到换班的阿德利雄企鹅也已经弃巢而去。而繁育成功的企鹅则开

---

① 蒂埃里及其团队后来发现皮质酮的确是关键。参见 M. Spee, L. Marchal, A. M. Thierry, O. Chastel, M. Enstipp, Y. Le Maho, M. Beaulieu and T. Raclot, 'Exogenous corticosterone mimics a late fasting stage in captive Adelie penguins (*Pygoscelis adeliae*)', *American Journal of Physiology: AJP Regulatory Integrative and Comparative Physiology*, vol. 300, 2011, pp. R1241–1249。

始哺育幼崽，把它们喂得饱饱的，为它们体内异常活跃的动力工厂提供原料。

但是，还有一种南极生物，它们的繁育点和筑巢方法也值得一提，那就是雪海燕。跟阿德利企鹅一样，雪海燕也从不远离冰面。夏天它们来此繁殖并哺育小海燕，冬天便与阿德利企鹅生活在一起。它们徘徊在浮冰边缘，一边捕食鱼类和磷虾，一边等待夏天的回归。

奥利维耶·沙泰尔（Olivier Chastel）是位南极海鸟专家，也是维利耶昂布瓦（Villiers-en-Bois）法国国家科研中心的生物学家。他研究过许多种南极鸟类：信天翁、贼鸥、海燕和企鹅等。此前我们已约好在他的办公室见面。他说在其研究的所有鸟类中，最喜欢的就是雪海燕。"你看，它们洁白无瑕，而且还有这么浪漫的名字。"

确实如此！这些南极世界的天使，它们真的非常浪漫。我曾在忧郁的紫色天空下，看见它们在头顶盘旋，美得令人心醉。早期的旅行者曾认为它们就是死亡水手的灵魂。当我跟奥利维耶说起这些，他不禁莞尔一笑，说："要是你想去，我现在就可以带你去看。不过最好不要靠得太近，因为等看完它们打架，你将会产生一种完全不同的印象。"

不过我们先得去查看一个贼鸥巢里的蛋。"我也挺喜欢贼鸥的。"奥利维耶说，"它们胆大包天，根本不怕人。不过你要是仔细观察，会发现其实它们也颇有个性。有些很害羞，有些很阴险，有些很聪明，还有些很愚蠢。有只贼鸥专门抓人的帽子扔到海里。有个朋友为此连相机的镜头盖都丢了。它们什么东西都要尝尝能不能吃。"

贼鸥巢就在一块光秃秃的岩石上，里面有个还没孵化的蛋，还有个毛茸茸的雏鸟，一副呆头呆脑的样子。贼鸥蛋正好落在一摊融化的冰水里，很快就会被冻住。奥利维耶爬上石头，使尽浑身解数要把水弄干。贼鸥父母发现了他，在空中疯狂地鸣叫，不断朝他俯冲，恶狠狠的尖喙上凶光毕露。奥利维耶下意识地伸手护住脑袋，急忙蹲下身子。

"这还算是容易对付的。"他扭头跟我讲，"要是其他的贼鸥，我得随身带一根棍子，还要把棍子举得高高的，它们才不会袭击我。"

"为什么？"

"不知道，但确实管用。"

"它们怎么这么好斗？"

"这个我也不清楚。你可能以为它们的睾酮水平比较高，但实际上相当低。可能因为睾酮的代价很大吧，它会抑制免疫系统。在这个地方，你可生不起病。"

奥利维耶只好撤退。母鸟回到巢内，又小心翼翼地把蛋滚回到水坑里。奥利维耶认命了，他耸了耸肩，我们继续赶路。

我们沿着岩石山坡往上走，满地的企鹅粪和雪泥，一步一滑，遇到管道还得小心翼翼地跨过去，因为里面埋的是电缆，整个科考站的运行都得靠它。"雪海燕也同样面临冰雪融水问题。"奥利维耶说，"最佳筑巢点——那些既挡雪又排水的地方——那里竞争非常激烈。雪海燕能活四十年甚至更久，所以对于那些年轻的、刚开始繁育的雪海燕来说，日子并不好过。"

从1963年起，研究员就开始给这里的幼鸟和成鸟戴脚箍。刚戴时自然无从得知鸟的年龄，但只要它们在一个筑巢点安顿下来，剩下的时间就都能观察了。"它们每年都会归巢。要是某只鸟两年未归巢，很可能就是死了。它们不会再去别的地方繁育。要是繁育点被捣毁了，终其一生都不会再繁育。"

雪海燕聚居地是一处很普通的岩石坡，跟其他岩石坡并无二致，只不过许多岩缝和石洞里都住着雪海燕。它们比鸽子小一点，喙、脚和眼睛是黑色的，其余部位都像雪一样白。

就像蒂埃里聊阿德利企鹅一样，奥利维耶也说他想了解刺激雪海燕的荷尔蒙信号。雪海燕也共担养育责任。要是同伴迟到，它们也得像帝企鹅和阿德利企鹅那样做出决定。这个夏天，他在研究应激激素——肾上腺酮，看它是否在雪海燕身上也起着同样的作用。

> 许多其他鸟类会采取完全不同的策略。比如，知更鸟或者乌鸦，只能活几年，一次能下四五个甚至六个蛋。但这里的鸟都活得相当长，所以它们的策略是将自身生存看得比雏鸟重要。雪海燕可以连续五六年不繁育。一次只下一个蛋，要是丢了，也绝不再下。就算某年雏鸟全都没活下来，种群数量仍然能保持稳定，因为成鸟本身并不面临风险。它们看重的是自身生存——未来繁育的机会还多着呢。

> 我们觉得肾上腺酮起了关键作用，但也得看年龄。年轻的雪海燕非常谨慎。但要是老雪海燕只剩下一两个繁育季，可能就会愿意冒点儿险。[①]

奥利维耶说在这里做科研简单得令人惊讶。合适的筑巢点可遇

---

① 奥利维耶及其同事后来证实了这一点。参见 Aurélie Goutte, Marion Kriloff, Henri Weimerskirch and Olivier Chastel, 'Why do some adult birds skip breeding? A hormonal investigation in a long-lived bird', *Biol. Lett.*, vol.7, 2011, pp. 790–792; A. Goutte, E. Antoine, H. Weimerskirch, and O. Chastel, 'Age and the timing of breeding in a long-lived bird: a role for stress hormones?', *Funct. Ecol.*, vol. 24, 2010, pp. 1007–1016; F. Angelier, B. Moe, H. Weimerskirch and O. Chastel, 'Age-specific reproductive success in a long-lived bird: do older parents resist stress better?', *Journal of Animal Ecology*, vol. 76, 2007, pp. 1181–1191。

不可求，基本准则就是先占先得，所以雪海燕一旦开始孵蛋，无论如何都不愿离巢。这样一来，要抓它们就简单了。雪海燕恋巢恋得那么厉害，你要是去抓，它们根本就不打算飞走。

但是，雪海燕爱打架。年轻的雪海燕不断地跟老鸟抢筑巢点。我们正在聚居地里走着，突然发现一只年轻的雪海燕决心碰碰运气。它猛地冲向离它最近的鸟巢主人，张嘴舞翅发起了猛烈的进攻。于是，两只雪海燕尖叫起来，拼命地用喙啄、用爪子抓，就像两个格斗士，经不住众人鼓劲，在兽笼里扭打翻滚，斗作一团。

奥利维耶说得没错。在天使般的外表下，雪海燕比贼鸥还要凶狠。说话间，这场搏斗愈加激烈了。只见鸟巢主人把它精致洁白的脑袋猛地往后一甩，"啪嗒"一声，从嘴里喷出一股鲜橙色的黏液，在空中划出一条弧线，丝毫不差地落在对手后背上。"啪嗒"又是一声！第二股又喷了出去，这次差点射中了对手的眼睛。可怜的挑战者这下彻底崩溃了，匆忙败下阵去，而获胜的那位大英雄则得意扬扬地回到巢里。

如此优雅的鸟竟会吐口水？见到我莫名惊诧的样子，奥利维耶咧嘴大笑起来。"对雪海燕来讲，口水就是制胜法宝，"他说，"口水是食物里的油变的，对羽毛很有杀伤力。"我们俩眼睁睁地看着那只不幸的雪海燕，背上粘着鲜橙色的口水，匆忙冲到雪地里打起滚来，拼命想把口水弄干净。"有些雪海燕比较可爱，"奥利维耶说，"你把它们拎起来检查腿箍，它们会很温柔地蹭你的手。但其他的那些一见你就吐口水。口水还恶臭无比——因此，我们也是基地里最臭的人。"

说起这个他还乐呵呵的，仿佛是种荣誉标志。"有一年在这儿过冬时穿了件外套，我一直留着呢。都十四年了，还有臭味。每当在家心情不好，我把它拿出来闻闻，就能想起它们。"

奥利维耶仍在调查哪种荷尔蒙刺激雪海燕打架，哪种荷尔蒙让它们放弃当年繁育。他说帝企鹅可能也是荷尔蒙过剩的受害者。"繁育失败的企鹅会拐走小企鹅。最多有五六只大企鹅抢一只小企鹅，经常导致后者死亡。大企鹅也收养小企鹅，但要不了几天就会把小企鹅赶走。我们觉得原因可能在于刺激繁育的另一种荷尔蒙——催乳素。雌企鹅过了两个月返回时，她无从得知是否已经孵化成功。所以，她必须分泌大量的催乳素，以维持繁育冲动。稍后雄企鹅出去觅食一个月，也需要足够多的刺激才会返回。"

帝企鹅体内也存在一个荷尔蒙触发机制，告诉它们何时离巢。一旦生命受到威胁，它们总是会放弃蛋或雏鸟。昨天那些眼睛长得像猫头鹰、自信满满地围在我身边的小企鹅，只有不到五分之一能活到成年。"有些帝企鹅已经40多岁了。跟雪海燕一样，它们有很多繁育机会，宁可当年繁育失败，也要先活下来。"

用沙克尔顿的话来讲，这叫"活驴总比死狮子强"。

当天晚饭过后，人们又开始看电影。我又溜出门，朝海边走去。中间专程去了一趟奥利维耶的雪海燕聚居地。雪海燕依然美丽，吐口水并没令其逊色，那只不过是自卫的武器而已。

到海边一看，阿德利企鹅还是像往常一样列队前进。它们沿着雪地上的小道一路小跑，排着队跳入平静的水面，把肚子里塞满鱼，好养活各自的幼鸟。我观察了一个多小时。它们跳跃的姿势很夸张，但几乎不会发出任何声音，整个场面非常平静。这些小家伙清楚地知道自己在做什么。难怪它们不会自我怀疑。就像早期南极探险英雄一样，阿德利企鹅直面世所罕见的艰难，克服骇人听闻的不利条件，把自己一路逼到极限。但也跟帝企鹅和雪海燕一样，它们从先辈那里也得到了一条重要的教训：要在这里活下来，还必须懂得何时该放弃。在距南极点不到100英里的地方，连沙克尔顿都不得不强迫自己接受这个教训。

　　最后肌肉都冻僵了，我便站起身来往回走，可总觉得背后有人盯着。我猛一转身，只见身后大约6英尺的地方站着一只阿德利企鹅。它仰着脑袋盯着我，一动不动，连眼睛都不眨一下。我转过身，再往前走几百英尺，然后猛地一回头。那只企鹅简直是亦步亦趋，依然站在我身后6英尺的地方，依然一动不动，依然仰着脑袋郑重其事地盯着我。这套小把戏玩了一次又一次，简直就是在跟我玩"木头人"游戏。我一转身，它立马不动。我一走，它就跟着。

　　眼下都快到宿舍了，这一路它一直这么跟着我。记得戴维·安利曾讲过，阿德利企鹅觉得人类就是大企鹅，当时我就想他自己就是这么看待自己的。我再次低头打量这个小东西，它也目不转睛地望着我。我不知道到底是谁在模仿谁，但是——尽管我已经走进宿舍，并把门紧紧关上——我知道自己已经被它征服了。企鹅曾融化过更加坚硬的铁石心肠，我根本无力抗拒。

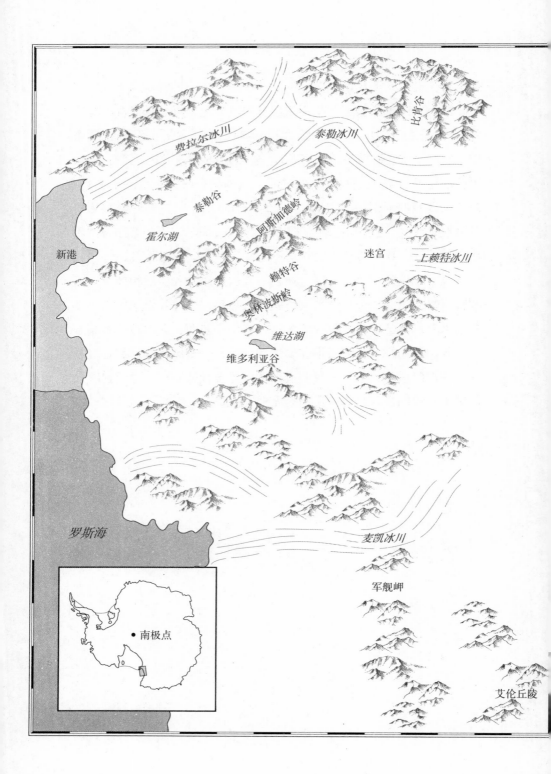

比肯谷

费拉尔冰川　　泰勒冰川

泰勒谷

霍尔湖　　阿斯加德岭

新港　　　　　　迷宫　　上赖特冰川

赖特谷

奥林波斯岭

维达湖

维多利亚谷

麦凯冰川

罗斯海

军舰岬

南极点

艾伦丘陵

# 第三章
# 地球上的火星

　　麦克默多干谷是地球上最像火星的地方。它们是一排裸露的石沟，并排从南极冰盖边缘一路延伸入海。这里"干燥"，不止因为缺水，还因为缺冰。干谷几乎纯然一色，但干谷间的锯齿状山脉则如同夹心蛋糕，一层巧克力色的粗玄岩，一层白色的砂岩，交替排列。正午时分，在刺眼的阳光下，这片超自然地带显得狰狞恐怖。但是，每当夏夜，永不落下的太阳在地平线上徘徊，投下又长又低的影子，此时山峰变得柔和起来，粗玄岩的颜色变得更深，麦片般的砂岩闪耀着金色的光芒。

　　到了晚上，不仅色彩显得比平时漂亮，就连那些展现这片非凡之地历史的地貌特征，也被长长的影子凸显无遗。这里有奇异的海滩高地，它们是远古时期水位很高时留下的印记，现在从半山腰上激凸而出；还有带波纹的岩石和巨大的坑洞，它们是被尼亚加拉般的大瀑布冲刷的产物；还有球根状冰川和冻裂的土壤，它们表明这片土地现已变得非常寒冷干燥。

　　5500万年前，南极洲曾经温暖湿润，生机勃勃。后来在巨大的地壳构造力作用下，地表开始战栗移位。地壳崩裂，远古世界中的这片地区开始抬升。随着地面升高，地表河便开始侵蚀周边地区。它们汹涌奔腾，从内陆涌向大海，一路上切削原本凸起的岩石，掏挖出这排平行山谷。

与此同时，在这片准大陆的另一侧，地壳构造力也开始发挥作用。南极洲日渐与其他大陆分离开来，数百万年后，只剩下一个接触点：南极半岛细长的手依然紧抓着南美洲的南端。

后来，大约3500万年前，紧握的手松开了。海水涌入两个伙伴之间，洋流开始绕着新生的大陆旋转，逐渐形成一个涡旋，将南极洲与温暖舒适的外部世界割裂开来。

德雷克海峡（Drake Passage）的开启则彻底关上了南极洲这个大冰柜。首先森林消失了，接着苔原蜕变成荒漠。在南部高原上，一座巨大的冰盖悄然成形，并朝海岸步步进逼。冰盖本可以吞噬山谷，但早期剧烈的构造运动使得沿着山谷南部边缘渐次隆起一条条锯齿状山脉，它们阻断了冰盖前进的道路。于是谷底就这样裸露在外，愈发寒冷干燥。山上的雪坡形成了几条小型冰川，一直流到谷底。冷空气形成狂风，自高原上倾泻而下，在石头上冲刷出无数小孔，发出怪异的尖啸。千百万年来，干谷内从未下过雨，雪也极少。这是地球上最冷、最干、最荒芜的一块石头地。

仅凭这一点就足以令许多科学家兴奋不已。为了解地球家园，人们总爱探索各种极端现象。但干谷内的景象却比极端还要极端，干谷的历史能如同镜像般展现火星的历史。火星是距人类最近、最令人神往的外星邻居之一。像干谷一样，火星表面也曾有过液态水，气候也曾温暖宜人。河道内曾流水潺潺，盆地内曾湖水浩渺，就连沙滩都曾是古老的海岸线，它们曾在火星表面纵横交错。可现在火星平均气温低至 −55℃，是整个太阳系中最干燥的星球之一。麦克默多干谷的特别之处就在这里。在其生涯的某个时刻，火星可能也曾经历过干谷目前所处的阶段。[①] 换言之，干谷就是地球上的火星。

与火星如出一辙，这里也没有肉眼可见的生命迹象。当然偶尔也能见到扭曲干瘪的海豹尸体，嘴巴周围的皮肤早已萎缩，牙齿裸露在外，仿佛硬挤出一丝笑容。谁也不知道这些干尸的年岁，更不清楚当初海豹为何会拐错弯，从海边赶到这里，又渴又饿，一命呜呼。但除此之外，这个地方一片荒芜，死气沉沉。1903年12月，斯科特生平第一次见到干谷时，曾经写道："值得大书一笔的是……大家没见到任何活物，连苔藓或地衣都没见过；我们只在内陆深处的冰碛堆里见过一只威德尔海豹的骸骨，至于它是怎么到这里的，已是无从猜测。这里是名副其实的死亡谷。"

描述不差毫厘，结论却谬以千里。干谷内存在大量生命，只是并非以我们常见的形式存在而已。这是因为干谷虽然干燥，但也不是一点水没有。每年都有那么几天，气温缓缓回升到冰点以上，足以将溢流到山谷里的冰川融化那么一点点。融水形成涓涓细流，汇入谷底细长的湖泊内。虽然所有湖面都覆盖着厚厚的一层冰，但多亏了每年注入的微量液态水以及随之而来的热量，湖水尚不会整体冻成一个冰坨。

通常来讲，哪里有水，哪里就有生命。火星上有没有可能存在生命？这片荒芜的土地已经给出了异乎寻常的答案。

从麦克默多乘直升机很快就能到达干谷。干谷的非正式首都是

---

① 这里有一份非常不错的简要总结，列出了火星上有水的证据以及令人怦然心动的最新发现，表明在火星地质史上最近的过去甚至可能存在过液态水。参见 Richard Kerr, 'A Roller-Coaster Plunge Into Martian Water—and Life?', *Science*, vol. 330, no. 6011, 17 December 2010, p. 1617.

泰勒谷里的霍尔湖（Lake Hoare）。自20世纪70年代以来，这里就建起了各种各样的科考营地。最新的一座建于1993年，拥有三间小实验室：一间是放射性实验室；一间是普通化学实验室，配了一个有毒气体通风柜；还有一间是仪器室，里面密密麻麻地装满了各种电子仪器。人们睡觉回自己的帐篷，但吃饭和消遣却在另外一个公共小屋内进行，那里宽敞温暖，还装着小彩灯，气氛轻松愉快。营地主管名叫蕾·斯佩恩（Rae Spain），好几个科考季之前她在这里当木工，这个小屋大部分是她一手建起来的。

蕾热情好客，长长的金发编成辫子，脸上总是带着友善的微笑。她是最典型的营地保姆。自从1979年以来——也就是从女性开始为来到这片大陆、进入科考项目而斗争的日子起——她每年都会到冰面上来。起初，她只打算来一次，权当是探险。但从那以后，她便再也忘不掉南极。"简直是被南极附体了。"她说。

虽然从技术上来讲，这里只是一个营地，而不是一处完备的基地，但这里的工作区和生活区却异常舒适。饭菜做得令人叹为观止。在野外辛苦一天回营后，竟能吃上手卷寿司、芝麻鸡、味噌汤或咖喱猪肉，或者可口的烤肉配迷迭香土豆、胡萝卜蛋糕和新出炉的曲奇饼干。这里还可以收发电子邮件（24小时能上网），给世界任何地方打电话，甚至能进行网购，你要的东西会在几个星期内由直升机送货上门。营地里的人常拿旧果酱瓶当水杯，但给人的感觉更像是时髦酒吧里用的小玩意儿，而不是模样古怪的生活必需品。这儿简直再轻松舒适不过了。

营地还颇有文艺范儿。我发现书架上摆着玛格丽特·阿特伍德（Margaret Atwood）的小说，蕾说为了给基地选书，她要一路从老家华盛顿州赶去加拿大。书架旁放着棋盘和一堆堆的毛线，这是为天气变糟、无事可做的时候准备的。跟南极大多数地区一样，在这里，耐心是一种美德。

蕾在三个美国主科考站都工作过,包括麦克默多站、南极半岛上的帕默(Palmer)站以及南极点站,但在这里最开心。她说就算某天诸事不顺,也觉得开心。一次,有个人开着一辆全地形车撞在了湖边。那里的冰很薄,水离湖面非常近。车辆已经全毁了,只能挂在直升机底架上吊回去。起吊物品非常麻烦。直升机并不落地,你得像自由女神像那样站在它下面,手里抓着铁链上的钩子拼命往上送,同时还得在下降的气流和巨大的噪声中保持平衡。飞行员将直升机一寸寸地往下压,好跟你对接,此时尽量不要去想在头顶上盘旋的那个大铁疙瘩。

当时,她得到消息说直升机已经上路了,所以立刻抓起80磅重的铁链和编织带,拼命朝湖边跑,一路上不时地掉进水坑里,到最后全身湿透,都结了冰。等她赶到车前一看,才发现车早已撞散了架,还得重新组装才行,所以又不得不让直升机先回去。等她惨兮兮地拖着链子、步履艰难地走回营地,竟发现U形尿桶里的尿都溢出来了,她只得拿管子从顶部抽一些出来。但一到外面,四下看看,再深吸几口南极的空气,她便觉得这里最糟糕的一天也胜过麦克镇最好的一天。"毕竟,上哪儿去找这么一份变化无穷的工作?负责直升机运行维护、排日程表、监控发电机和太阳能系统、烹饪美食……还有焚烧粪便。"

没错,这事也归她管。蕾负责向新来者解释干谷行为准则,其中就包括排泄物处理准则。干谷的环保规定非常严格。固体排泄物要装进"火箭"厕所,轮流焚烧。尿液要装进瓶子,再倒进U形大桶里。(对南极新人重复最多的准则之一就是:如果瓶子上标着字母"P",永远不要喝里面的东西。)

要是怕在野外内急,可以随身携带一个空尿瓶,尿满了再带回营地。所有固体排泄物都要装入随身携带的塑料袋内。要是能忍的话，最好避免使用这些东西。我听说过一些尿瓶实用技巧。一位研究员曾跟我讲，在寒带地区，为了保暖，要不停地跟热量散失做斗争，所以最好尽量在夜里用尿瓶。如果把尿留在膀胱里，你得消耗能量使它跟体温保持一致。但是，如果把尿装进瓶子里，甚至都能拿它当个小热水袋，放在睡袋里暖和身子。从科学上来讲，这话颇有些道理，但我得实话实说，本人从未试过。

严禁移动岩石或砾石，严禁拿走任何东西当纪念品。在这一点上，跟所有干谷环境规则一样，没有半点商量的余地。蕾是一位令人敬畏的环境规则倡导者。虽然她外表温和，但不必听说那个起吊的故事，我也知道必要时她会变得如同钢铁般强硬。早些时候，也有很多男主管认为女人不该来这个冰天雪地的地方，千方百计要打发她回家，但后来却被她一个接一个送回了家。我绝不希望自己口袋里藏着违禁纪念品，而被她抓了现行。

我来这里主要是见彼得·多兰（Peter Doran）。彼得来自芝加哥伊利诺伊大学，是生物学家，他曾答应带我到湖上去。[①] 到那一看，原来湖面非常辽阔，几乎填满了整个谷底，一直延伸到加拿大冰川的边坡那里。湖面周边是一圈清澈透明的黑玻璃状冰面构成的"护城河"。我小心翼翼地踩上去，才发现自己站在一个跟想象中完全不同的冰冻表面上。我原以为冰面平坦洁白，实际上却坑洼不平，上面布满了冰塔、冰锥和冰坑，并夹杂着一条条暗褐色的土块。

有些冰塔的高度几乎与视线齐平。蹲下身来便能窥见微小的冰洞和细丝状的洞壁，以及看上去仿佛陶制的谷底。不过我知道，土

---

① Gabrielle Walker, 'Antarctic Landscape is Testbed for Mars', *New Scientist*, 17 April 1999, p. 48.

南极洲：一片神秘的大陆

层下方还是冰，足有10—12英尺厚，封盖着下方的湖水。事实上，冰层非常厚，根本不可能意外踩穿掉进湖里。不过冰面融水坑上冻后，会在表面形成一层薄冰，我们倒有可能踩穿它掉进水坑里，或者掉进冰缝里摔断脚脖子。彼得一点儿也不敢掉以轻心。"这个地方比较危险，要踩着我的脚印走。"他小心翼翼地把脚踩在冰面上，我一丝不苟地配合着他，简直就是亦步亦趋。

一边往前走，彼得一边跟我讲，尘土都是冬季暴风带进来的。前方冰川堵在干谷末端，形成了一堵防风墙，迫使风将携带的尘土留在冰面上。尘土落下的地方会形成一个保温层，将部分冰保护起来，其余的则会蒸发进干燥的空气中。于是就形成了冰塔和冰雕。我被这诡异的地形弄得晕头转向，便问彼得该如何形容这种景象。他咧开嘴笑着说："形同火星"。

彼得大部分职业生涯都在研究南极湖泊。他身材瘦高匀称，声音沙哑单调，说起话来全是科学名词，初次见面可能会觉得他比较乏味。但是，只要他一笑，你便能发现他个性中的另一面——促使他来到这里的那一面。他不是能耐心地坐在实验室里摆弄显微镜的人，他一直喜欢干大事，用他自己的话讲，就是喜欢干些"华而不实的事"。其实，他本身就有点华而不实。他之所以要来这里，竟然只是因为读了一篇论文，上面说这里奇怪的冰冻湖泊跟火星颇有些类似。他原本就对那些似乎不属于地球的地方着迷，而这里又带有冒险色彩，真是再好不过了。

对彼得来讲，只从外面研究湖泊是不够的，他还要潜入南极湖泊之中。第一次潜水发生在20世纪80年代初，当时是去邦杰丘陵绿洲（Bunger Hills Oasis）探险。邦杰丘陵绿洲位于俄罗斯和平站（Mirny）附近，如果从这里算，那就是在大陆的另一边。实际上，这是人类第一次潜入这个湖里，没人知道会发生什么。湖水阴沉沉的，快到湖底时，竟陷进了齐腰深的松软的淤泥中。他不知道是否会陷得更深，或者能否安全脱身。说到这里，他两眼熠熠发光。"这太疯狂了！这才是真正的探索。我觉得这才是把人们吸引到南极来的原因之一。很多科研都已变成了例行公事，只有在这里，才是真正在探索。"

他在南极已经潜过几十次水，但还远远不到例行公事的程度。就在霍尔湖的中间位置，他向我展示了此行的目标——潜水洞。这是一个整整齐齐的圆洞，穿透了整个冰层，洞口充盈着暗绿色的湖水。

潜水面临的第一个挑战就是如何进入湖里。湖冰有16英尺厚，潜水洞与其说是洞，倒不如说是隧道。但是，彼得说海水尽管看起来很吓人，但并不是想象的那么冷。就算在水里待上一个半小时，身体也还是暖和的。你得穿上干式潜水服，戴上厚厚的橡胶手套和一个带通信功能的全面罩，通过一条安全系绳与上面保持联络。一旦真正进入湖中，就可自由徜徉，但你得依靠系绳才能安全返回。尽管会有一些光线透过冰面散射下来，但不会有光束通过潜水洞指引你返回。曾经发生过几次潜水员弄丢了系绳的情况。"那是我听过的最恐怖的故事。"彼得说，"感觉就像要被活埋了，或者像在太空里迷了路。在干谷湖泊里潜水是我做过的最接近于太空漫步的事情。"

与麦克默多五花八门的海洋生物不同，这里的生物长得像块巨毯，仿佛是用某种土灰色的无缝材料编织而成的。实际上，它们是由微小的蓝菌通过黏液拼接起来的。这种原始生物最怪异的特征之一就是：虽然这些巨毯长在湖底的沉积物上，也就是脚下30米深的地方，却能通过产生气泡将自己提起来，像鬼魂一样四处飘荡。其中有块毯子长着几个大窟窿，仿佛人头骨上的眼窝和鼻洞，令人毛骨悚然，彼得和同事们给它起了个绰号叫"食尸鬼"。还有一块就像裹尸布做成的圆筒，差不多有2米高，从湖水深处缓缓浮起，活像一具死尸。"我一转身见到这个东西潜伏在黑暗里，一开始吓得心惊胆战，过了一会儿才醒悟过来，湖底不可能有其他的东西，没有会移动的东西，一切只是微生物而已。你甚至能穿过那个玩意儿游过去，匪夷所思，真的匪夷所思。"

如果他说得没错，那么类似的生物可能也曾漂浮在冰冷的火星湖泊里，直至最终干涸，风干成灰。我们踩在嘎吱作响的湖面往回走，路上竟然见到了几块巨毯的碎片，夹在尘土和冰里，就像一块块用水泡过的黄色鸡皮。我捡起一块放在手里一搓，它很快就碎成了粉末。作为近似的火星生物，它的表现并无非凡之处，但它确实证明生命可以在如此严苛的条件下生存。这里的年平均气温为 –18℃，冬天甚至会降至 –40℃ 以下。现如今时值盛夏，气温仍在冰点以下，但却有充足的直射阳光将湖边冰川稍稍融化，让涓涓细流渗进冰缝。彼得和同事们曾经计算过，这涓涓细流虽然每年只流几天，却能给湖水提供足够的热量，令其不至冻结。

这就是干谷科研为火星问题提供的答案之一：要维持火星表面的液态水，不一定非要让气温保持在0℃以上。干谷用事实证明，寒冷并不一定意味着死亡。

彼得还迷上了干谷里的另一座湖泊：维达湖（Lake Vida）。它的冰盖厚达60英尺，致使科学家几十年来都以为它已被整体冻结。但是，当彼得用雷达设备测绘湖底地形时，他发现约50英尺深的地方存在奇怪的反射，反射区状如口袋，约一英里长，半英里宽。那不可能是水。湖底温度在 –12℃ 左右，要是水早就冻结了。不过，倒可能是盐水。如果真是那样，那将是最咸的盐水，再浓一点就变成了纯盐。任何生物都很难在这里生存。但干谷给我们的启迪是：

生命总有办法找到生存之道。

彼得之所以对此十分关心，原因就在于这可能是地球上最恶劣的生存环境。"地球生命的极限形式是什么样的？"他说，"生命要被逼迫到什么程度，才会变得不再是生命？也许地球生命就是这样开始的，也许将会这样结束。没准这便是终结。"

彼得去过维达湖三次，已经钻穿了盐水层和下方的冰层。在50英尺以下，钻孔内很快就塞满了咸雪泥。但是，就算钻到100英尺（应该到湖底了），他们也没找到水。不过他们却发现了明显的迹象，表明那里存在一个鲜活的微生物世界，微生物们在暗无天日的盐水里过得怡然自得。

这可能是维达湖最吸引人的地方：这些潜伏在冰内的生物仿佛是火星上最后一批幸存者的镜像。要知道，在火星湖完全冻结之前，最后一潭略像液态水的东西很可能就是这个样子。

"数十亿年前，火星生物的最后一批残余可能就是这个样子。"彼得说，"火星生命的最后一站可能就是在冰湖里游泳。"

火星也可能根本就不需要湖。在干谷的土壤里，研究人员已经发现了大量细菌和一种极小的圆形虫子——线虫（nematode）。在有一丁点儿水分的地方，还发现了一种缓步类动物，又叫"水熊虫"（water bear）——地球上生命力最强的动物。成虫可长到1毫米长，人类用肉眼勉强能看见。它的体型粗短可爱，长着四对胖乎乎的短腿、一个田鼠般的嘴巴和橡皮糖小熊般的肤色。你可以（事实上许多研究人员已经这样做过）把水熊虫冰冻到接近绝对零度，再用沸水煮，然后将其晾干或者用射线杀一遍。它们干脆停止新陈代谢，坐等考验期结束。对它们来讲，干谷简直就是毛毛雨。如果某个栖息地太过干燥，让它们觉得不舒服，它们就会用一种特殊的糖分取代体内的水分，将身体变成微型啤酒桶的样子，等待困境结束。它们似乎能这样坚持几十年，甚至更久。

在冰川上，来自俄勒冈州波特兰州立大学的安德鲁·方丹发现了更多的生命藏身之所。安德鲁留着大胡子，壮得像熊一样。我跟他讲，就算雪地靴上绑着冰爪，自己还是会担心在玻璃般的冰面上摔跟头。这话惹得他熊吼般爆笑起来，然后说道："不用担心，你现在就是个苍蝇人！"安德鲁对冰川的主要兴趣是搞清楚它们与那些较温和气候中的冰川有什么不同，还有它们如何流进湖里，令湖水不至于冻结。他用竹竿测量积雪量，并用流量计在冰川底部测量溪水下游的水量。某个地方竟然还装上了闭路监控摄像头。"这是要防止有人偷冰川吗？""对。"安德鲁说，"我们希望见到外星人大驾光临。"（实际上摄像头是用来捕捉冰川上冰块崩裂的情景。）

不过，他还想带我看其他的东西：干谷生物的另一种顽强生存之道。为此，我们先得爬上冰川。冰川侧面异常陡峭——安德鲁说这是寒带冰川的突出特征，跟比较温和地区的冰川相比，这里的冰流动得极其缓慢。他教我先用冰镐凿出凹凸不平的台阶，再用带尖刺的冰爪牢牢地抓住冰面，就这样一路爬上了冰川主体。

冰川高处，寒风刺骨；大风卷起冰面上的积雪，狠狠地甩到脸上。我们连忙把围巾拉起来，安德鲁开始含混不清地跟我解释他要找的东西。生命要想活下来，就得有液态水。但是，此处冰体的温度为 –20℃，液态水几乎无迹可寻。但也有那么几处，白色的冰体上点缀着带状的尘土和碎屑，那里就可能存在液态水。尽管白色冰体会将阳光反射出去，但黑色尘土却能吸收阳光，从而获得足够的热量把自己融进冰里。随着这个融化的小坑越来越深，它上面的冰雪也越积越多，最后形成了一个盖子。不过阳光仍然可以透过盖子照射进去，因此小坑里总是会有一定量的液态水，那些随风吹到冰川上的尘土里的细菌便得以生存了。

这话乍一听起来颇有些牵强。不过，安德鲁已经开始四下寻找，最后终于发现了冰面上一小块颜色稍暗的地方。他伸手拿起我的冰镐，开始用镐头猛凿冰面，飞溅的冰屑与被风吹起的积雪混成了一片。猛然间，液态水从洞口内激涌而出，我立刻惊呆了。"哟嗬！"他自鸣得意地叫了起来。这一下牵动了很大一块地方，水开始在周围更大的区域内涌现。安德鲁找出几个水汇聚成的小圆圈，把它们一凿开，水就汩汩地流出来。水里充满了气泡，这说明微生物已经找到了在此呼吸、生存和成长的办法。我们仿佛置身于充满生命的香槟酒瓶之间，这里简直就是一处完全隐身于冰下、被冰掩盖的水族馆。此时风小了下来，夕阳透过云隙洒下点点阳光。安德鲁倚在冰镐上，咧嘴直乐。"火星的极地冰冠上也有这样的碎屑，"他说，"在卫星照片上就能看见，从中心朝四周螺旋散开。这可能是寻找火星生命的另一种方法。"

我们一路爬下冰川，在底部稍事休息。太阳现在已经完全突破云层，朝干谷内望去，只见湖面上洒满了碎屑，群山披挂着皑皑白雪。我问安德鲁为什么要来这里，但答案其实不言自明。他平和地回答了我的问题。"这是因为'记忆的烙印'。"他说，"在家里一闻到什么味儿，比如宿舍里用的清洁剂、煤油或者直升机燃油，或者一听见'大力神'运输机在俄勒冈州机场起飞，脑子里就'砰'的一声，立刻又回到这里。眼睛一闭就能看见这里的景象，非常想念。你不得不回来。"

军舰岬（Battleship Promontory）位于干谷的另一侧，是一大片林立的砂岩峭壁，从麦克默多坐直升机去要两个小时。军舰岬的半山腰上有一处岩架，延伸了几百米，麻麻点点地布满了砂岩塔和砂岩尖以及黑色辉绿岩鹅卵石。我从空中就看见零星的几块雪地上有几行脚印，像蚂蚁的爬痕一样，一路通向几顶颜色鲜亮的帐篷。直升机一降落，便看见克里斯·麦凯（Chris McKay）从最大的那顶帐篷里钻出来迎接我。

克里斯在加利福尼亚州的美国国家航空航天局（NASA）艾姆斯研究中心（Ames Research Center）工作，是个进行冰面研究工作的老手。从1980年起，他每年都会来这里。克里斯身材高大，差不多有1.98米，我不知道他是怎么把自己塞到这些小帐篷里的。他说起话来不紧不慢，字斟句酌，偶尔还穿插几个文学典故。一会儿提到《伊利亚特》，一会儿又引述刘易斯·卡罗尔（Lewis Carroll）的文字。谈到他刚来这里的时候，触目之处没有任何生命，感觉非常怪异，他引用了《海象和木匠》里的一句诗："没有鸟飞过你的头顶，因为天上根本没有鸟。"对卡罗尔来说，这可能是句无厘头的废话；但对干谷里的克里斯来说，却是每天都要面对的现实。

他告诉我，跟许多其他"老南极"不一样，自己在这里总觉得不自在。眼前总是见不着活物，自己倒像个外星人。但他比大多数人都更了解生物如何在这片严酷的土地上各显神通，顽强地生存。

一见到我，他就提议带我四下转转。说完转身钻进主帐篷，出来的时候手里多了一把地质锤。"要是手里不拿锤子，我就没法出去转悠，"他说道，"就跟读书时手里不拿笔一样。"

悬崖从空中看是金黄色的，但凑近一看，岩石要么是灰色，要么裹着一层铁锈般的荒漠漆皮，这是辉绿岩里的铁风化后的产物。但岩石上很多地方都有斑斑杂杂的凹坑。"看到没有？"克里斯问我，"就跟染了病一样。"这是第一种迹象，表明生命已在干谷内找到一种全新的、非凡的生存之道。克里斯捡起一块布满凹坑的砂岩，轻轻剥掉最外面的一层。在苍白的岩石缝隙里，竟见到一抹绿色。接着他把石头翻过来，用锤子轻巧地敲掉边角部位。在表层下方，有一线闪亮的翡翠色条纹，就跟宝石一样。条纹由成千上万的蓝藻构成，就像在世界各地的排水管道、池塘和水坑里一样，它们在此也能生存、呼吸、成长。但这里的蓝藻与众不同，因为一切都在岩石中进行。

我把翡翠条纹石拿在手里一边翻来覆去地欣赏，一边听克里斯向我解释它们是如何生存的。蓝藻整个冬天都保持在冻结状态。当夏季来临，岩石温度超过冰点，里面的生物就会苏醒。它们离岩石表面很近，而且砂岩本身又是半透明的，所以它们总能感受到第一缕阳光的触摸。阳光融化岩石上的雪，水向内渗透，滴下一滴或者两滴。接下来就是一场竞赛，要以最快的速度从这一两滴水中获得滋养，从而将岩石内部变成克里斯所称的"迷你热带雨林"。一年中只有几周，其中每天只有几个小时，太阳的热量能够穿透岩石表面。接着阳光消退，蓝藻便又重新入眠。

克里斯说，这听起来很辛苦，但对蓝藻来讲，生活其实并不是那么糟糕。"它们有水、有光，也足够暖和。环境要么非常适合睡眠，要么非常适合成长。一点儿也不会乱套。要是你能找到这样一份工作，那真是不错。每年睡十一个月，只需辛苦工作一个月。最绝的是，在这十一个月的睡眠期内不会衰老，因为你处在冻结状态。这样一来，你就能活很长很长时间。"

蓝藻为什么会这样生存呢？在干谷内能找到蓝藻的大多数地方，原因都是因为有水或者缺水。它们要是长在岩石表面，很快就会被风干。不过在这个地方，情况稍有不同。由于地理上的缘故，军舰岬异常暖和，因此也异常湿润。悬崖仿佛一面镜子，将阳光放大并聚焦。"到下午一点钟，太阳将彻底照耀这个位置，还有这个位置，"克里斯一边说，一边指着前方的悬崖和我们面前的一块辉绿岩。"要不了多久这里就会变成个大火炉。"

我们一路向下走到一处砂岩断裂的地方。裂缝很小，但阳光特别充足，冰面上的融水熠熠发光，岩石因沾上了水渍，布满了黑色的斑点。克里斯又捡起一块石头敲开。果不其然，里面也藏有富含生命的翡翠条纹。他指着石头表面让我看，我这才发现黑色的斑点并不只是水渍，表面上还附着一些东西。而且，是活的东西。

"你怎么看？"克里斯问我，"为什么这些家伙（他指着绿色的条纹）活在下面，而这些家伙（他又指着表面上的黑斑）却幸福地活在表面？"他目光里充满了期待。我耸了耸肩，表示等他来揭晓谜底。很明显，这块小石头上不存在干燥问题，所以我不明白蓝藻为什么要住在石头里面。但问题似乎在于光照强度。"两种都是蓝藻。"克里斯说，"它们之所以呈黑色而不是绿色，原因在于它们能分泌一种吸收紫外线的色素。基本可以这样讲，它们抹了防晒霜。"

这么说来，表面上的这些黑斑原来竟是在晒日光浴的细菌。我盯着它们，内心充满了好奇。它们就是这样应对夏天强烈的光照；克里斯说，这里是世界上唯一能找到它们的地方。

因为身处谷底，而且风也减弱了，所以阳光炙热。虽然严格来说，气温仍远低于冰点，但身上的大衣却开始显得有点不合时宜。我觉得昏昏欲睡，突然间非常想躺在其中一块石头上晒太阳。我总算知道了蓝藻在这里看到了什么。在这里生活其实没那么难。由于地形与海拔进行了奇妙的组合，生活简直就是在海滩上晒太阳。

克里斯在干谷的各个地方都曾发现过此类岩石定居者。火星上类似的岩石可能也会向生命提供最后的避难所。

离军舰岬不远，还有一处位于南极、活生生的火星场景：外太空自个儿来到了地球上。这片区域被称作艾伦丘陵（Allan Hills），就是几座孤立的小山头从冰里戳出来。除此之外，在广袤的南极东部冰盖的边缘部位，基本再没任何特征地形。有位直升机飞行员曾跟我讲，他刚执飞首个科考季的时候，被选派运送一些研究人员去艾伦丘陵。他请求给一张地图。上司随手拿出一张白纸，在正中间用铅笔点了一个点，就把"地图"塞给了他。

行程远近姑且不论，这里是地球上最便于寻找太空岩石的地方。每年都有惊人数量的天外碎屑落到地球上。有些像一片尘埃，以流星的形式耀眼地划过天空，不过在此过程中，它们会将自己燃烧殆尽。偶尔也会出现一块巨型太空岩石（也就是小行星）与地球碰撞，并造成毁灭性的后果。恐龙就曾遭遇过，如果我们也遇到类似不幸的撞击，人类也将遭遇跟恐龙同样的命运。如此巨大的撞击会产生相当大的能量。撞击发生后，几乎不会留下任何东西，只剩下一个巨大的撞击坑和满地球头晕目眩、濒临死亡的生物。在这两个极端之间，还有一些中等大小的岩石。它们的体积足够大，经过大气层燃烧后还能剩下一些东西。同时体积又足够小，在地球上着陆的时候相对平缓，并作为天外来石留在地面上。这些残留的石头就是我们所说的陨石。

几乎所有陨石都来自小行星带。小行星带位于火星和木星之间，是一个包含许多土豆状岩石的带状区域，其实是一颗未成形的行星。木星形成的速度非常快，而且体积非常大，它的引力干扰了附近所有的行星构件，导致其无法形成自己的行星。小行星带是一个建筑废墟，是太阳系形成时留下来的废品。从那里来的岩石可以告诉我们行星的起源、太阳的起源，甚至在此之前发生的事情。

但故事还没有完。极少数非常罕见的陨石来自更加遥远的地方。南极洲汇聚的此类天外贵客的数量远多于它所应占的比例，随陨石而来的是对人类自身、对人类在大千世界的位置的非凡见解。

拉尔夫·哈维（Ralph Harvey）是搜索陨石的老手。他来自俄亥俄州克利夫兰市凯斯西储大学（Case Western Reserve University），目前负责一个叫作 ANSMET（搜寻南极陨石）的项目。[1] 该项目是头怪兽，在南极所有科研项目中独树一帜。它由美国国家航空航天局、美国国家科学基金会和史密森学会（Smithsonian Institution）共同资助，而且科考队全由志愿者组成。尽管他们通常都是陨石方面的专家，但自身却无法从中获益。所有找到的陨石都必须装袋、标记并移交给主管部门。他们可以申请研究他们找到的任一颗陨石，但将与其他研究人员同等对待：没有任何特权，也不许插队。当然更不许私自收藏任何样品。

每年在来到冰面上之前，拉尔夫都会将这些规定告诉志愿者："说到这里，我觉得挺不好意思，这里并没有陨石纪念品送给大家。请大家不要拿自己找到的石头或者摆在架子上的石头满足个人需求。我希望大家带回去的是讲故事的能力。如果想要纪念品，就去买一件 T 恤。"他把这个项目称作"极端利他主义"项目。

但他每年都会收到数百个申请。拉尔夫亲自挑选队员。虽然他会认真考虑收到的每一封手写的书面申请（测试一：你还会用笔在纸上写信吗？），但除非你认识某个愿意推荐你的人，否则还是不要白费力气了。在这个特殊的项目里，性格比什么都重要，对每个选中的人，拉尔夫都要亲自了解或者通过别人熟知。

他对冒险型性格不感兴趣。能静下心来，能在起风时连续几天在帐篷里安静地读书，能尊重别人并给别人留足生活空间，这种能力更重要。大男子主义者也不能要。要是觉得难受，你一定要说出

---

[1]　http://geology.cwru.edu/~ansmet/.

来。"如果因为冷了、累了、饿了或者渴了导致错过了陨石,那整个系统就瘫痪了。"他说,"我宁可提前收工,也不愿错过任何东西。如果某个人觉得工作效率低下,那么就会有其他的人至少也接近于这个状态。每个人都会有感到无力的时候,我们必须承认这一点、接受这一点。"

话虽如此,ANSMET团队并不是一个懦弱者该去的地方。一旦被选中,你将发现自己会连续几周生活在高原上那些多风的地方,只要天气允许,每天一大早就要开着雪地车出去干活。什么时候休息取决于天气,跟你累了、厌倦了或者"周末"完全无关。

最糟糕的天气是风力刚好低到你可以干活,却仍然高到足以造成伤害。风把它的魔爪从所有能找到的缝隙里戳进来,比如手套和大衣间的缝隙,或者围脖稍微褪下来一点儿的地方。护目镜上总是蒙着一层雾气。你套上红色头罩,视野就被局限在软毛围起来的小椭圆内。你穿着14公斤重的衣物,用力摆弄沉重的雪地车,因为要不停地收油门,大拇指按得非常疼,你还得强忍着。你在雪脊(被风吹硬的积雪)上来回颠簸,万一冲击失误,你会被毫不客气地从雪地车背上甩下来。车辆会自动熄火,所以你不用像卡通片里那样去追雪地车。不过要是让别人瞧见,依然会令你无地自容。

当然啦,要是找不到陨石,你总是觉得风更大,天气也更糟糕。但要是真找到了一块,立刻会觉得风也轻了,空气也暖和了,连太阳都变得更亮了。"每捡到一块,心里就会咯噔一下,想着'这可是从太空来的石头'。"拉尔夫说,"要是新手发现了陨石,会像孩子收到礼物一样开心。不过每天每个人都会找到自己的第一块陨石。所以,一天里仿佛有很多场迷你生日派对。"

整个搜索过程有条不紊。五六辆雪地车列成一队,车辆之间的距离约100英尺,就像奥运会泳道里的选手一样来回搜索。一开始都是逆风而上。听起来像在自讨苦吃，但第一遍通常只是进行前期侦查。返回的时候正好背着风，这样就能更仔细地搜索了。逆风时，你可能得戴上全面罩和厚手套；顺风时，则要降级成护目镜和薄手套。不过没人会在侧风里干活——因为这样来回都得遭罪。

你要是发现了一块陨石，即便它是你当天发现的第十块或者第二十块，你的心也会忍不住猛地跳一下。你会从雪地车上一跃而下，挥舞着双手，大声欢呼，尽最大努力吸引大家的注意。要是别人叫了起来，你也会停下车，扔一把冰镐标出已经搜到的位置，然后过去看个究竟。接下来要拿出采集包——一个黑白相间的小背包。前面口袋里装着一塑料袋标有数字的铝条和一个又大又厚的金属计数器——这还是从阿波罗登月计划里传下来的旧物件。随便抽出一根金属条——在陨石被妥善评估之前，条上的数字就是它的名字。然后把那个数字敲到计数器里，再把计数器放到陨石上方，拍一张照片。

下一步是采集样品。先从背包的大口袋里掏出一个无菌塑料袋。你可以用无菌钳把陨石夹进袋子里。但更可能的情形是，你会用袋子把它舀起来，以免接触到它，用大衣擦到它，或者让鼻涕滴在上面。一定要尽量避免污染这块从太空来的石头。不过大家都知道，有时候难免会发生意外。拉尔夫可能已经跟你讲过，对这种事要轻松看待。"去年我就从一块陨石上碾了过去。"他时不时会提起这件事，"有个家伙手舞足蹈地喊'我找到了'。我正朝那边看着呢，就听见嘎吱一声。哎哟，我也找到一块。"

你要把袋口折几次，将带数字的铝条从袋口滑进袋子里。为了讨个吉利，还要把袋子上下翻转几回。然后，从侧面口袋里拿出胶带，把袋子封紧。（别忘了把胶带头折起来，方便下回用，要不然你将被授予一个"白色耻辱徽章"：一条长长的胶带，要在你大衣上粘一整天。)

接下来就比较好玩儿了——有机会仔细观察陨石，看看你到底找到了什么。你要取出放大镜来仔细查看。要是发现了什么不同寻常的地方，你要记下大小，还要进行描述。当陨石从冷藏船转到冷藏车上、再送到位于休斯敦的实验室，这些田野笔记将决定陨石袋子被打开的次序。有一种提示对管理员非常有用，就是看你加了多少个惊叹号。还有种提示就是使用大写字母。有个陨石猎人找到陨石后，曾在田野笔记里写道："先要了我吧 !!!!!! 实在太、太、太性感了。"后来证明那一块的确非常特殊。不过这又是另一回事儿了。

但是，就算找到的陨石颠覆了整个科学界，你也不能去领功。因为这仅仅是手气好而已——谁都可能找到它。为了保持团队士气，你必须坚守自己的搜索路径。如果你发现别人的路径上有一块诱人的东西，也绝不能跑去抢过来。

完成装袋和检查后，将陨石装进背包，大家便各自返回岗位，重新开始搜索。工作时间会很长，长时间高度集中注意力令人非常疲惫。但你还得留点精力处理回营后的琐事。睡觉之前，你得先把手套跟袜子烤干，给雪地车加满油并盖好车子以备第二天一早行动，往冰桶里加冰融水，还要把食物从冰库里扯出来准备晚餐。跟许多营地不同，ANSMET 没有厨师，也没有公用帐篷。你跟另一位共用一个金字塔形的斯科特帐篷，而且共用一个普里默斯炉子做饭，炉子就夹在两个铺位之间。二十四小时不落的太阳透过帆布照进来，一切都沐浴着欢快的橙色光芒。帐篷里的空间非常狭窄。等到项目结束，你会前所未有地厌恶各种身体机能，而且你将对室友的里里外外都了如指掌。

会放松自己也是营地的一项关键要求。每当天气变糟，你一定要能释放沮丧情绪，听音乐，看无聊的小说，喝营地饮料——可口可乐加意大利苦杏酒，总之是越懒散越好。不允许收发电子邮件，因为它太耗精力。连续六个星期左右，志愿者都要生活在冰面上，这项工作需要他们的每一分专注。

在项目启动后的三十多年里，ANSMET团队已经找到了20000多块陨石。加上同期由日本和欧洲项目发现的陨石，被发现的南极陨石总量已经超过50000块。尽管其中许多可能都是同一块岩石的碎片，但过去几十年里发现的陨石已经超过了过去两个世纪的全球发现量之和。

当然，原因之一是南极没有遮挡视线的树木、工厂、道路或者土壤。在冰面上，一切都赫然在目。落在这里的陨石可以几十万年甚至上百万年地保持在冰冻状态，不会发生任何变化。但是在温暖湿润的伦敦，陨石在短短几十年里就可能破碎。

南极之所以是个陨石宝库，还有另外一层原因。冰面不仅收集陨石——还会小心翼翼地把它们集中起来，非常便捷地呈现给世界。ANSMET的创始人比尔·卡西迪（Bill Cassidy）早在20世纪80年代就发现了这一点。比尔是一位陨石学家，来自宾夕法尼亚州的匹兹堡大学。早在项目初期，比尔就已经意识到，对陨石而言，南极是一个特殊的地方。在南极的某些地方，你甚至可以成桶地捡陨石。而且，所有陨石表面都会露出蓝色的冰。

这件事本身就非常奇怪。虽然这片大陆的大部分区域都由冰构成，但在南极高原上，冰通常会被埋在几十甚至几百米深的雪里。除非你挖得很深，否则很少能触及蓝色的东西。

不过南极大陆上也确实散落着几块地表冰原，在白色背景下显出淡蓝色。它们的形成通常要归因于下方的障碍物，比如掩藏的山脉或者一座孤立的掩藏的山峰。冰从大陆中央流出，遇到障碍物便会抬升；强劲的地表风刮去一层又一层积雪，直到冰体出现在阳光下。

比尔·卡西迪发现陨石就存在于这些地方，而且他自认为找到了原因。冰流就像一个天生的风选机制，会将陨石集中在少数几个地方。几千年来，陨石随机掉落在这里，随即被雪掩埋，并在地表深处被挤压到一起。接着，来自不同区域的冰在流向冰盖外缘的过程中结合到一起，从而将陨石进一步集中起来。在南极的大部分地区，雪、冰和陨石最终都会落入大海。但在某些地方，冰体遭遇山脉，被迫连同陨石一起露出地表，从而形成蓝色的小冰原。①

如果山体被完全掩埋，能在冰面上找到的石头一定都来自太空。但在某些情况下，山峰会戳破冰面，将地球岩石散落到各处，令整个场面变得非常混乱。在这种情况下，在培训时就得训练眼力，学会发现与众不同的石头。

后来拉尔夫接管了比尔的工作，从1996年以来一直负责ANSMET项目。但是，我在冰上遇到的第一位陨石猎人约翰·舒特（John Schutt）的资历要老得多。他从1981年以来就一直为ANSMET工作，而且——尽管他从未承认过——他可能是地球上最有经验的陨石猎人。②

我们见面的时候，科考季快要结束了。③我一直渴望加入陨石狩猎团队，可等我抵达冰面，他们早就开拔了。还好，约翰留在后面整理一些东西，他非常同情我的遭遇。他要去艾伦丘陵主冰原取几件设备。我要不要跟着去呢？

---

① Cassidy, *Meteorites, Ice and Antarctica*, pp. 64–67.

② 2011年5月，拉尔夫所在的凯斯西储大学授予约翰名誉博士学位。现在朋友们都管他叫"约翰尼·阿尔卑斯博士"（Dr. Johnny Alpine）。

③ Gabrielle Walker, 'Meteorite Heaven', *New Scientist*, 17 April 1999, p. 30.

无法用某个标准来衡量约翰·舒特。他杂乱的棕色胡子里夹着几根白须，脑后扎着一条马尾辫，又偏偏有几缕没扎住，很不体面地从一个褪了色的棒球帽下面戳出来。他的防风裤上有好几处都被磨破过，横七竖八地打着红色、橙色和灰色补丁，令人眼花缭乱。这些补丁宣示着他作为资格最老的南极人的身份。

　　严格来讲，这次探险并不是要寻找陨石。因为主冰原已经被搜索过好几十遍了，捡漏的机会微乎其微。更糟糕的是，这个地方还有地球岩石混淆视听。一座山峰突兀地戳在那里，冰面紧贴着山峰向上抬升，冰原上散落着一摊摊地球岩石、鹅卵石和砾石，令人灰心丧气。从直升机里钻出来的时候，我不禁喃喃自语，这简直就是大海捞针嘛。约翰则还没等发动机停下来就早已跳出去了。很明显，他已经血脉贲张了。"这里有陨石。"他断言道，"我能闻到！"

　　直升机驾驶员名叫巴里·詹姆斯（Barry James），他跟我一样好奇，也想见见真正的陨石，于是我便等着他关闭发动机，看着他从座椅里爬出来。约翰在前面示意我俩过去。"来，看看这些东西。"他一边说，一边伸出手来，手里握着两颗小鹅卵石。我俩非常听话地研究了一番。其中一颗颜色很浅，晶粒很细；另一颗颜色比较深，晶粒很粗。"我们要找的陨石跟这些截然不同。"说完便把石头扔到了脑后。

　　我们开始在石头堆里四处搜索。突然间，约翰一头趴在冰上，扶起眼镜，目不转睛地打量着一块小石头。巴里和我连忙屏住呼吸。"不对。"约翰说，"这是要放回原处的。"说完爬起来，自个儿拍了拍身上。"就把它扔那儿吗？"巴里冒昧地问了一句。"答对了。"约翰尖刻地回了一句，接着又开始找。

　　约翰的这番做作提起了我的兴致，乐观情绪开始飙升。看起来，不管概率多小，我们无论如何都能找到一块陨石。最大的可能是找到最常见的那种陨石，一块"普通的球粒陨石"。它的晶粒大小适中，介于刚才见过的两种地球岩石之间，但含有一些叫作陨石球粒的小球体。没人知道陨石球粒到底是什么，仅知道它们来自太阳系的最早期，远在太阳或行星形成之前。刚开始可能只是一团团的太空尘埃，被突然爆发的能量瞬间熔化，冷却后形成一片雨一样的固体小滴。

很多东西都能产生这种能量。我最偏爱的理论是，能量来自一颗正在爆炸的恒星——超新星。之所以喜欢这个理论，是因为同样的大爆炸可能也会促使某一片由尘埃和气体构成的云团开始旋转，最终凝聚成太阳和行星。地球岩石中不含任何陨石球粒。数十亿年来，板块碰撞和火山喷发早已将地球上的一切煮熟、熔化和煎透，陨石球粒已经没了踪影。但大多数小行星由于个头太小，无力进行此类地壳活动，所以从它们身上剥离出的碎屑仍然镌刻着地球的构造物所留下的印迹。

寻找陨石最明显的线索就是熔壳，这是在陨石穿透大气层时因燃烧形成的熔融外壳。熔壳通常呈深褐色且色彩分布均匀，介于亮光和亚光之间，仿佛有人在外面涂了一层黑巧克力。简而言之，周围的岩石主要是灰白色的，我们现在要去找深色的东西。

但是，时间所剩无几。我们只有六十分钟的地面时间，如果不尽快通过无线电向麦克镇确认起飞，麦克镇就要自行启动搜索和救援行动。就在此时，就在时间快要耗尽的时候，我和巴里仍在绝望地瞅着一块块石头，约翰已经变成远方一个细小的彩色身影，我俩突然看见他向我们招手。"快过来。"他的声音从冰面上飘过来，"我找到了！"我们顾不得脚下滑不溜秋、光亮透明的蓝色冰面，连忙朝他跑过去。"就在那儿。"他兴奋地指着一块棕色的小石头说，"这是你们见过的最古老的石头。"

约翰发现的是一块各个方面都很典型的普通球粒陨石，直径在一英寸左右。一端已经断掉了，露出了中等晶粒和几颗很小的球粒。没有断裂的一端光滑圆润，就像溪流中的鹅卵石。对了，上面还有黑色的巧克力涂层。简直可以拿来当教科书。我们轮流趴在冰面上，跟这块真正的太空来石合影留念。

有幸见证新发现确实令人激动。但从陨石的角度来讲，我们这块仍属"普通"。研究人员手里目前有成千上万块这样的球粒陨石，供他们勘察、研磨和测试。这类陨石占据了世界各地发现的陨石的绝大部分。

更罕见的是无球粒陨石，也就是不含前行星尘埃形成的固化小滴的陨石。它们肯定来自更大的天体，来自那些大到足以产生内部热量的小行星。有些小行星非常大，已经开始分化出内部铁核和质量更轻的外壳，这就是为什么我们能在地球上找到完全由铁组成或带有其他一些奇特成分的陨石。事实上，每个人都暗自希望找到非同一般的无球粒陨石。因为尽管跟普通球粒陨石一样，它们中的大多数都来自小行星带，但却有少数可能来自其他完全不一样的地方。

## 1982年1月18日，艾伦丘陵主冰原

要不是科考季快要收尾了，约翰·舒特可能会推迟行程。吃早饭的时候，天空就已经变暗了，现在正变得越来越暗。约翰倒不担心会有暴雪。这里是高原沙漠，几乎从来没有下过雪。但是，如果云层压得过低，他们就看不见物体的影子。在蓝色冰原上，这不是问题。但在蓝色冰原的中间地带，一切都是白色的，没有影子就意味着没有表面区分度，进而意味着被风吹成的雪脊不复可见。这样

很容易导致雪地车侧翻，非常危险。更糟糕的是，当时卫星还不能对你所在的地点精确定位，要是你找不到自己留在雪地里的痕迹，你可能永远也回不去了。

不巧营地里有个新手，名叫伊恩·威兰斯（Ian Whillans），两天前刚从麦克镇过来。伊恩不是陨石专家，但对冰非常了解。他想亲自去勘察一下陨石区。其他队员都待在营地里不愿出去，约翰主动提出带伊恩到几公里外的中西部冰原去。

不管怎么说，约翰比大多数人都更熟悉地形。两人发动雪地车，从营地内呼啸而出，这时他观察了一下周围的冰面和不断下降的云层。没人知道能不能找到陨石，但冰原上没有地球岩石分散注意力，凡是黑色的东西肯定都来自太空。所以他们可能会四下瞅瞅，拍几张照片，也许——要是走运的话——还能找到几块陨石。

到达冰原后，两人分头行动。刚过一小会儿，约翰就远远地看见伊恩停下脚步朝他挥手。菜鸟运气好。伊恩显然已经找到了平生第一块陨石。可是，约翰走过去一看，却被那件东西搞糊涂了。虽然到那时他已经见过几百块陨石，却从未见过一块这样的。这块石头差不多有高尔夫球大小，熔壳非常怪异，仿佛是某种带泡沫的绿色玻璃。一部分已经断开了，露出里面粗短带棱的石片，这是一种叫长石的白色矿物质，跟暗灰色背景形成了鲜明的对比。

约翰打开收藏包，抽出一根铝条。他在计数器上敲出一个数字——1422，然后把它放在陨石上方，接着伊恩拍下了这个项目里最著名的照片之一。最后他小心翼翼地把陨石装好袋，并在笔记本上写道：

> #1422——怪异陨石。较薄的绿褐色熔壳，约占50%，可能存在烧蚀特征。内部呈暗灰色，带许多白色至灰色角砾岩

（？）碎片。各方向长度大致相同，约3厘米。[①]

现在回想起来，相关人员都说他们马上就能知道这块新陨石来自何处。对于训练有素的观察者来说，约翰的描述提供了所有正确的线索。回营后，这个怪异的样品并没引起别人多大的兴趣，它与其他陨石一起被扔进了桶里，接着就被遗忘了。

就算这块陨石在几个月后最终到了休斯敦，它也没成为第一个处理对象。也许约翰应该在描述中多加几个惊叹号。早知如此，可能也不会吝啬多写几个大写字母。不过在当时，评定人员在处理完其他四块陨石之后，才轮到陨石＃1422。因此它就成了ALH81005，即来自艾伦丘陵的、发现于1981年开始的科考季的、第五个接受处理的陨石。

可是，当美国国家航空航天局约翰逊航天中心（Johnson Space Center）的研究员仔细观察了陨石后，他们才开始意识到这个东西个头虽然小，但在科学上却有重大价值。成群结队的研究者争先恐后地请求得到一小块碎片进行测试，更加证实了这一点。约翰忠实记录的那些白色小块竟然是钙长石，就是月球上大部分高地的构造物——白垩矿。ALH81005并非来自小行星带或者附近的某处。它来自我们自己的月球。[②]

此时距离阿波罗项目带回大量月球岩石已有将近十五年时间。任何一个名副其实的地质学家都应该知道：月球表面的大部分区域都是由碎片状的白色钙长石构成的，并且衬托着浅灰色的背景。为什么所有看过样品的专家没有一个能认出来？

---

① Cassidy, *Meteorites, Ice and Antarctica*, p. 147.

② http://curator.jsc.nasa.gov/antmet/lmc/F2%20ALHA81005.pdf.

集体忽视的主要原因是：这件事根本就不可能发生。按照当时人们的看法，陨石只可能来自小行星。如果某种能量能从另一颗行星砸下一块石头，并把它冲击到天上，那块石头早就化为齑粉了。即使某块碎片能有幸不碎，逃脱母星引力，也只是太空无尽黑暗中的一个小点而已。落到地球上的概率很小，被人发现的概率更是无限趋近于零。但这一猜想忽略了南极冰层的聚集力。正如人类曾去过月球，月球也来过我们这里。要是月球能被砸下一块，并且长途跋涉来到地球表面，或许其他行星的碎片也能来到这里。

最早现身的叫纯橄无球粒陨石（Chassignite），是一块4磅重的天外飞石，于1815年10月3日上午8时落在法国小镇沙西尼（Chassigny），当时滑铁卢战役刚结束几个月。后来，另一块独特的陨石于1865年8月25日上午9时落在印度的休格地（Shergotty）附近。跟纯橄陨石一样，这一块也很沉，重约10磅。而且外表看上去也跟普通陨石不一样。它没有球粒，晶体跟那些曾在火山内部熔融过的地球岩石更像。事实证明，它年轻得令人惊讶。所有来自行星带的陨石都可追溯到太阳系初期，年龄都是45亿岁。而这块新发现的陨石，即辉玻无球粒陨石（Shergottite），实测年龄仅有数亿年。

1911年6月28日上午9时，一阵至少由四十块石头组成的陨石雨落在埃及亚历山大东部25英里处的那喀拉·巴哈利亚村（El Nakhla El Baharia）附近。据说，其中一块还砸死了一条倒霉的狗。至20世纪末，人们已经发现这种透辉橄无球粒陨石（Nakhlite）与辉玻无球粒陨石有着惊人的相似之处。透辉橄无球粒陨石源自火山岩，虽然年龄比辉玻无球粒陨石老，但按陨石的标准来看，仍然极其年轻。

这三块陨石共同催生了一个新的外星岩石类群，人们亲切地称之为 SNCs（发音为 "snicks"），就是 Shergottite、Nakhlite 和 Chassignite 三个单词的首字母组合。自那以后，人们发现了更多的 SNCs。截至1980年，共有九块已被发现，其中包括在南极洲发现的三块，但没人知道它们到底是什么东西。它们位于陨石研究的边缘地带，独立形成一个尚未被定义的类群。但部分研究者已经开始私下讨论 SNCs。如果它们是火山岩，且又如此年轻，那么肯定来自一个体积大到拥有内部热量并能剧烈喷发的天体。这意味着一颗行星。一颗地球之外的行星。

但谁也没敢大声说出来，因为这显然是绝无可能的。好像确实没有可能，直到样品 ALH81005 一鸣惊人。如果陨石能从月球来到地球上，那么——咱们私下里说——火星岩石来到地球上的概率有多大？1983年发生了一件事，最终让窃窃私语变成了咆哮。

EET79001 显然属于 SNCs。ANSMET 团队于1979年在一摊叫作大象冰碛的地球岩石附近发现了它。这块陨石足够奇特，所以约翰逊航天中心的评定人员将它第一个取了出来。它重达18磅，跟其他的 SNCs 一样，由冷却后凝固的火山岩构成。但当研究人员把它锯开后，却发现了一些奇怪的黑色熔融囊，在淡灰色的背景下，对比非常鲜明。无论这块陨石被什么冲击出了母星，能量冲击波一定曾对其施加过巨大压力。随着岩石上的压力减少，某些部分开始熔融，于是沿着细小的熔融脉生成了这些玻璃状的囊。当囊仍是液态时，它们会溶解掉周围的一点大气。留在这些黑色容器里的微小气泡可以提供重要线索，用于研究陨石的来源。

在新发现的月球陨石的鼓舞下，1983年研究人员将 EET79001 重新熔化，采集气体，进行测量。大家屏住呼吸等待结果。从玻璃状监狱内释放出的微量气体的测量结果非常明确：它的成分与地球大气毫无相似之处，但与遥感卫星和太空机器人测得的火星大气元素完全相同。[1] 因此，SNCs 肯定来自火星。[2]

截至目前，虽然世界各国已派出多艘太空飞行器到达距离我们最近的行星，而且将来还会有更多，但无论是过去还是现在，带回岩石样品都是一个非常遥远的梦想。我们可以对行星进行遥感测量，但想带一块岩石回来还需要很长一段时间。不过，南极冰原已经向我们展示出一些原本几乎无法相信的东西。许多地球人手中早已紧握着一件来自火星的物品。

这则消息确实令人振奋，但所有SNCs 都来自火星历史上相对较晚的时期，此时火星本身已过中年，寒冷，凄凉，几乎可以肯定没有生命存在。这并不特别令人惊讶。火星拥有令人印象深刻的火山带，其中就包括奥林匹斯山——太阳系中最大的火山，高度相当于珠穆朗玛峰的三倍，绵延600多公里。大部分火星表面都曾多次被火山岩浆覆盖，那些更加古老的地表已被深深地埋在地下。难怪SNCs 都这么年轻，没有一块能够追溯到湿润的诺亚纪，当时火星表面水量充沛，甚至可能承载过生命。[3]

现在稍微想象一下这种情景。假如一颗小行星碰巧撞上了非常罕见、遗留下来的更加古老的火星地表；假如撞击非常巧妙，没有破坏地表，但又足以溅射出一大块岩石，并令其逃逸速度达到每小时12000英里；假如这块岩石冲进太空后，漫无目的地游荡了一百万或两百万年，突然感受到一颗邻近行星的引力；假如它在一阵光亮之中穿过该行星的大气层，并落在这颗行星的一个冰盖上；假如这块岩石被埋在雪地里，不断挤压、翻滚、摩擦，直到再次现

---

① http://www.lpi.usra.edu/publications/slidesets/marslife/slide_12.html.

② 美国国家航空航天局喷气推进实验室做了一个关于火星陨石的极佳网站：http://www2.jpl.nasa.gov/snc/index.html.

③ Sean C. Solomon et al., 'New Perspectives on Ancient Mars', *Science*, vol. 307, 25 February 2005, no. 5713, pp. 1214–1220.

身，在奇怪的蓝色天光下闪闪发光；假如几万年之后，这颗行星上的几只两足动物碰巧发现了它，那么这块岩石上可能会有外星生命的迹象吗？要是有的话，它必将成为整个太阳系中最令人振奋的生命之所。

## 1984年12月27日，艾伦丘陵

今天已经不同寻常了。ANSMET 团队一直在最西边的冰原上搜索，大家在明亮的阳光下来回穿梭。上午他们的背包里已经大有斩获，吃过午饭，大家决定来一次短途旅行犒劳一下自己。附近一处悬崖顶部宛如仙境，上面布满了冰塔、风穴和巨大的雪脊。这里有被风雕刻成的高达10米的巨型冰峰，还有冰缝，风把雪吹到里面，压得又硬又实。要是光线适宜，冰峰就像着了火一样闪闪发光。这是一处仙境，非常适合放松小憩。

大家沿着悬崖顶，猛冲猛跑，冰峰在身旁闪闪发光，快乐的气氛感染着每一个人。他们玩了一会儿，便动身往回走，打算回去再干一会儿，当天结束前再搜索几个来回。大家正走着呢，突然在冰峰中间瞥见了几块裸冰。一行六人本能地骑着雪地车围了上去，一看之下，眼珠子几乎都掉了出来。在一个缓坡上有一小块冰，冰上有一块深褐色的方形岩石，大小跟西柚差不多。这是一块无球粒陨石，没有那种很小的圆形球粒，所以不属于太阳系早期构造废弃物，而是来自火山熔岩。也许是光线作用，它稍微带点绿色。大家给它拍好照，装好袋，扔进了背包。

在约翰逊航天中心，这是当年第一块被取出来的陨石，因此获得代号 ALH84001。第一眼甚至第二眼看上去，它都像一位来自小行星带的客人。它至少有40亿岁——比 SNCs 老很多。评估人员认为它来自一颗名叫维斯塔（Vesta）的小行星——算得上有趣，但说不上惊天动地。经过适当的鉴定和标记，它便被稳稳地束之高阁。

七年之后，一位来自约翰逊航天中心的名叫戴维·米塔菲尔德（David Mittlefehldt）的研究员在把玩这块陨石的样品时，无意中发现了一些令人困惑的东西。尽管被认为来自维斯塔，但 ALH84001 包含的几种矿物质跟 SNCs 中的更相似。莫非它实际上来自火星？若果真如此，那真是振奋人心。这将是第一颗来自古老的、湿润时期的火星的陨石，当时的火星最有可能存在生命。

有一种办法可以弄明白。氧元素有好几种类型，统称为同位素，彼此质量稍有差异。它们在岩石中的比例，可以作为一种标记，能够精确地显示岩石的来源。戴维对陨石进行了分析，结果令人大吃一惊。ALH84001 拥有那颗红色星球经典的特征标记。

经过更加细致的检测后，人们发现 ALH84001 拥有一段非常有趣的历史。它于火星最早期在地表以下几英里的地方形成。随着火星地壳摇晃起伏，这块岩石不断向上运动。大约40亿年前，它遭到了第一次撞击。一件物体击中了上方地表，撞击力非常强大，部分被撞得粉碎。但撞击还不足以移动整块岩石，所以它仍然留在原地。不过早期的火星水可能涓涓流过它的裂纹。

在接下来的数十亿年里，什么也没有发生，直到另一件物体以更大的力度撞上火星地表，后来成为 ALH84001的那块石头就这样被甩进了太空。它在太阳系中游荡了1700万年。最终，在1.3万年前，它落在南极冰面上，默默地躺在那里不为人知。

这件事激起了戴维·米塔菲尔德的一个同事的兴趣。另一个戴维，不过这位叫戴维·麦凯（David McKay）。在戴维·麦凯看来，最有趣的阶段是在早期。他决心考察 ALH84001是否真的接触过火星上的水；如果接触过，水中是否存在过活的东西。一开始，他在岩石中检出了橙红色的碳酸盐。这说明很有希望。碳酸盐形成于水中，这个过程往往会牵涉到一些生物。接着，他发现了一些更耐人寻味的东西：某种有机化学物质，这种物质只有当生命体浸泡在化学物质中时才能形成。接下来的发现最耐人寻味。戴维和他的团队切下一块陨石，把它放在最大倍数的显微镜下观察，他们看到的东西令人大吃一惊。在岩石的基体中，竟然存在微小的蠕虫状的东西，看上去像是细菌。它们不是活物，这是肯定的，但它们可能曾经是活物。

很快，戴维的团队便写好了一篇科研论文。[①] 可惜还没来得及发表，消息就泄露了。1996年8月6日，美国国家航空航天局的负责人丹·戈尔丁（Dan Goldin）发布了一项声明，宣布第二天召开新闻发布会：

> 国家航空航天局有了惊人发现，三十多亿年前，火星上可能存在原始形态的微生物……我希望大家明白，我们不是在谈论小绿人。这些都是非常小的单细胞结构体，有点像地球上的细菌……做出这一发现的国家航空航天局科学家和研究人员将在明天的新闻发布会上讨论他们的研究成果。

全世界都疯狂了。全球各地的新闻头条纷纷爆料。1996年8月7日下午1点15分，总统比尔·克林顿在白宫南草坪上对蜂拥而至的记者发表了讲话。他说国家航空航天局的声明证明了美国科研和太空计划的正确性，并准备以前所未有的力度继续支持火星研究。接

---

① D. S. McKay et al., 'Search for Past Life on Mars: Possible Relic Biogenic Activity in Martian Meteorite ALH84001', *Science*, vol. 273, no. 5277, 16 August 1996.

着他说：

> 今天，ALH84001号陨石穿越数十亿年和数百万英里的时空与我们交谈。它诉说着生命存在的可能性。如果这一发现被确认，它一定会成为科学史上最辉煌的宇宙大发现。其影响之深远和意义之非凡都难以想象。它为一些最古老的问题带来答案，同时也提出了更多、更重要的问题。我们将继续倾听它的诉说，我们将继续寻找与人类本身一样古老但对我们的未来至关重要的答案和知识。[①]

十多年过去了，争论仍然激烈。但是，尽管大多数科学家对陨石上存在火星生命的说法仍持怀疑态度，目前还没有人能确凿无疑地证明ALH84001上没有存在过生命的痕迹。首先，好像碳酸盐的形成温度过高，在此高温下生命无法存活；不过这不对，因为碳酸盐也能在舒适的低温下形成。其次，那些看起来像蠕虫的小东西太小了，不可能是细菌；但我们已经在地球上发现了类似的很小的"纳米细菌"。再次，有机化学物质很容易利用普通化学物质合成，后者跟生物无关；但有机化学物质也是生物自身的天然副产品。ALH84001的争论远没有盖棺论定。到目前为止，它仍然是最耐人寻味的证据，证明生命可能在太空其他地方存在过，人类可能并不孤单。

如果这种观点被证明是正确的，就会形成一个有趣的推论。太阳系最早期就像一局天体台球游戏，半成形的小行星互相撞击。大多数科学家均认为，在早期的大碰撞平静下来之前，在岩石停止熔

---

① http://www2.jpl.nasa.gov/snc/clinton.html.

化和大气停止沸腾之前，生命无法在地球上诞生。然而证据表明，大碰撞结束之后，生命便立即在地球上诞生了。这就引出了另一个问题：在条件刚刚适宜的那一刻，生命是如何在地球上立足的呢？

答案也许存在于太阳系的其他地方。火星比地球小得多，引力更小，吸引的来袭物体也将更少。对它来说，大撞击可能结束得更早，因此生命也可能出现得更早。如果生命的确在它的初期出现过，如果——我们现在已经知道这是事实——陨石可以从火星上被削下来并被送至地球，有没有可能某些太空岩石会带来火星生命？如果真是这样，生命可能只在太阳系中进化过一次——就是在火星上，然后才附在一两块岩石的边角上姗姗来到地球。如果这是真的，并结合所有我们从南极了解到的知识，我们人类可能都来自火星。

火星，火星，火星——干谷内到处都能听人说起它。但是，最像火星的地方却是紧挨着冰盖边缘的一处偏僻的山谷，与艾伦丘陵几乎齐平。明亮的白冰差不多围成一圈，几乎把它掩藏了起来，因此难以抵达。

比肯谷呈细长的马蹄形，四周有一半被群山围绕，北边地势平坦，不露痕迹地融入由山谷和冰川构成的交叉体系中，该体系一直向下绵延到海边。比肯谷位于干谷高地，是最寒冷、最干燥、最荒凉的地方。它不仅是人类见过的最接近火星的地方，还是一座令时间静止的山谷。

从空中看，比肯谷的谷底看上去就像鳄鱼的鳞片状皮肤，或者干涸的河床上龟裂的泥块。尽管其他干谷的谷底都很光滑，但这里却遍布着各种多边形，看上去非常有规律，绝不像是偶然形成的。这些多边形被称作"收缩－龟裂多边形"，在世界许多寒冷、荒凉的地区都以零散小块的形式分布。但在这里，它们却能绵延数英里，使原本裸露的谷底拥有了明确的特征。

从直升机窗口望出去，多边形显得细小而整齐，但着陆后我却惊讶地发现它们竟然宽达数米。事实上，它们非常宽，在目视水平上，你再也无法分辨出它们的样式。它们看上去变成了一堆堆乱七八糟的大石头，坐落在不断滑动的碎石和淤泥里，除了崴脚挡路外，再无其他作用。飞行员一直与营地主人通过无线电保持联系，他告诉我，他们期待我光临。"他们就在那边的某个地方。"他边说边咧嘴一笑，同时朝那边摆了一下大拇指。

我看着他起飞，不禁感到一阵凄凉。停机坪就是多边形中间的一个小正方块，人们把最大的那些石头清理掉，留出平坦的地面。正中心是一个用黄色砂岩拼成的"X"，在灰色的背景上非常显眼。停机坪边缘用红色帐篷袋做标记，帐篷袋都用大石头压着。离此不远，有三顶金字塔形的斯科特帐篷，两黄一白，还有几顶比较小的圆顶帐篷和一个大型带亮条纹的耐力帐篷，很可能是他们做饭的地方。没有任何迹象表明营地里有人。有那么一会儿，我想干脆就待在那儿，坐等当天结束。不过最后我还是毅然扔下睡眠装备，跌跌撞撞地去寻找野外团队。

我来这里是为了见一对科学家搭档。彼得·多伦曾跟我讲，这对搭档简直是"天作之合"。科考队领队是来自波士顿大学的戴夫·马尔尚（Dave Marchant）。[①] 戴夫是地貌学家——专门研究冰雪地貌的形状和结构，他是世上最了解这片地貌的人。跟他搭档的人叫吉姆·黑德（Jim Head），来自罗得岛州的布朗大学，是世界顶级火星专家。在俩人看来，比肯谷是所有干谷中最像火星的一座，

---

① http://people.bu.edu/marchant/.

是在不离开地球的情况下，最方便与红色星球亲密接触的地方。[①]

事实确实如此。磕磕绊绊的岩石让我想起了美国国家航空航天局火星飞行器传回的著名照片。这里到处都是巨石，侧面光滑得跟宝石一样，连边缘都已被风侵蚀得略呈圆形。风力肯定很大，因为一些位置更加暴露的岩石前方的砾石上都有一个掏挖出的小坑，岩石背后都拖着长长的砾石尾巴。许多岩石上都布满了小坑，这是风、盐分和沙子共同冲刷的结果。一片雪花落在一个小坑里，从一侧弹到另一侧，最终落定并随之融化，我看着这一切，不禁心醉神迷。

由于风的不断打磨，这些巨石仿佛都上了漆，露出铁锈般的颜色，透过太阳镜看上去，更是显得红艳艳的。我背靠一块巨石坐下来，想象着自己正在火星上。重力问题太复杂，暂且不说吧。我想象一片粉红色的天空，陌生的月亮，地球只是一个遥远的邻居。一种强烈的孤独感扑面袭来。我清醒了一下，站起身来，也许是我想得太多了。可紧接着一种责任感却又油然而生。如果我真的在火星上，那么我触碰过的东西都是以前从未被触及过的。我开始像孩子般在岩石上跳来跳去，尽量避开那些缝隙，以免在柔软的砾石上留下脚印。由于地面上有很多隆起，整个山谷里谁也看不见。我突然想出一个很傻的主意，我爬上离我最近的多边形的那个最高的隆起上，朝前方张望。当我看见远处那几件红色的大衣，立刻感到如释重负。

正当我跌跌撞撞地踩着多边形岩石朝他们走去，突然听见一个巨大的撞击声。一个穿红大衣、戴绿帽子的人抡起大锤，一下砸在他面前的一个小铝片上。一道银光闪过，铝片像鲑鱼一样跳到空中。

---

① D. R. Marchant and J. W. Head,'Antarctic Dry Valleys: Microclimate zonation, variable geomorphic processes, and implications for assessing climate change on Mars', *Icarus*, vol. 192, 2007, pp. 187–222.

声音先通过地面，又通过空气传了过来，从我站的地方，听见两声清脆的叮当声。另外两个人正在操作监控设备，还有好几个人在旁边看着。抡大锤的那个人就是戴夫·马尔尚。一见到我，他立即把大锤放到地上。"OK，伙计们！"他模仿军官的调门大声喊道，其实团队里明显有女性。"先休息五分钟。有烟的抽烟。检查一下自己的袜子。有朋友的去看看朋友。"他的学生对此显然已经习以为常。大家咧开嘴大笑起来，纷纷丢下设备，从背包里掏巧克力棒吃。

戴夫是轻松与严肃的怪异结合体。他40来岁，脸晒得黝黑，布满笑纹，眼珠蓝得惊人。他工作勤奋，毫不松懈，学生们都当面叫他"机器侠"。不过，他非常乐意扯开大衣和羊毛衫，向大家炫耀他经常穿在里面的 T 恤，上面印有他刚出生儿子的照片，小家伙也长着醒目的蓝眼睛。

队员休息的时候，戴夫跟我一起翻越巨石，指给我看他最喜爱的山谷的最喜爱的特征。他主要想向我展示这片山谷违背常理的地方。地球地貌一个不变的特征就是经常发生变化。我们的地球家园永不安宁，风、天气、水和冰不断侵蚀并塑造着地表。

但是，这里不同。戴夫称这里的地貌为"瘫痪地貌"。比肯谷已经1400万年没有流水了。地面上的雪大部分都是从其他地方吹来的，而不是从云层里降下来的。风可以让巨石布满小坑和斑点，但吹不动它们。"你看见那里的落石没？"他指着从对面山上滚下来的一大片岩石和巨石。岩石齐刷刷地躺在它们掉下来的地方，仿佛刚发生山体滑坡的样子。这件事要是发生在很久以前，它们应该早就挪动了位置，就会打乱整齐的坡形。"看起来就像刚刚发生，对不对？"戴夫说，"其实，我们已经确定过它的年代，已经有100万年了！"

他被我困惑的表情逗乐了，于是走到一片碎石旁，碎石上立着一块小岩石。"想想看。"他说，"我家都信教，做礼拜的时候，听人说起两千多年前耶稣那个时期。想想从那以后世界上发生了多少事，但这么长时间以来，这块岩石就一直立在这里。如果我100万年前路过这里，应该也是这个样子。1000万年前，也就是人类出现之前，这片谷地还是这个样子。这是回望过去的一扇窗口。"

很长一段时期以来，令世界其他地方扭曲变形的地质构造力在此消失于无形。"你现在看到的是地球上最稳定的地貌。"戴夫说，"没有任何地方可以望其项背。美国大峡谷被雕刻成型，新西兰的高山已经高耸入云。在如此漫长的岁月中，这里却什么都没有发生。"

我被震惊了，时间竟会在此静止。不仅过去如此，未来同样如此。南极其他地方可能会被时间影响，但比肯谷却几乎与世隔绝。只有一次巨大的构造变化——大陆碰撞改变海洋环流——才有可能在这里产生效果。而这并不太可能，因为世界上其他各洲正在越漂越远。戴夫说："我们都知道未来会给比肯谷带来什么，那就是更长久的一成不变。"

正因为如此，比肯谷才会与火星相像。今天，火星古老，寒冷，干燥，万物静止，没有变化，一如此地。

一路走来，雪地靴在淤泥上留下了一串串椭圆形的脚印，就像尼尔·阿姆斯特朗（Neil Armstrong）留在月球上的一样。我告诉戴夫，我曾想象自己身处火星上，然后从一块石头跳到另一块石头，一路跳到这里，所以没留下任何可能破坏地貌的人类踪迹。他开怀大笑起来，说道："这里的地貌不仅古老，而且稳定。就算你改变了某样东西，它也能变回去。"他指着我的太空人脚印说："一场风暴过后，鞋底留下的纹路就会消失。一个夏天过后，轮廓就会消失。一年过后，没有任何迹象表明它存在过。"

回到科考现场，我见到了这对科学搭档的另一半。吉姆·海德看上去要严肃一些，带着一口柔和的、彬彬有礼的弗吉尼亚口音。

他比戴夫可能要大上20岁，须发皆白，还拄着一根权杖似的棍子，酷似电影《指环王》里的巫师甘道夫。虽然两人之中他年纪更大，经验也更丰富，但在这里他却是个访客。他故意略带自嘲地称戴夫为"先生"，以表明这种宾主关系。

吉姆研究生毕业后第一份工作就是为阿波罗飞船选择月球着陆点。（他说自己是在看了一则广告后应聘的，广告上写道："我们的工作就是想出往返月球之路。请拨打此号码。"）。他必须选择一个在地质上令人感兴趣的地方，让整个科考行动物有所值。但如果月球上静海（Sea of Tranquillity）区域的土壤太软，"老鹰号"可能就会无可挽回地陷进月尘里。如果地面倾斜，探测车就会翻倒。巴兹·奥尔德林（Buzz Aldrin）和尼尔·阿姆斯特朗就会在车内翻江倒海，两人的月球之旅可能就此完结。1969年7月20日，当全世界都在屏息关注，吉姆的几个女儿问："爸爸在哪儿？"爸爸正在阿波罗控制中心的一个小房间里，随着图像的切入，一直在观察和聆听。事实证明，他选择的着陆点非常完美。[1]

从那时起，他就迷上了星球，对它们了如指掌，谈起来如数家珍。"在月球上，你可以走得非常快。阿波罗17号上的杰克［·施密特］还真的确定过月球步态。他练了很多种不同走法，但最好的一种还是跳。他还拍了一些非常滑稽的照片。那么火星呢？"也许不能在火星上跳。"他说，"月球表面更松软一些，就像一层软土。在火星上，你可能会跳得比预想的要高，然后一头栽下来。在那里要一步步往前走，差不多跟我们在这里一样。"

我问他最喜欢哪颗星球。"地球。"他毫不迟疑地说，"但之后

---

[1] 为向吉姆致敬，宇航员将着部分陆区域命名为黑德谷（Head Valley）。参见阿波罗15号飞行日志：http://history.nasa.gov/afj/ap15fj/20day10_science.htm。

就是火星。"

这就是他为什么会来这里，来到这个最像火星的地方。虽然他曾为载人航天任务培训过宇航员，也开发过飞往金星、土星和火星的机器人，但他从来没有在他研究的星球上行走过，也从来没有触摸过、体验过。他的工作是发挥想象力。宇航员应该采集什么？再后来，着陆器和火星车应该观察什么？它们应该捡起、翻转或者测试什么？如果只能依赖机器人摄像头那个僵硬的视角，该如何拍摄地貌？

他开始跟我聊起火星上塔尔西斯（Tharsis）高原的水手号峡谷（Valles Marineris）。水手号峡谷本身是一个长4000公里的单一地形，跨度相当于从波士顿到洛杉矶，但是跟这里却离奇地相似。比肯谷几乎就是水手谷部分地区的翻版：风、静谧、亘古未变的地表、陡峭的悬崖、多边形和岩石，一如海盗着陆器的摄像头看到的景象。

连这里的冰都会蹑手蹑脚地从地面上溜过去，不留下任何踪迹。世界上大多数冰冻地区，冰川都是潮湿的。下面垫着薄薄的一层水，在地面上拖行，一路上凿挖山谷，刮擦岩石。阿尔卑斯山和其他地方都是如此，一代又一代的冰川学家和地质学家也是这样认为的。但在这里，冰川的行为方式却完全不同。它们古老、冰冷、缓慢，冰川底部紧扣在地面上。它们无法滑行，只能像糖浆那样慢慢流动，很少会在地表上留下刮擦的痕迹。但身后留下的岩石堆——岩石从悬崖掉到地表上所形成的——看起来却跟火星上的一模一样。①

---

① J. S. Levy, J. W. Head, D. R. Marchant, J. L. Dickson and G. A. Morgan, 'Geologically recent gully-polygon relationships on Mars: Insights from the Antarctic Dry Valleys on the roles of permafrost, microclimates, and water sources for surface flow', *Icarus*, vol. 201, 2009, pp. 113–126; J. S. Levy, J. W. Head and D. R. Marchant, 'Cold and Dry Processes in the Martian Arctic: Geomorphic Observations at the Phoenix Landing Site and Comparisons with Terrestrial Cold Desert Landforms', *Geophysical Research Letters*, vol. 36, 2009, p. L21203.

当戴夫第一次跟吉姆谈起比肯谷时，吉姆惊得目瞪口呆。"对我来讲，恍如醍醐灌顶。就像，妈的，火星就是这个样子的嘛！"（他真的说了"妈的"，这就是他的原话。吉姆可能会复述别人说过的脏话，但我无法想象他居然能主动说出一句来。）

吉姆来了兴致，竟一口气说出许多比肯谷令他想起火星的地方。没有液态水，低侵蚀率，令人难以置信的寒冷气候。他说，干谷的这片高地就是一个超级干燥寒冷的极地沙漠。"到处都是火星的样子。"

因此，尽管吉姆在帮戴夫对比肯谷地表进行详细的科学考察，他也是在训练自己的想象力。"在这里你可以四下走动，可以观察。不用非得等到测出风力数据，你自己就能感觉到风。可以看见光线如何洒落。还可以将自己融入地貌之中。"

在他位于布朗大学的办公室里，一个学生曾手写了一块牌子挂在墙上。上面只有一个词：白日梦。"你知道"，他说，"他这是提醒我别忘了做白日梦。"

那天晚上，我发现戴夫和吉姆主管的是一个我从未见过的、最别开生面的营地。他们竟然用动物的叫声当起床闹铃——而且每天换一种。明天是周六，是"咿—噢"声，听起来像一头宿醉未醒的驴在叫。周日是乌鸦叫。周一，这一次要费劲一些，是"一只知更鸟在模仿松鸡叫"。他们根据一个主题命名自己的保温瓶。今年的主题是"名不见经传的人物"。吉姆的保温瓶名叫"乔·恩格尔"，他在最后一刻被踢出阿波罗计划，让位给哈里森·"杰克"·施密特（Harrison "Jack" Schmitt），后者是"唯一去过太空的真正的地质学家"。

厕所也非比寻常。他们也使用干谷常用的尿瓶，尿满后再倒进U形桶里。但除此之外，他们的厕所简直比得上国王的御座。要是想方便，你得先当众"宣布"，避免因为没有锁甚至没有门所带来的尴尬。距离营地边缘几步之遥的地方，有一个蹲便盒，安放在一个由巨石围成的天然避风处。右手边是古老的巧克力色的悬崖。远处是连绵起伏的泰勒冰川（Taylor Glacier）。除了身后营地里那几个人，离你最近的人类在几百公里，甚至几千公里之外。这是一个最小却拥有最壮观、最雄伟景色的厕所。

虽然大家睡在各自的帐篷里，但主要活动却围绕着厨房帐篷展开。厨房帐篷里有两张小床，合在一起当沙发用，门两侧各有两个炉子。天花板上挂着各种物件，除了化冻的饭菜、盘子、正在晾干的袜子、手套和帽子、一个长着斗鸡眼的卡通圣诞老人和他那条长着纺锤形腿的驯鹿之外，还有两个小喇叭，用胶带很不牢靠地粘在一根 iPod 电源线旁边。为了赢得这些家伙的好感，我特地带来了新鲜水果和面包，不过也许新鲜音乐更能打动他们。现在是下午八点钟，大多数人都已经挤在帐篷里了，大家都在等戴夫进来。我故作迟疑地亮出我的 iPod。"你们想听听新歌吗？"我问。谈话声立刻停了下来。有人问我："你该不会……碰巧……有汤姆·琼斯（Tom Jones）的歌吧？"七双期待的眼睛齐刷刷地看向我。

事实证明，答案是肯定的。收集歌曲的时候，我就尽量兼收并蓄，现在看起来这一招可能真管用。每个人都兴奋得忘乎所以。"嘘！废话少说。快！在他来之前搞定！"几分钟之后，《没什么不同寻常》的前几小节就以最大音量从喇叭里喷涌而出。这时，只听见帐篷外一声惊吼。戴夫一把扯开门，冲进了帐篷，他的眼睛闪闪发亮。大家哈哈大笑，高声唱了起来。后来我才知道，戴夫早就宣布这首歌是他们营地的官方歌曲。但上个科考季有人把 CD 拿走了，他们都快想疯了。我心想，汤姆·琼斯可毫不知情啊。他这首歌简直太不同寻常了。

那天晚上，我就在想为什么这么多南极的男男女女需要这样的奇思妙想。有时候，可能就像在黑暗中吹口哨：在严酷的环境中，你不得不虚张声势。但戴夫和吉姆以及他们的团队似乎一点儿也不害怕这个地方。他们显然很喜欢这里。最后，我断定，部分原因在于他们在这里工作异常艰辛，要从清晨忙到深夜，笑声是用来释放压力的。可我又觉得，还是因为能在这个令人开心的地方做科研，大家热情洋溢，所以才会这样。

第二天早上，天气晴朗，非常适合干活。在徒步赶往新科考场地的路上，戴夫跟我解释了他在这个科考季要考察的内容。一切都与冰有关。比肯谷被一群更小的山谷包围在中间，看上去就像接球手的手套。从高原上吹来的雪被困在这里变成冰，直到形成冰川。

从山谷的陡坡上翻滚下来的岩石给冰川罩上了一层厚厚的黑色表面，至少在一段时期内，这层表面保护了冰体。但随着冰川向比肯谷缓缓移动，风伸出不安分的手指戳进岩石、沙子和淤泥的缝隙里，卷走了冰面上如游丝般的水蒸气。当冰川到达比肯谷中心的时候，距离其源头已经很远了，至此，冰应该已全部消失。

但是，冰并没有完全消失。一天，戴夫正在岩石堆里四处挖掘，他的铲子突然叮当一声碰在一个东西上，那个东西无疑就是冰，但这里本不应该有冰。昨天的锤击实验就是要将震波穿过冰层传送到下面的岩石上，从而测量出冰层厚度。今天，他打算用钻头钻进冰里，取一些样品出来。

我一边走，一边回想早期那些英勇的探险家们。跟在这里遇到的大多数人一样，队员们都读过早期南极探险的故事。但英雄时代的探险家很少有人能到达如此偏远的高地。在直升机能到达这里之前，比肯谷几乎无人涉足——即使是现在，也只有极少数人曾到过这里。我想这是否会令这些科学家觉得自己就是探险家。戴夫想了一会儿。"对我来说，这是科学。"最后他开口说，"跟站在其他人没站过的地方无关。这是在求索，思考他人没思考过的东西。"说到这里，他突然停了下来，脸上洋溢着喜悦。"哇哦！我要给你看一些真正有趣的东西！想不到我们竟已经走到金砖路了。"

戴夫开始拨弄脚下那块淡金色的岩石，它夹在巧克力色的巨石中若隐若现。"你看看他，活像个老妖精。"吉姆说，接着又带着浓浓的爱尔兰腔补充道，"金罐老妖精。"

"宝贝宝贝……"戴夫故意拖出嘶嘶的长音，把一块块黄色的岩石堆进怀里。"主人说我可以拥有它。"他又蹦又跳，从路这边跳到路那边，把大家逗得哈哈大笑。[①] 接着他站起身来，开始把样品放进袋子里。过后他看着我，咧开嘴笑了起来。"你知道我们是怎样谈论新发现的了吧。你刚刚走过的地方就是一个新发现。"

这种浅黄色的岩石曾经是火山灰；不过它看起来并不像我之前见过的任何灰烬，那是因为它已经存在了很长一段时间。重要的是，如果获得了火山灰，就能据此确定地质年代。火山爆发时，喷射到空气中的碎屑云里包含有矿物质，后者就相当于一个个小笼子，里面装的是放射性元素。笼子如此之小，什么东西都进不去也出不来。放射性元素只能在里面慢慢衰减，嘀嗒，嘀嗒，嘀嗒，速度如时钟那样精确。如果你发现了这些小笼子，再测量一下留在里面的东西的比例，就能知道火山是多久以前喷发的。

这非常重要，因为这层灰就覆盖在戴夫要考察的冰层上方，这意味着冰层肯定在此之前就已经形成了。通过测量那些嘀嘀嗒嗒的

---

① 戴夫正在模仿爱尔兰民间传说中的小精灵，它们喜欢收集一罐罐金子，然后藏在树洞里。刚才吉姆之所以带爱尔兰腔，原因也正在此。——译者注

时钟，他发现深藏在地表下的冰层至少已有800万年。[①]

冰！地球上最脆弱的固体，一露面就会融化的物质。这种东西能在这么长的时间内在地球上保持完好无损，这几乎不可想象。起初根本没人相信。戴夫不得不一次又一次为自己辩护，拿出更多的火山灰，提供更详细的模型，以赢得科学界同行的支持。不过现在大多数人都已相信，埋在比肯谷里的冰是迄今为止地球上最古老的冰。通过钻探，戴夫希望获得困在冰里的远古空气泡的样品。

到目前为止，戴夫还没能从冰芯中获得清晰明确的远古空气的踪迹。有证据表明，冰体上的裂缝已经将不同时期的气泡混在了一起，令其模糊难辨。但是他相信，一旦成功，他将会找到通向地球远古气候最清晰的窗口。

吉姆对火星上存在冰的前景同样充满兴趣。"我觉得火星上很可能仍然存在冰，像这里一样被埋在岩石下面，可能有几千万甚至上亿年的历史。想象一下！我们可以到火星上，拿钻头钻进去，然后就能取得火星历史上的所有原始气候记录！"

于是，我留下来，观察了几天。队员们将沉重的钻探设备从一个场地搬到另一个场地，当冰芯破裂或岩石破碎，大家满脸失望；当洁净的冰芯被放进背包以备分析，大家又会满脸喜悦。我跟他们一起伴着汤姆·琼斯和"肉块"（Meat Loaf，本名为 Michael Lee Aday）的歌曲歌唱。当他们酣然入睡，我尽力聆听山谷的寂静。

最后一天，回营的时候，风已经轻了下来。虽然温度只有 −6℃，但感觉出奇地舒适——太阳照在背上暖暖的，天上没有一丝云彩。

戴夫用探询的眼光看着我。"感觉如何？"他问，"花六周时间

---

① D. E. Sugden, D. R. Marchant, N. Potter, R. A. Souchez, G. H. Denton, C. C. Swisher, and J. L. Tison, 'Preservation of Miocene Glacier Ice in East Antarctica', *Nature*, vol. 376, 1995, pp. 412–414.

待在这么个地方，我们是不是疯了？所有做过的这些事，你能想象得到吗？"是的，我能想象得到。我能想象自己在这里待得更长更久。我发现自己在嫉妒他，嫉妒他能享受这片被时间遗忘的宁静山谷。"我已经厌倦了四处奔波。"我说，"我想在这里待足够长的时间，直到觉得无聊，然后再克服无聊，看看最后能发现什么。"他好像听懂了我的话。"如果你已经在这里待了一段时间，真的进入状态，就像一个赛跑运动员重新恢复了体力，每当天气不错，运气也不错，科研做得很顺，你只要停下来，听听周围的声音，然后就会问：'你在说什么？'"

问谁？问地貌吗？我怀疑他是不是又在异想天开，但从他脸上可以看出他是认真的。"它确实在跟你说话，"他说，"南极就是利用这种方法让你心灵澄澈。部分原因是这里没有让你分心的东西。他们总是跟我说'为什么不能来个一日游呢'，但是我说："不，你一定要待在这里，投入进去。一定要感受这里的地貌——开始喜欢上南极。这时候，你就能听到它要告诉你的东西。'"

刚返回营地，我们就听见远方直升机呜呜的响声，山谷的寂静被打破了。直升机马上就要来了。我连忙奔向帐篷去拿装备。很快我又回到了空中，一路飞过鳞片状的多边形和冰川。在身后和身下，世界上最古老的地貌仍在向那些愿意驻足倾听的人讲述着自己的故事。

# 第二部分

## 南极高原

---

### 转折点

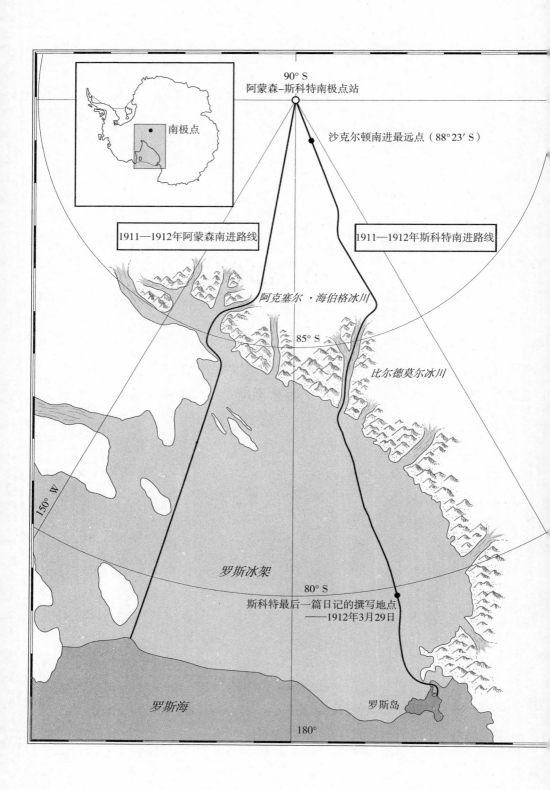

90° S
阿蒙森–斯科特南极点站

沙克尔顿南进最远点（88°23′ S）

南极点

1911—1912年阿蒙森南进路线

1911—1912年斯科特南进路线

阿克塞尔·海伯格冰川

85° S

比尔德莫尔冰川

150° W

罗斯冰架

80° S
斯科特最后一篇日记的撰写地点
——1912年3月29日

罗斯海

罗斯岛

180°

## 第四章

# 南极点

你可以用许多种不同的方式描述南极点。它是广阔的白色原野中的一个虚构的点；是人类能到达的最南端；也是地球上两大经线汇聚点之一，如果原地转一圈，脚步会穿过所有时区，但地球本身在此却并不旋转，脚下的地面是静止不动的。不同于北极点，人类在此开展数量惊人的活动，这里有宿舍、办公室、卡车、台球桌、淋浴室、桑拿室，还有科研。

有两个实体标志会告诉你当下正站在南极点上。其中一个属于象征性标志，由一个红白条纹理发店招牌顶着一个镜面地球仪构成，四周环绕着首批签署《南极条约》的12个国家的国旗。这个标志是供大人物拍照留念用的。如果你探过身子瞅地球仪，你会发现自己的脸在镜面上扭曲得厉害，而且冰雪、天空和建筑物都朝身后延伸开去。

不远处才是"真正的"的南极点。标志是一根很不起眼的钢棒，顶端加了一个小黄铜帽。为了消磨漫长黑暗的冬夜时光，一位常驻技师每年都会精心设计并加工出一个可爱的新铜帽。每年元旦，都会举行正式仪式，将标志重新定位。地理南极点本身并不会动，但上面的冰却会动，每年滑行大约30英尺。要是标志不逐年移动，就会不可避免地偏离真正的南极点。

除此之外，还立有一块白板，上方飘着一面美国国旗，表明此处就是"地理南极点"。板子上绘有一幅南极地图，为了防止你对此有所怀疑，地图正中央特地标了一个大红叉。板上还有几行引语，揭示出首次到达南极点的两个探险队的不同命运。左边的日期是1911年12月14日，写着阿蒙森的一句简洁有力的话："我们来了，所以能把我们的旗子插上地理南极点。"右边的日期是1912年1月17日，写着罗伯特·斯科特船长的一句话，证明了在只有两人参赛的情况下却名列第二的痛苦："南极点。没错。但跟预料中的截然不同。"

一直以来，盎格鲁－撒克逊文学作品表面上说阿蒙森团队效率高，其实暗示他们平淡无奇。但是，他们一路也是历尽磨难。阿蒙森敏锐地意识到自己可能会被斯科特抢了先机，于是决定一开春就上路，但事实证明他们出发得太早了。天气太冷了，连雪橇狗都被冻得惨兮兮的，最后大家不得不匆匆回撤。这段小插曲过后，阿蒙森手下的一名队员开始大声地、愤愤不平地公开抱怨起来，阿蒙森只好给他下了一道正式的书面命令，解除了他和另外两名同事在南极探险队中的职务，并把他们派往东部去执行一个临时想出来的探险任务。这一招很严厉，不过很高明。就算队伍里没有异见分子，极地之旅就已经够艰难了。

但是，最终雪橇狗表现得无可挑剔，天气也很合作，雪也停了。阿蒙森和手下成功抵达南极点，食物和时间都还有剩余。他对此番成就的不同说法可能使得人们认为这次南极之旅轻松得都有些不公平了。但是，他的同伴奥拉夫·比阿兰德（Olav Bjaaland）却记录了他们所经历的恐惧："我们于今天2点30分到达南极点，又累又饿。

感谢上帝，我们还有足够的返程食物。"接着，他又开心地对母亲和所有家人说："对了，妈妈、萨蒙德（Saamund）、托尔讷（Torne）、斯维恩（Svein）、海尔加（Helga）和汉斯（Hans），要是你们知道我正坐在南极点这里给你们写信，你们肯定会为我庆祝一番。"①

对英国团队来说，旅途当然更为不易。阿蒙森抵达目的地三十四天后，也就是英国团队抵达南极点前夕，斯科特和四个同伴发现了一面黑色的挪威标志旗，旁边还留下了清晰可辨的滑雪板、雪橇滑板和狗爪子的痕迹。"挪威人抢在我们前面，首先到达了南极点。"斯科特在日记中写道，"太令人失望了，真为我忠实的伙伴们感到惋惜……明天我们必须赶到南极点，然后以最快速度赶回去。抛弃所有不切实际的幻想；返程将会令人精疲力竭。"②

他们要不断测量正午太阳的高度，再计算出南极点的方位。但是，阿蒙森的足迹指向了同一个地点。他在那里留下了一顶金字塔帐篷、一面挪威国旗和一封写给挪威国王哈康的信，那封信包在一张便条里，便条是留给斯科特的：

亲爱的斯科特船长：

您可能是继我们之后第一位到达此地的人，我想劳驾您把这封信转交给国王哈康七世。如果您想使用任何留在帐篷里的物品，请不必客气。留在外面的雪橇您可能用得着。

谨致良好的祝愿，祝您平安归来。

您真诚的，

罗尔德·阿蒙森

---

① Huntford, *Race for the South Pole*, p. 184.
② Cherry-Garrard, *The Worst Journey in the World*, p. 525.

南极点的气温是 –29℃，狂风劲吹，阴郁的冰雾遮天蔽日。"天哪！这真是一个可怕的地方。"斯科特这句话后来成了名言。"我们一路辛苦赶到这里，却没有拔得头筹，真是糟糕透顶。"当然，对他和同伴们来说，最糟糕的还在后面。

我第一次去南极点是1999年。除非你是冒险家，决心蹬着滑雪板追随英雄前辈们的足迹，否则现在去那里都要乘坐"大力神"运输机。飞机震耳欲聋，非常不舒服，而且连窗户都没有，乘客挤在编织带座位上，如同楔子一样夹在货箱中间。不过整个航程只要三个半小时。要是运气好，机组人员得知这是你第一次乘坐"大力神"，可能会邀你进入驾驶舱，赏赏风景，喝喝热巧克力，在耳机里跟美国空中国民警卫队的飞行员斗斗嘴。

一开始，飞机会带你飞越罗斯冰架，就是英雄时代的巨大浮动冰障。接着，当你到达标志着南极高原边缘的南极横断山脉，就能见到大冰川的源头，它们从南极冰盖上一直溢流到下方的冰架内。早期探险家正是踩着这些巨大的阶梯，从低处的冰架一直爬上南极高原。循着沙克尔顿和斯科特挑选的路径，一路抵达世上最大冰川之一的比尔德莫尔冰川。这里再往东就是阿蒙森发现的冰川，他用探险队的一位挪威赞助人的名字将其命名为阿克塞尔·海伯格冰川（Axel Heiberg Glacier）。

比尔德莫尔冰川规模之大难以想象。从空中俯瞰，它就像一条千车道高速公路，上面冰缝纵横，巨大的流痕连绵曲折。亚历山德拉皇后岭（Queen Alexandra Range）和英联邦岭（Commonwealth Range）就像是巨型的路沿石，沿冰川两侧扶持引导。棕色的山脉诸峰只能在流动的冰川上空才能见到。

接着——诸峰最终被淹没，一切都变成了冰原，只剩下一片空白。什么都没了。此时，你正在南极东部冰原的上空翱翔，这里是世界上迄今为止最大的冰体。某些地方的冰体厚达4公里，总面积超过了1000万平方公里。冰量是如此之大，如果完全融化，将令全球海平面抬升超过200英尺。想象一下覆盖整个地球表面三分之一、从中国一直延伸到加利福尼亚的太平洋；再加上大西洋、印度洋、南极海域和北冰洋。再想象一下这个海洋世界的每一处表面的上升高度超过了自由女神像。飞机下方，就有这么多的冰。

不过一眼看去，冰原地势平坦，灰不溜秋，坦率地讲，相当乏味。1999年初来此地时，我有幸享受了首飞乘客的驾驶舱特权。当时，我伸长脖子从一个小舷窗望出去，尽力想象自己在南极高原上一天又一天、一周又一周地跋涉：身子斜倚在牵引带上，在稀薄的空气里气喘吁吁，一边眯起眼睛看太阳，一边不断给自己打气，跟狂风和严寒斗争。可一坐进折叠座椅，四周的温暖和热巧克力让我昏昏欲睡，我没法再想象任何东西，一下睡了过去。

领航员轻轻推了我一下把我叫醒。"南极点快到了。"她说。我急忙坐起来，只见紫褐色背景上有一块亮白色的污渍。渐渐地，小巧的建筑物映入眼帘，然后开始明显感觉到飞机在下降，仪表读数开始变化，副驾驶不断报告飞行高度。"两点钟方向有彩虹。"他突然在耳机里说了一句。大家看向右舷窗，只见一条斑块状的彩虹挂在空中。"十点钟方向有彩虹。"飞行员回答说，我们又转头去看双胞胎彩虹中的另一条，发现它正透过舷窗凝视着我们。

这时，飞机便落到跑道上。我解开安全带，连滚带爬地走下摇摇晃晃的梯子，一把抓过大衣、手套和工具包，准备踏上冰面。一出飞机，便感到阳光令人头晕目眩，耳边混杂着几米远外螺旋桨的轰鸣声。我隐约感觉到有人站在我和螺旋桨之间。后来我才知道，她的工作是防止像我一样昏昏沉沉的新手在慌忙之中撞到螺旋桨叶片上。干燥和寒冷一齐袭来，鼻孔内的黏液瞬间冻结，喉咙被第一口呼吸刺激得如刀割般疼痛。

我抬眼一看，在驾驶舱内见到的"彩虹"其实是俗称"太阳狗"（Sun dog）的两个明亮的圆形光斑，分别位于太阳两侧，被一个金色的光环连在一起。布满空气的微小冰晶，是这一大气现象的成因，它们漫天舞动，将阳光折射出去，自己也因此闪闪发光。

我记得那一天是1月17日，斯科特日，也就是他在痛苦和沮丧中到达南极点恰好八十七年之后。这种反差令我无地自容。我穿得暖暖和和的，睡得好，吃得饱，仿佛是为了强调这一点，南极大陆还上演了这场壮观的阳光秀。我仿佛掉进了爱丽丝仙境中那个奇异的白兔子洞里。①

第一次行程很短——只有两天。五年后第二次到访，显然要长得多。负责运营阿蒙森－斯科特南极点站的美国国家科学基金会赐予我两大福利：这次允许我在11月初来南极点，此时南极刚入夏，科考站刚刚重新启用；还允许我在这里待将近四个星期。我可以放慢脚步，感受一下这里的气氛，捕捉一下刚刚过去的冬天所留下的回响。

南极大陆充满了各种极端现象，而过冬则是感受南极大陆的最极端方式。在英雄时代，人们别无选择；夏季太阳会短暂现身，你可以乘着雪橇，一路奔忙，去寻找新领地，因此为了赶在夏季之前到达南极，至少有一个，更多时候甚至是两个冬天，你要在漆黑的

---

① 有两个关于南极点站的非常好的网站。http://www.southpolestation.com/ 在"琐事"报道方面做得特别好，包括很多有关过往居民的故事。美国国家科学基金会的官方网站也有很多漂亮的图片和视频，包括在新站进行虚拟旅行，参见 http://www.nsf.gov/news/special_reports/livingsouthpole/index.jsp。

夜里咬牙坚持，跟一帮越来越不耐烦的家伙尴尬地挤在一间烟雾缭绕的小屋里，外面恶劣的天气让你牙齿战栗，心脏冻结。

1915年，一位早期探险家被困在一艘船上，那艘船只能在浮冰群中间缓慢疲惫地穿行，他在日记中写下了这段颇有先见之明的话：

> 有时，我真希望自己的肉体能像精神那样，在一两个小时内就能轻松自如地蹿回家。毫无疑问，如果到2015年还剩下什么东西没有探索，探险家将会……在口袋里揣着无线电话……而且……当然……两极都会开通空中一日游。①

这话不算太离谱。这些年夏天，大多数日子都有从麦克默多到南极点的飞机；你可以在考察季的某个时间段来这里，此时太阳回归，气温虽低但尚可忍受，飞机源源不断地送来补给，供你从容选择。

但是，如果你是个铁杆探险家，愿意看到南极大陆最严酷的一面，愿意尝试早期探险家曾体验过的孤独感，你需要在这里度过一个冬天。冬天没有飞机，也没有机会回家。即便放在今天，在紧急状态下离开国际空间站，也比最后一架飞机飞走后再离开南极点更容易，这时南极大陆已经放下黑暗的幕布，将你封冻在一片死寂之中。我从未在南极洲过冬，可能永远也不会。但这种念头仍然挥之不去，在那里遇到的过冬者越多，这种迷恋就越深。

"冬天跟夏天完全不同。这就好像比较苹果和……皮卡车一样。"拉里·理卡德（Larry Rickard）是个木匠，来自新泽西州，我

---

① Huntford, *Shackleton,* p. 408.

到达后第二天在餐厅碰见了他。当时他正在吃"夜宵"——只供应给夜班工人吃的午夜加餐。其实，如果跟我一样饿得睡不着觉，再跟厨师好好商量商量，谁都能去吃。那天是11月5日，美国人刚刚再次选了乔治·W.布什当总统。餐厅里的伙计搞出了一份主题菜单，内含"政治拨款烤猪肉、破碎的希望土豆泥、大公司肉汁和幻灭的梦想大南瓜"。餐厅墙上挂着一只红色的铃铛，上面贴着一行字"牢骚警报器"，下面还带个标签，写着"挑三拣四的人不值得同情"。餐厅的一侧被几个巨大的观景窗占据了，正好可以看到几米开外处象征性南极点和周围的旗帜，而且虽然已是夜半，夏日阳光还是不断地照进来。

拉里已经在冰上度过了两个冬天，一次在麦克镇，另一次在南极点，而且即将开始他的第三个冬天。他精瘦结实，浑身的力量一触即发，长着一头浓密的黑色卷发，几乎还没想好怎么说，话就从他嘴里蹦出来了。如果他是个卡通人物，应该是一条语速很快、脑瓜很灵的黑色拉布拉多犬。

拉里告诉我，南极点的人有个绰号叫"极点人"，他们的着装很特别——沉重的卡哈特牌（Carhartt）工作服搭配超厚的绿色大衣。要是回到麦克默多，这就是荣誉的象征，可以在穿红色大衣的人面前趾高气扬。不过，拉里有时候也颇有诗意，譬如当他努力解释这里的冬天到底像什么样的时候。"如果用一个词来形容，那就是'投降'。不是放弃，是投降。交出所有主动权，无论发生什么，你都逃不脱。它太强大了。我终生难忘。"

拉里对整个基地了如指掌。因为他第二天休息，所以主动提出带我出去转转。第一站是新科考站。建新站是为了替换老站，后者建于20世纪70年代，对于目前的科研规模来说它太小了，而且还容易受飘雪影响。我现在住的就是新站的住宿区，里面的餐厅也已经投入运营。我们参观了新医疗设施（按照传统，它被称为"地中海俱乐部"），里面有一套牙医操作椅、一间手术室，以及其他几样东西，所有这些无不在明确提醒大家：冬天治病只能靠自己。我们还挨个房间查看了一番，它们未来将建成科学实验室、体育馆、举重房、住宿区等，但现在依然是锤子、锯子和刨子的用武之地。

一座巨大的银色柱状建筑里设了个螺旋楼梯，这就是各楼层之间的通道，以及通向外部世界的主要出口之一。站里的人都叫它啤酒罐，因为它本来就像个罐子。科考站其他部分设计成翼状展开，仿佛侧躺的大写字母 E。大部分尚未建成，不过其中有些钢结构已经到位。建筑外墙目前还是不大协调的黄色，不过最后要涂成冷青灰色。房门是工业冷库常用的那种巨大的隔热门。只是在这个地方，冷库设在外面。

一走到外面，又看见熟悉的刺眼的阳光和雪地，依然要在极寒中喘气。气温在 –50℃附近徘徊。得益于厚厚的冰幔，南极点海拔达9350英尺，空气异常寒冷，感觉起来更像是在海拔11500英尺的地方。从下飞机的那一刻起，每个遇到的人都会警告你别紧张，多喝水，不要喝咖啡和酒，不要走得太快或者搬太重的东西，直到你适应环境为止。刚来头几天，走起路来慢吞吞的，跟梦游一样。要是楼梯爬得太快，还会大口大口地喘气。由于乙酰唑胺的副作用，脑袋一直在疼，脚板也会一阵阵地刺痛。所有来访者都必须吃这种药，以防出现高原反应。然后突然之间，脑袋清醒了，呼吸也平顺了，变态的低温也开始感觉正常了。在 –50℃的低温下，要是在建筑物之间快速打个来回，可能都用不着戴手套和帽子。事实证明，环境的适应不仅关乎高度，而且关乎态度。

不过，你也可能放松得过了头。尽管阳光普照，自我感觉已经习惯了寒冷，但有些事情还是不做为好。拉里就跟我讲过，有一年夏末，他正在计算机房里坐着，一个同事走了进来。两个人静静地坐了一会儿，偶然间四目相遇，拉里惊问："你怎么啦？""出外不要把铅笔放嘴里。"那人含糊不清地说。原来笔芯上的石墨已经冻在了他的舌头上。

著名的南极点圆顶，距离新科考站步行只需一会儿时间。这是一个网格状的巴克敏斯特·富勒（Buckminster Fuller）式圆顶建筑，20世纪70年代由美国海军建造。这在当时肯定是个好主意——圆顶足够结实，可以承受积雪的重量；又足够圆润，可以避开凶猛的冬风直吹。而且，又是那么华丽，正如新科考站反映出现代人类对太空生活的印象，圆顶简直就是一个光辉的70年代月球基地的形象。但事实证明，圆顶的功能与理想相去甚远。它似乎总在吸引积雪，而不是排除积雪。每年都要耗费大量的燃油和时间来清理冬天在它周围形成的积雪。即便如此，那个位于冰面以上的入口，现在也被埋在一个陡峭的雪坡下面，那些挣扎着爬出来的人把它称为"心脏病山"。（虽然南极点的新雪量很小，但风却吹进来很多积雪，渐渐将人类带来的东西全部掩埋。1999年来的时候，南极点的象征性标志跟我的下颚一样高，可是五年后的今天，它才刚刚到我的膝盖。新科考站建在支柱上，支柱可以被抬高，以确保高于积雪，但最终它也将被掩埋。）

尽管如此，圆顶还是有一些颇为不凡之处。它本身并不供暖，只是为圆顶下那些平淡无奇的集装箱式建筑提供一个遮挡。因此，屋顶上嵌满了迷人的冰柱，那些罩着健身房、油箱和仓库的钢拱网络简直就像奇妙的水晶洞穴。建筑虽然都方方正正，却非常温馨，各具特色。多年来，来自世界各地的各种奇异的纪念品把它们装饰得五彩缤纷。在酒吧大门上，从澳大利亚某地偷来的一个指示牌上写着：这是"250公里范围内最后一家酒吧"。有人在数字前刻了一个"1"，将距离变成对于这里比较准确的1250公里。尽管去年冬天新站就首次正式启用了，但拉里和他的许多同事还是选择留在这里。这里可能没那么舒适，但气氛更好。

到了圆顶背面，拉里带着我绕过几个半圆柱形的棚子，竟赫然看见一幅奇异的景象：一架俄罗斯双翼飞机被拉索固定在积雪里。这架安东诺夫–3型飞机于2002年1月降落在南极点。由于机上探险队的领队是俄罗斯国家杜马副主席阿图尔·N.奇林加罗夫（Artur N. Chilingarov），所以飞机受到了正式欢迎，并享受了加油的权利。美国国家科学基金会的官方政策是不向"南极洲的美国或他国私人探险队提供任何支持"。事实上，这意味着所有私人探险队都必须自行携带生命支持物资。不过，他们至少可以参观科考站商店，可以让商店里的人在护照上盖一个南极点邮戳，还可以买几件T恤，上面写着："在南极点滑雪，粉状雪厚2英寸，冰底厚2英里"，或者我个人最喜欢的："南极点科考站：并非所有流浪者都找不着南"。

然而，当乘客们从机舱内涌出来后，大家才发现来访者中竟然包括一群搭便车的游客。这本来不算一个特别大的问题，可是旅程结束时，T恤衫也买了，照片也拍了，整个队伍重新装进了飞机……发动机却无法启动了。该政府代表团最终乘坐一架美国"大力神"运输机，途经麦克默多飞回了新西兰，并为在南极点的逗留支付了8万美元的费用，其中包括白白加进双翼飞机内的燃料以及返回文明社会的机票。[①]

到达南极点的私人游客数量正在不断增加，美国国家科学基金会不共享资源的政策也执行得越来越严格。对于地球上最具合作精神的大陆的正中心处的一个基地来说，这样做似乎异乎寻常地缺

---

① http://www.polarconservation.org/information/evacuations/2002–russian.

乏合作精神。但是，美国国家科学基金会无法掌握来此探险人员的准备情况。1997年12月17日，六个人——两个挪威人、一个奥地利人和三个美国人——尝试乘坐一架"双水獭"飞机在南极点上空跳伞。其中三个人——两个挪威人和一个美国人——技术熟练，准备充分，跳伞时没遇到任何麻烦。剩下三个人犯了许多错误，出现了最糟糕的状况：他们未能及时打开降落伞。最后是美国国家科学基金会的工作人员拿着运尸袋跑出去，把他们冰冻的尸体从冰面上拖回来。当然，整个科考站都为此感到震惊。但是，黑色幽默仿佛是极地人性中不可分割的一部分，后来有人为了纪念这一事件，将两只靴子倒过来埋在雪里，它们一直就戳在那里。

要是有人可怜某些来访者，偷偷地把他们领进来，他们就能享受到一些非正式特权——不过仍可能要付出代价。我第一次去南极点的时候，在餐厅里发现身旁坐着四个法国人，他们没有携带任何支持物资，一直从海边滑雪到了南极点，那可是900多英里的艰苦行程。在大口吃饭的间隙，他们乐呵呵地告诉我，他们还滑雪去过北极、攀登过珠穆朗玛峰，依靠耐力完成了一系列壮举，简直让我眼花缭乱。能结识他们，我感到无比荣幸。可是，刚一吃完饭，他们就钻进厨房帮着洗盘子，这是在支付"膳食费"。结束后他们又离开科考站建筑，回到自己冰冷的帐篷里。

看上去不近人情，可这里所有资源都奇缺。在接受入站指导时，就有人警告过我，水在南极点非常宝贵，因为要从沿海空运燃料融冰。淋浴时长不得超过两分钟，并且每周只能洗两次。要是发现有人连续超过规定时间，在走廊里遇到，可以冲他大吼一声"偷水贼"！要是表现良好或者在锦标赛或化装舞会上得了奖，可以赢得五分钟的淋浴权，这个权利还要端端正正地写在基地主管颁给你的证书上。

当然，他们本可以安装一个两分钟断水装置，不过这里的风气是相互信任。我觉得当你把很多人塞到一个偏远的地方，并期望他们友好相处，这种相互信任非常必要。这里还普遍存在一种傻里傻气的氛围，与那种正式的严肃气氛很不相称，不过这也许是必然的。回科考站的路上，当经过象征性南极点时，拉里突然停下脚步，拿起挂在我脖子上的相机，将它塞进我戴着手套的手里说："拍个照！"接着他快步走到极点处，来了个双手倒立，我很听话地按下快门。他跑回来，看着我困惑的样子哈哈大笑。他按下回放按钮，把镜头倒过来。屏幕上出现了一个身影，穿着绿色的羽绒大衣和雪地靴，貌似紧紧地抓着镜面地球仪，从世界底部的极点处摇摇晃晃地朝下悬着。

## 南极点的冬天，2—3月

最后一架飞机大约在2月中旬离开。在某种程度来说，时间是随机定下的。气温足够高，只要你愿意，晚一些再飞也行。阳光依然耀眼，一天又一天，情况几乎没有什么变化。但是，决定要由物流队的人来做，每个人的日历上都会标出这个日期，它事关重大。某天早晨醒来，你知道还有机会搭乘最后一架飞机离开这个地方。过后等飞机飞走了，你知道现在被牢牢地困住了，一直要到10月份。

你的第一反应可能是放松，各种忙碌总算结束了。夏季最后几天总是最疯狂的。人们拼命地赶完他们的夏季任务。那些即将离开的人在谈论休假计划；餐厅里满满的都是如何去热带旅游景点把夏季薪水花出去的主意。对这些事情你一定要充耳不闻。你不能让这些事影响你。但是，随着最后一班飞机越来越近，人们的兴奋度越来越高，做到这一点很难。当他们终于离开，就像家庭聚会结束，空气中弥漫着宁静。每个人都已回家，你可以在平静中细细品味这一切。

但是，如果这是你第一次留下来，你可能还会觉得紧张不安。在21世纪，地球上很少有地方能让你真正与世隔绝。可你恰好就在这个地方，厚厚的冰幔在构成整片大陆的裸露的岩石上滑行，而你就在冰滑梯的正中央。而且，无论发生什么事，人们都不会来接你。人们根本来不了。

当这种恐慌感渐渐消退（通常都会消退），要是运气好的话，你会感受到另一种放松，那种除了自己的工作和身边人的工作，几乎什么都不必担心的感觉。用拉里那句令人难忘的话来说，这不是放弃，而是投降。这个时候，可以保证你不会被打发回家了。过去一两周，要是稍微有点腰酸背痛或者牙痛，你可能会离医生远远的，以防万一被打发回家。现在遣返为时已晚，医务室门外可能已经排起了长队。

按照长期以来的传统，新过冬人员的第一项行动就是围在电视周围，观看正式上映的两个版本的电影《怪形》（*The Thing*）。两者都是以偏远的极地科考站为背景的恐怖片。老片以北极为背景，用现代眼光看有些傻里傻气的。电影里的怪物是个毫无特色、呆头呆脑的科学怪人弗兰肯斯坦，还有一个穿浅灰蓝色大衣的女人，大衣上镶着刺眼的毛边，不断地冒出来冲大家笑，还给所有男人倒咖啡。约翰·卡彭特（John Carpenter）后来拍的那版要吓人得多。背景设在冬季的一个南极科考站。为了照顾那些没看过的人，我不打算剧透，不过一个外星物种会越来越令人不安，而且幽闭恐惧症也表现到了极致。总之，对于一群即将被隔离在偏远的南极站长达九个多月的人来说，这是一场完美的视觉体验。

接下来几天将进行大盘点。由于人数已经从两百减少到仅仅几十人，所以有足够的空间自由呼吸。没人再晚上干活了——每人都上同一个白班。你可能要钉住所有会被冬季风暴吹走的东西，取下跑道两边的标志旗，在主站和所有外部建筑之间插上一排排新标志旗，每隔3米一个。当阳光依然明亮，这些东西看起来像是多余的。但是当黑暗降临，暴雪汹涌而至，这些旗帜和连接在它们中间的绳索可能刚好会救你一命。

每天，不断运行的太阳在不知不觉中接近地平线。南北两极是地球上唯一每年都只经历一个白天的地方。这两个地方都有正好六个月的白天和六个月的黑夜，其间是一次日出和一次拖得长长的、持续三周甚至更久的日落。日落的第一个迹象是影子越拖越长。每天，建筑物、仓库、雪地车的影子都会伸长一点，直到它们几乎触及地平线。你自己的影子看起来也长得不可思议，走起路来，两条巨大的长腿将用巨大的步幅模仿你的每一步。

趁着现在还有一些日光，天气还不是太冷，你可以抓住机会偷偷溜进老南极点——无人提起的南极站（Station That Nobody Mentions）。这个地方于1956年在曾当过童子军的保罗·赛普尔（Paul Siple）的监督下建成。自从将近半个世纪之前，斯科特和他的手下拖着沉重的步伐闷闷不乐地离开后，它标志着南极点再次有了人类存在。顺便提一句，保罗·赛普尔品行非常端正，令世界童子军运动的创始人贝登堡（Robert Baden-Powell）勋爵都相形见绌。在更早的一次南极探险结束后回到新西兰，他说自己"匆忙跑到一处田野里，一下倒在地上，在和煦的微风中躺在那儿做白日梦，真想来杯牛奶吃点水果"[1]。

老南极点本来位于冰面上，但寒冰已经吞没了它，正如寒冰

---

[1] Johnson, *Big Dead Place*, p. 78.

总有一天将吞噬其他一切一样。大多数人都知道它大致就在那里，被那一大片冰埋在某个地方；即使在夏天，也很少有人敢冒险进去——我当然也不敢——因为害怕会被立即遣返回家。之所以严禁进入，正式的说法是出于安全考虑，但也有一些人私下里说，官方立场是希望大家忘记它的存在。但在冬天，官方又能如何？解雇你吗？参观是肯定会发生的，随来各种照片就像违禁品那样在科考站内流传，都是些呼吸凝成的霜雾悬浮在空中模糊不清的影像。虽然有些房间仍然完好无损，但其他的都严重变形，它们的钢梁已被寒冰的可怕力量扭成了麻花。

到了此时，太阳就要触及地平线，第一批色彩将在天空中出现。不要期望壮观的深红色；空气中没有尘埃去散射落日的余晖，只有冰晶会显现出一些更浅、更清淡的色彩——粉红与淡紫，而不是深红。在与太阳相对的地平线上，你将看到一团紫雾，就像一顶遮阳帽，那是地球自身在空气中投下的阴影。当太阳进一步下沉，你将比大多数人更有机会看到著名的绿色闪光。原则上来讲，日落结束时世界任何地方都可能发生这种现象。光在高空稀薄空气中比在低空浓稠空气中传播得更快，所以它会沿着地球曲面发生一点弯曲。而且，由于绿色光比红色光弯曲得更多，所以当太阳已经消失在地平线下，通常仍然能够看到绿色闪光。在热带地区，这可能会持续一秒钟。在拖得极为漫长的极地日落中，一条绿色光带会在一天甚至两天内来回闪现。

接下来是持续多日的幽灵般灰暗的暮光。半个天空都变暗成深蓝色、宝蓝色，然后是黑色，点缀着星星，而另一半依然充满了太阳贴着地平线发出的余晖。随着天空转动，或者说随着你在天空下转动，黑暗的一半也随之移动，就像一盏逆向探照灯照亮不同的星座。然后，你会注意到，天空的其余部分也变得更暗了，然后就彻底没有光了。这才是真正的冬天，南极越冬皇冠上的明珠。此时，黑暗地带（Dark Sector）——科考站望远镜的所在地——将大显身手。

我和托尼·斯塔克（Tony Stark）并没能一见如故。有人曾将他指给我看，告诉我说他是来自哈佛大学的一位资深天文学家，在南极点操作其中一部望远镜。有天晚上在餐厅，我走过去跟他攀谈。可我还没来得及介绍自己，他就明确表示已经知道我来此所为何事，并且不是特别认可。"我希望你能把工作做好，"这是他的开场白，"因为你正占据着一个可能对科学事业至关重要的人的位置。"（"我也很高兴认识你。"我脑子里想，不过幸好没说出口。）

托尼的这种态度在美国南极计划科学家中并不罕见。尽管许多人看到了他们工作的这片大陆充满诗意和神秘的一面，但另一些人却被各种突发事件和种种困难搞得非常恼火。对，没错，这是个极端地区，如此等等，可我们正在做科研，这才是最要紧的。如果你来此是为了帮我们做科研，那很好；如果不是，慢走不送。

在南极点，这么说似乎特别不礼貌。的确，有些科学家来到这里是为了更好地进行科学研究，尤其是研究天文学。寒冷干燥的空气和冬季的黑暗提供了极高的稳定性和清晰度，使这个地方成为地球上透过大气层观测太空的最洁净的窗户之一。但是，它并非完美无瑕。尽管南极点位于大陆的地理中心，但也处在一个缓坡上。大陆上的风在局部高点上发源，然后从四周向下溢流，直到它们呼啸着抵达海岸。在途中，它们路过这里，会搅动空气，令视野模糊。

但是，如果你记得南极科研还充当一个政治占位符，选中这个位置的原因就更好理解了。在《南极条约》于1961年生效之前，11个国家就已经对这片大陆的不同部分提出了声索。尽管这些声索现在已被正式搁置，但它们从来没有被从记录中抹去。而且，重要的是，它们都是一大条一大条的土地，汇聚在……南极点处。美国从未提出过自己的声索，但它却在所有其他声索的交汇点处建立了这个科考站，这个非正式的地缘政治手指，捅进了每个人的馅饼里。

尽管如此，科研仍是南极点非常擅长的事情，而且托尼是它最能干的践行者之一。后来，他大发慈悲把我带回他在黑暗地带的实验室，跟我聊起他们的发现，那些故事让我暗自高兴在初次见面的时候自己忍气吞声。

黑暗地带，也就是望远镜所在的地方，距离主站约1.5公里，但看起来更远。气温已经勉强升到 -50℃以上，风吹出了泪水，瞬间冻成了冰珠，把我的睫毛粘在一起，让我几乎失明。当我揉眼睛的时候，才终于注意到其他人都戴着护目镜。我以为如果你正在骑雪地车它们才是必要的。但是，我现在明白了。

为避免当黑暗最终降临时发生任何光线和无线电波污染，黑暗地带与主站分开。有一栋主建筑叫作马丁·A.波梅兰茨天文台（MAPO）[1]，还有各类比较小的建筑，有些带有塔楼和清晰可见的望远镜，就像典型的雷达天线指向天空。里面有办公室、电脑以及一排排的电子设备，连着如同一团团面条一样的电线。还有一副巨大的杰克·尼科尔森（Jack Nicholson）在电影《闪灵》（The Shining）中怒目发狂的海报。"约翰尼来了——！"《闪灵》曾经是最后一批飞机离开那天过冬者观看的电影之一，但这些年他们已经把它留到冬至那天观看。

托尼的望远镜称作 AST/RO。这几个字母代表"南极亚毫米波

---

[1] 美国科学家马丁·A.波梅兰茨（Martin A. Pomerantz）早在20世纪60年代就意识到了南极点在天文学方面的潜力。

望远镜和远距天文台"；斜线用来与所有其他望远镜区别开来，即那些所有者已经设计出首字母缩写并可被称作 ASTRO 的望远镜。我们坐在黑暗地带的主天文建筑内，用一杯杯热茶暖着手，他解释了 AST/RO 正在寻找的东西。

我们所在的星系，也就是银河系，是相当典型的星系，它又大又扁，形状就像孩子画的飞碟，中间有一个隆起，四周环绕着盘状的旋臂。我们所在的行星以及太阳系内的其他行星位于其中一条旋臂外围一个不起眼的小点上，距离星系中心的隆起约有3万光年。虽然它听起来像一个时间量度，但一光年实际上是光在一年内走过的距离，比10万亿公里只差一点点。光传播的速度非常快，人类直到近期才发现它在移动。我们自己的太阳距离我们约八个光分钟，下一颗最近的恒星距离我们约4.2光年。3万光年看起来似乎遥远得难以想象，但按照宇宙的尺度，也就是与托尼·斯塔克休戚相关的尺度，它依然不是那么远。"在银河系我感觉像在家里一样。"他一边漫不经心地抛出这些数字，一边说，"我觉得它就像附近的某幢房子。我不会再被它吓住了。"

说到研究银河系的中心，问题不在于距离，而在于中间那些遮挡视野的云团。夜空中的星星相对都很近。看起来好像有很多，但银河系中心汇聚了一百万倍以上数目的星星。我们无法看到它们，是因为氢、一氧化碳、氮和甲烷分子云吸收了它们发出的所有光线，遮掩了它们，令我们无法看到。"到银河系中心，存在约二十星等的视觉灭失（visual extinction）。"托尼说，"你不仅看不到它，而且就算增强很多倍也看不到它。"

因此，如果仅依赖可见光，即弱小的人眼能够探测到的光，银河系的主要活动将永远看不见。但是，AST/RO 的眼睛超越了人眼，能探测到波长大于典型的彩虹色的入射光。在它最擅长的所谓"亚毫米波"（或远红外波）波长范围内，分子云闪闪发亮，银河系中心就是一本打开的书。

用射电望远镜进行观察的要诀是：你和外太空之间的水蒸气要尽可能少，因此南极点非常适合进行这种观察。冰点以下气温每下降5.56℃，空气中的水蒸气含量就会下降一半。隆冬时节，气温降到足够低，AST/RO就能辨别出点缀在夜空里的许多分子云。但不仅如此，通过这扇清晰的南极窗口，它可以看到银河系的心脏部位，观察核心部位发生的物质交换、突发事件等各种活动。

通过AST/RO，能观察到一些令冷静的托尼·斯塔克都感到印象深刻的东西。在银河系中心周围，旋转着一团庞大无比的分子云。它的直径长约1000光年，包含的物质多达太阳的两百万倍。它就像一个储存环，不断吸收从银河系其他部分拽过来的尘埃和分子。而且，它的密度一直在增加。AST/RO发现，这个巨大的环正处在稳定性的边缘。它的密度极大，如果再发生一点波动，最多还需要几十万年（从银河系的角度来说，这只是一瞬间），它就会突破临界点。然后，仿佛把一大杯醋倒进一团巨大的银河系调味汁中，它将凝聚成一个个气团，这些气团自身也将塌陷，上演一场壮观的天体灯光秀。它将成为一个巨大的恒星形成中心。目前，银河系每年只能产生少量的新恒星。如果这件事拉开序幕，有可能会产生成千上万颗恒星。它们颜色和体积各不相同：超大的蓝色恒星，异常明亮，但很快就燃烧殆尽；还有更加规则、体积更小的橙色和红色恒星。其中一些才刚刚开始发光，另外一些却即将发生剧烈爆炸，结束短暂的一生，爆炸物最终又会重新形成新的恒星。[1]

---

[1] A. A. Stark, C. L. Martin, W. M. Walsh, K. Xiao, A. P. Lane and C. K. Walker, 'Gas Density, Stability, and Starbursts near the Inner Lindblad Resonance of the Milky Way', *Astrophysical Journal Letters*, vol. 614, 2004, pp. L41-44.

这还不是全部。天文学家认为，在银河的真正中心，即所有一切绕之旋转的那个点，存在着一个超大质量的黑洞，比太阳大约要重四百万倍。目前它还处于沉寂状态。不像一般的黑洞那样习惯性地将周围的所有物质都吸进去，它由于附近缺乏燃料实际处于关停状态。但是，如果恒星形成的大幕拉开，新物质将落入黑洞附近区域，黑洞将被激活，变成一只贪婪的怪兽。随着尘埃和气体被吸进黑洞内部，它周围的吸积环会发出比太阳亮一千倍的光，再循环物质形成的巨型喷射流将冲破它的南北两极，并以磁力旋涡的形式喷射到银河系上方和银河系边缘之外，进入星系际空间。由于分子云的遮挡，所有这一切，即使现在正在发生，我们都看不见。"但是，如果你有射电望远镜，那就像在看放烟花。"[1]

当然，这一切非常引人注目。但我们之所以关注分子云和新星大爆发，还有一个更深层的原因，托尼称之为"银河生态学"。随着分子云坍塌形成恒星，可能某些恒星比其他恒星寿命要长得多。但是，所有恒星最终都会死亡，要么是以大爆炸——超新星——的形式死亡，要么随着最外层的部分被不间断的风慢慢朝外吹走，逐渐丧失其形态。以这种方式被扔出去的物质继续形成新的分子云，最终形成新的恒星和行星。

因此，银河系就是一场浩大的循环、融合和重组运动。但还不止如此。据我们目前对恒星生命的了解，我们可以弄清楚太阳系内的物质来自何处，这一点非同寻常。我们不仅全部由星尘构成，而且这些星尘还来自不同的恒星。你周围的所有物质——这本书、你的衣服、托尼·斯塔克刚才从马克杯里取出的茶袋——都是由经过

---

[1] 基于托尼·斯塔克的研究，有一段极好的视频演示，参见 http://easylink.playstream.com/nsf/video/milky_way.rm。

多颗恒星加工和回收过的原子构成。你体内的每粒原子也是如此。而且，你体内的有些原子还经历过一组完全不同的恒星。

"这么说，我体内互相挨着的原子竟然来自不同的恒星，来自银河系的不同部分？"

"对。"

"真令人毛骨悚然。"

"这是恒星形成的结果。"

托尼用平淡的语气说着。也许他已经习惯了，就像他早已习惯了银河系的浩瀚无垠。但我不能。即使现在，我每次想到这一点，仍然感到震撼。

托尼现在不再在南极点过冬了，但很多人还要在这里过冬。跟拉里和其他建筑工人（托尼把他们叫作"宅猫"）不一样，天文工作者别无选择，他们只能离开舒适的科考站，每天跋涉到黑暗地带，通过那里的望远镜进行观察。

德国人罗伯特·施瓦茨（Robert Schwarz），自称为"望远镜保姆"，即将开始在这里度过第四个冬天。他的头发剪得很短，说话简明扼要。典型的对话是："这里冬天天气怎么样？""黑，冷。"他去年冬天没来，但今年又回到南极点，他研究的是天文学最为复杂的问题之一：宇宙的起源。

罗伯特的望远镜将要观测大爆炸本身发出的微弱余光。在大爆炸过后最初几十万年的时间里，整个宇宙闪耀着比太阳更为炽热的光芒。带负电的电子和带正电的离子形成的等离子体沸腾激荡，互相环绕，渴望结合后发生中和，但一旦结合便又因灼热而立即分开。所有这一切都沐浴在灿烂的光焰之中。

最终，随着宇宙不断延伸和冷却，电子和离子落入彼此的怀抱，成为构成恒星、行星和我们自身的原子。[①] 光线划过整个宇宙，上面携带着来自宇宙大旋涡之中古老涟漪的最轻微的、几乎难以察觉的痕迹，有的地方光线稍微浓密一点，其他地方又稍微稀薄一点。这微弱的余光至今仍然存在，它拉长后的波长离可见的彩虹光带太远，肉眼无法看见。但是，选一个合适的地方，通过合适的望远镜，透过地球上潮湿的空气形成的模糊窗口凝神细看，就可以分辨出原始结构的某些痕迹。一旦发现，就能计算出整个宇宙的质量。

天文学家将宇宙大爆炸的余光称作"宇宙微波背景辐射"（CMB）。称作"背景"，是因为天空中各个方向都有它存在；它是一个画布，所有恒星和星系都画在它上面。称作"微波"，是因为曾经可见的光线现在已经被拉长到几乎与微波炉所用的微波处于同一频谱带，不过它很微弱，不足以把我们烤得又硬又脆。称作"宇宙"，是因为它本来就是宇宙。

与 AST/RO 相同的是，罗伯特和其他 CMB 研究者需要尽可能不含水分的空气。但与 AST/RO 不同的是，他们需要观察银河系主体之外的地方——这个地方，研究恒星大爆发者视为初生恒星托儿所，而研究微波背景者不屑一顾地称之为"银河烟雾"。相反，CMB 研究者调整望远镜的角度，观察银河系上方以及扁平面以外的地方，那里没有线状、分支状或团状的分子云遮挡视线。得益于南极点稀薄干爽的空气，CMB 研究者们发现他们正透过世界上最洁净的一片天空进行观察。

南极点并不完美。为了获得最佳结果，你需要观察尽可能大的区域——最好是整个天空。由于地球绕轴旋转，赤道上的望远镜每

---

① 最初它们只产生了氢和氦，但后来这两种元素在恒星诞生过程中又经历了变化，进而催生了构成人体的一整套复杂元素。

24小时扫过很大一片天空，而南极点只会在同样一块相对较小的天空下不停地旋转。但在漫长、寒冷、稳定的冬季，你可以对准那片天空进行细致入微的观察。

早在1998年，一台名为蝰蛇（VIPER）的南极点望远镜——这是美国匹兹堡大学研究员杰夫·彼得森（Jeff Peterson）的创意成果——对微波背景进行了测量，并捕捉到了远古宇宙的那些几乎难以察觉的痕迹。再加上从设在智利北部干燥的阿塔卡马沙漠里的望远镜以及从麦克默多放飞、围绕南极点大范围缓慢飞行的几个探空气球那里获得的数据，研究人员得出了一个宇宙质量数字。答案是：

100 000 000 000 000 000 000 000 000 000 000 000 000 000 000 000吨。

误差只在几磅之间。[①]

现在天文学家想深入进去，弄清楚如何通过微波背景了解宇宙结构，了解宇宙中貌似无处不在的隐形"暗能量"，了解宇宙如何起源并可能如何结束。明年冬天，罗伯特将操作一种全新的CMB仪器。人们正计划在这里建造一个直径10米的巨型望远镜，叫作南极点望远镜，专门用于观察背景辐射。

罗伯特的朋友兼同行叫斯特芬·里希特（Steffen Richter），也是德国人，他将负责一台更奇特的、名叫AMANDA的望远镜，AMANDA 的意思是"南极 μ 介子和中微子探测器阵列"。[②]与其他看起来像超大电视卫星天线的望远镜不同，AMANDA 是完全看不

---

① Jeff Peterson, 'Universe in the Balance', *New Scientist*, 16 December 2000, pp. 26–29.

② http://www.amanda.uci.edu/collaboration.html.

见的。它由埋在冰下几百米处的一系列探测器构成。现在随时都可能开始建造一个更大的名叫"冰立方"的装置，它将覆盖超过一立方公里的冰体，AMANDA 只构成这一巨型装置的一个小角落。[①]

这两台望远镜都用于研究重大天文学事件：爆炸中的恒星、碰撞中的黑洞、伽马射线爆发以及宇宙中其他最大、最重要的爆炸。这些事件都会产生粒子形式的碎片。但为了研究天文学，你需要确切知道它们来自何处。可当它们穿越太空时，大多数都无可救药地迷失了方向。宇宙射线带电，因此会被任何杂散磁场拖着到处跑。自由飞行的中子几分钟内就会分裂。[②]唯一在宇宙中直线穿行的粒子是一种微小的、不带电的、没有任何特征的东西，叫作中微子。

然而，让它们直线来到我们身边的特性，也同样让它们难以探测。中微子不会因任何人或任何东西而停止。磁场不能令其转身，重力对它们不起作用，它们迅速穿透实体，从不朝身后瞥一眼。每一秒都有万亿颗中微子穿过你的身体。它们正在这样做，自从你出生它们就一直在这样做，但在你的一生中，可能只有其中一个会停下来蹭蹭脚。

不过，如果寻找的时间足够长，寻找的面积足够大，有时也能当场抓住一颗中微子。在非常罕见的情况下，宇宙中微子会撞到某个东西——比如，空气中的一颗原子或者冰原子——进而分离出另一种被称为 μ 介子的粒子，这种粒子会通过爆发出一点蓝光宣告自己的存在。通过测量这种蓝光，你就将准确掌握中微子来自何方、拥有多少能量。而这将为了解它在何处产生以及如何产生提供重要线索。

---

① http://icecube.wisc.edu/.
② 对于人类以及其他一切由原子构成的物质来说，幸运的是，中子被困在原子内部时仍能保持不变。

问题是，宇宙中微子并不是产生 μ 介子的唯一物质。事实上，天空中布满了错误的 μ 介子。一个真正的星际信使，每爆发一次微小的蓝光，都会有来自普通宇宙射线的十亿次闪光。在十亿中挑出一颗来几乎是不可能的。

AMANDA 和"冰立方"的真正灵巧之处在于：它们被设计成朝下看，而不是朝上看。整个想法是利用岩石构成的地球作为一个巨型过滤器。在遥远的北极天空中产生的所有无用的 μ 介子中，只有百万分之一能成功穿过地球中心到达这里，也就是南极点。但是，所有的中微子都将毫发无损地溜出来。现在情况就更有利了。拿地球当过滤器意味着你要在每一千个 μ 介子中找到一个特殊的由中微子衍生出的 μ 介子。这个数字是天文学家能够处理的。

组成"冰立方"的探测器组将被埋入地下超过一公里半的深处，直达暗冰最纯、最透明的地方。项目将耗资2.7亿美元，数额太大，实际上需要在国会预算中单列一行（尽管研究人员在他们的网站上指出，如果把冰也算上，只不过是每吨25美分）。

等"冰立方"完全投入运行，每年能捕捉到几百颗宇宙中微子，应该足以进行一些激动人心的物理学研究。在某种意义上，中微子是诸多宇宙观测方法中最新的一个。史前人类一开始通过观察星星发出的可见光观察宇宙；此后，我们发明了捕捉 X 射线、γ 射线、无线电波、微波和当前的中微子的方法；每一种新观测方法都告诉了我们更多关于天空的知识。"冰立方"支持者中的文艺分子喜欢引用马塞尔·普鲁斯特（Marcel Proust）的一句话："真正的发现之旅，不在于寻找新的风景，而在于拥有新的眼光。"

与托尼·斯塔克不同，我觉得罗伯特和斯特芬对南极点地貌和体验的关注至少不亚于科研本身。最终两人都向我讲述了他们经历过的一些故事，但也都有所保留，并不是特别愿意分享。在我们的所有交谈中，这一点表露无遗。他们很乐意跟我聊南极冬季的寒冷，但从不涉及它的重点内容。[1]

## 南极点的冬天，3—5月

当黑暗终于降临，气温低到连雪地车都无法使用，去黑暗地带的唯一办法就是步行。步行需要20分钟，也可能是半个小时，在一片漆黑中前行，风速上升到20节、30节甚至40节，温度降到令人头脑发昏。那几个"望远镜保姆"每天至少这样往返跋涉一次，有时两次。对他们来说这不是什么问题。"几年前，人们曾说起过要朝黑暗地带通一条隧道。"斯特芬说，"行不通。我们就喜欢来回跑。"[2]

雪在脚下吱吱作响。建筑工人经常穿着普通的工作靴在建筑物之间飞奔；雪粘在鞋底，很快积成一层结实的冰，将靴子变成高耸的踢踏舞鞋。但是，为了去黑暗地带，你需要雪地靴，它能脱雪，还内置一层绝缘空气，可以在几乎最恶劣的条件下驱除寒冷。

随着温度逐渐降至 –60℃，你开始听见呼出的气在冻结。声音听起来就像朝凑在面前的一张纸轻轻吹气，并让它振动起来。呼啦呼啦，呼出的气悬在空中，就像一团冻结的冰云，挡住你的视线。

---

[1] 但两人都利用网站记录了各自多个科考季的经历。特别是罗伯特的网站，上面展示了一些真正令人叹为观止的图片。罗伯特的网站页面参见 http://www.antarctic-adventures. de/，斯特芬的网站页面参见 http://www.adventure-antarctica.de/。

[2] 作为一名"望远镜保姆"意味着，每天要多次穿衣服和脱衣服。在出发上班之前，你要先穿一层打底的保暖 T 恤和长内裤。在套上卡哈特绝热工作服之前（通常泛着令人很不舒服的芥末色），可能还要加上一条长裤。接下来是厚厚的羊毛外套，其次是可靠的绿色极地大衣。你还需要一顶巴拉克拉法帽（Balaclava），垫在大衣兜帽下面。每个人都会再加上点自己的小装饰。罗伯特·施瓦茨即兴戴上一个橡胶面具和呼吸管，是从防火呼吸器上拆下来的，就套在巴拉克拉法帽下面。这让他看起来像个机器人，但它能防止呼吸时护目镜起雾。（巴拉克拉法帽是一种几乎完全围住头和脖子的羊毛兜帽，仅露双眼，有的也露鼻子。——译者注）

如果正在室外作业，你必须先朝一侧呼气，然后工作一小会儿，再朝另一边呼气，然后再工作。

你要始终留意冻伤的迹象，冻伤比冻疮要轻一些。冻伤本质上是烧伤，但疼起来却令人印象深刻。首先你的皮肤变白变麻，然后，当血涌回来，就感觉好像有人拿锤子狠狠地砸你的手，或者一头大象踩住了你的脚尖。

如果对冻伤长时间不管不问，它将会变成冻疮，把皮肤变黑，首先夺走你的手指和脚趾，然后是整个肢体。你成功到达黑暗地带的建筑内，人们会检查你的脸上和手上是否出现了白色斑块。大家都应该彼此留意。冻伤不是一件可以掉以轻心的事。"在家乡的山上，你可能会觉得有点麻木，"斯特芬说，"但不会冻掉身体部件。"

如果说有什么区别的话；黑暗比寒冷更容易对付。当黑暗不再界定夜晚时间，且变得无所不在，它几乎令人感到慰藉。人们叫它包裹，就像一块无害的毯子。如果你是个天文学家，没准将会为看到夜空而兴奋，南十字星几乎停驻在头顶上方，其他星座比从北边看起来更大更亮。不管你做什么，都不要养成用头灯的习惯。它们只会给你管状视野，令你对视野之外的任何东西都视而不见。因此，要让你的眼睛自行调节。星光足以帮你摸索前行；你要辨认地标、建筑物的模糊轮廓以及每场大风暴过后重新界定地貌积雪的形状。月圆时，它如同水银一样照亮雪地，几乎令人目眩。你甚至可以在室外看报纸。

如果幸运，在每天来回的路上，你将看到勇敢面对黑暗和寒冷的另一巨大回报：壮丽的南极光线秀。正如在北极一样，南极天空定期布满舞动的、色彩缤纷的南极光线，就是南极光（aurora australis）。极光来去随意，但一段时间过后，你开始熟悉它，就像农民看着天空诉说天气的变化。也许，将出现一条细长的绿纹，颜色由浅变深，面积由小变大。接着，在地平线上又出现另一片光，就像一个绿色的探照灯。接着舞动的光幕填满整个天空，或如螺旋回环，或如闪烁的绿紫色和苹果红的火焰。感觉它们仿佛伴随着巨大的声响，如烟花绽放，如火箭轰鸣。但它们静寂无声，舞蹈中透露出庄严，以自己的方式给人慰藉；仿佛在这个偏远和寒冷的蛮荒之地，还存在别样鲜活的东西。

在波梅兰茨天文台和其他黑暗地带建筑物内部，最大的问题是制冷，这听起来好像很傻。为了使望远镜天线能够以高精度扫描周围的天空，需要一排排的电子设备架，架子后面是一团色彩斑斓、缠杂不清、面条般的电线。这些物件排放出巨大的热量，但南极高原上的干燥空气很难吸收。

下一件需要担心的事情是静电火花。稀薄、干燥、寒冷的空气也是一种非常差的导电体，当你在铺着地毯的地板上来回走动，将会聚集静电荷，当你一触及任何金属物品，它就会以一道惊人的蓝色电弧从你的指尖跳出，就像哈利·波特的魔杖发出的闪电。在整个科考站，这都是一个老问题，而且某些部位特别容易产生静电。圆顶内的图书馆金属门把手尤其棘手，它每次都能电到我。

但在波梅兰茨天文台这里，你收获的可不仅仅是一次电击。电火花非常强大，足以损坏精密的电子装备。轻轻一触，它们就能彻底摧毁一台笔记本电脑。你需要养成不断触摸遇到的任何金属物体进行放电的习惯。这种习惯会迅速变得根深蒂固，甚至回到家里发现自己还会这样做，强迫症似的触摸经过的任何金属物体，与此同时，朋友们纷纷在背后投以异样的眼光。

当你适应了望远镜的日常工作，很容易就将戏剧性的场面抛诸脑后，而专注于恒星爆发、宇宙级的科研。第一件要做的事可能就是下载数据，检查一切设备是否工作正常。通常有些东西可能已经坏掉，需要修复。幸运的话，坏掉的东西都在室内。但你依然要穿上装备朝外走，去扫掉探测器上的雪，检查确认所有设备都完好无损。

做这件事，最困难的是手部保暖，特别是当你要完成一些棘手的任务时，笨拙的连指手套完全派不上用场。罗伯特称自己为"焊铁和扳手物理学家"，为了对设备和电缆进行机械维修，他戴了三层薄手套；但即便如此，还不到一分钟，他的手就开始冻得发疼。在 −55℃ 以下，焊铁的热度不够高，电缆变得又硬又脆，在手下啪的一声就断了。在室内会花几分钟就能修好的东西，在户外最终可能要花好几个小时。

但是，尽管如此，你还是不能在外面待得太久，最重要的是不能忘了旗绳。尼克·托西尔（Nick Tothill）去年冬天曾担任 AST/RO 的望远镜保姆，他不能容忍任何骄傲自满的情绪：

> 我们勉强获准留在这里。不错，我们能战胜困难，我们能创造自己的小环境，让设备运转，但是……你甚至不需要犯傻或者粗心就会死在这里。你可能只是不走运，但它仍然能要了你的命。这里的环境真的恶劣。大多数时间，我们都完全忽略了这一点。如果斯科特的运气能稍微好一点点，他就能活着回来了。
>
> 想到自己曾经跟强大的南极一较高低，并最终胜出，心里就觉得不安。更像是我刚到这里才一年，南极还没腾出手来把我像虫子一样拍死，因为它能做到。整个冬天，我大概有三次外出时在黑暗中迷失了方向。我成功返回，但不难想象我可能会完全迷路并被冻死。有一次，我完全是南辕北辙，最后走到了科考站，当时我还以为是朝黑暗地带的方向走。我在里面待了快三个小时才出来，当我坐在那里叙述自己的经历，人们开

怀大笑，这时我心里就在想："要让我现在就是个死人，本来也不是多难的事。"你无法对抗南极，你只能希望它不会试图干掉你。

人类在南极点过冬的50多年里，还没有人死于寒冷；但曾在冬天死掉的一个人却让所有后来者的心里蒙上了一层阴影。罗德尼·马克斯（Rodney Marks）是澳大利亚的一位天文学家，2000年冬天，跟其他"望远镜保姆"一起在黑暗地带工作。他病得非常突然，没人知道原因。医生打电话给急救队；他们试图救活他，可他还是……死掉了。是不是食物中毒？或者某种奇怪的疾病？医生只能取样进行最终尸检。木匠为他做了一口棺材，在此之前，罗德尼的尸体就摆在一个平底雪橇冰冷的拱棚下面。人们把他埋在南极点附近的雪地里，插上一面澳大利亚国旗作为标记。①

从后来的正式报告中很容易了解到这些内容。死亡原因也有案可查：他死于甲醇中毒。罗德尼一直在实验室里使用甲醇。可他明知道甲醇有毒，如果他想喝酒，也有足够多的途径获得普通酒精，而且他的行为一点也没表现出想要自杀的样子。死因至今仍是一个谜。他的父母已经放弃了找到真相的希望。唯一清楚的是：这件事对当年的过冬者产生了深远的影响。尼克·托西尔虽然当时不在场，但他劝我不要进一步打探有关罗德尼的事。他说："没人会跟你讲那件事的。"

①　继调查无果而终之后，出现了许多有关罗德尼·马克斯之死的文章。写得最好的两篇是 Jeff Mervis, 'A Death in Antarctica', *Science*, 2 January 2009, pp. 32–35, 以及 Will Cockrell, 'A Mysterious Death at the South Pole', *Men's Journal*,具体内容可见 http://www.mensjournal. com/death–at–the–south–pole。

认为自己能够对抗南极大陆真是愚蠢至极，但是首先能够吸引人们，尤其是支援人员，来南极的一个重要因素，似乎就是大男子主义。在冰面上待不了多久，就会发现，这里存在一个按照"冰面时间"多寡而定的严格等级制度。这不仅仅是多少个月或者多少个科考季的问题。你在什么地方度过了"冰面时间"也很重要。帕默站，位于温暖的南极半岛上，被视为度假营地。麦克默多要好一些，但南极点是最好的，在南极点过冬是再好不过了。在《死极之地》一书中，尼古拉斯·约翰逊（Nicholas Johnson）这样描述美国南极计划中支援人员的隐性等级制度：

> 虽然"极点人"可能确实拥有最大的吹牛资本，但南极计划中的每个层级都普遍存在摆架子、摆老资格的风气。要是你只在南极待过一个夏天，那你就是菜鸟。要是你待过很多个夏天，可你还没有待过冬天。要是你待过一个冬天……可你还没有待过很多个冬天。要是你待过很多个冬天，可你还没有去过南极点。要是你在南极点待过一个夏天，可你还没有待过一个冬天。要是你已经在南极点待过一个冬天，可你还没有待过很多个冬天。最终，等你真的在南极点待过很多个冬天，那就不敢再离开南极了，因为（你早已忘了）吃饭要付钱，过马路还得左右看。①

按照这些标准，我脚一沾上南极点，就能明显看出谁才是真正的冰上王者。忘掉科考站现任主管吧，这里的狠角色是一个叫杰克·斯皮德（Jake Speed）的家伙。有一次他路过厨房，有人轻轻

---

① Johnson, *Big Dead Place*, p. 92.

推了推我，把他指给我看，当时他身边正围着一大群侍从。其他人都恭敬地站到一边，让他先过去。他身高体壮，35岁左右，但长着一张娃娃脸，蓄着整齐的耶稣式的棕色胡须，扎着一条长马尾。他已经在南极点过了五个冬天。不仅仅是五个，而且是连续五个。[①]先在南极点待十个月，再急匆匆地回到北边待两个月，然后再回到漫长的黑暗中过冬。连续五次，一次都没缺过。杰克·斯皮德确实是个人物。为了显摆这一点，他故意穿着一身破旧的卡哈特工装，肯定是上一年存下来，下一年再拿出来穿，看到这个我就气不打一处来。"你的衣服好新好漂亮哦，"这身破衣服好像在说，"因为你不是老手嘛。可我却是个久经考验、经验丰富的南极探险家哦。看看我这套旧打扮，你一边哭去吧。"

我知道自己一定要跟他谈谈，但我一直把这件事往后推。最终，科考站的一位前主管，比尔·亨里克森（Bill Henrickson），在路上遇到了我，他把我拉到一旁。"去跟杰克聊聊吧，"他敦促我，"他要扮小丑就让他扮好了，但如果你能让他敞开心跟你聊，我觉得你会发现一些重要的东西。他是一个非常深刻的思想家。"我想起那套自命不凡的卡哈特工装，内心充满了怀疑。不过那天晚上，他正坐在酒吧的凳子上，我走过去礼貌地问他是否可以采访他。令我惊讶的是（后来才知道，连他自己都很惊讶），他竟然同意了。我很快就发现，自己当初对他的草率评判真是大错特错。

那天晚上晚些时候，我跟杰克在他的小屋里见了面。那是个保温小屋，距离圆顶步行只有很短一段距离。里面摆满了维修到一

---

① 尽管在当时任何人都未曾度过如此多的冬天，但该纪录现已被打破。就在写这本书的时候，罗伯特·施瓦茨已在那里度过了七个冬天，斯特芬·里希特与一个叫约翰·布思（Johan Booth）的人共享了八个冬天的最新纪录。但杰克仍然保持着连续最多冬天的纪录。有关这一点和其他南极点过冬的最新统计信息，参见 http://www.southpolestation.com/trivia/wo.html。

半的设备零件、螺母、螺栓和电缆。一块布告牌上贴满了来自远方的明信片，还有一些画着我根本看不懂的图样的小纸片；我坐下来时看到唯一吸引我注意的一张纸上这样写道："你所有要做的就是……善待同仁。"杰克给我们每人倒了一杯威士忌，又点起了一根烟。他很紧张，其实我们俩都很紧张。

我们先聊了一些轻松的东西。杰克·斯皮德不是他的真名——他出生时叫约瑟夫·吉本斯（Joseph Gibbons），但一路走来就得了这么个外号。他出生在一个有点嬉皮士风格的家庭里，住在美国加利福尼亚州的塔霍（Tahoe）附近，他就在那里长大。一旦长大离开家，他便以惊人的方式展现出一种近乎病态的不安分。他花了六年时间跟随美国商船队环游世界，然后徒步穿越澳大利亚；徒步穿越中国；从巴拿马往北一直走到加拿大，这些都是他单枪匹马完成的。在到达南极点之前，他已经去过三十个国家，多年以来，他都没有在任何一个地方待过六周以上。

然而，他一踏上冰面，便觉得犹如五雷轰顶。他说道："一下飞机，我就爱上了这里。我从入口下到圆顶里，看着拱顶和所有的冰晶，正好有辆雪地车从旁边开过去，我想，天啊，就是它！简直太酷了！充满活力，美丽动人，天高地远，所有这一切，太让我开心了。"

好吧，我明白了。这是个引人注目的地方，就凭我对杰克那么一点点了解，我能明白这里为什么如此吸引人。但是，为什么要在这里过那么多冬天呢？他这么一个不安分的人，为什么会选择困守南极点一整个冬天呢？更不用说五个冬天了。"过冬真的很有诱惑力。"他回答，"你待在一个没有任何其他选择的地方，真是一种解脱。真正被困在一个无法逃脱的境地，一个人一辈子很少有这么几次。很多人此前从未真正面对过自己，但隆冬时节在这里，这正是他们所要面对的。这里没有其他的地方可去。你必须撑下去。你也确实能做到。"

所以，整个成年时期，你可能都在东奔西走，但是这个地方的吸引力就在于你不得不停下脚步。飞机停飞的那几个月，你别无选择，也许这反倒帮你找到了安宁。不过，这也意味着你得被迫暂停生活中的其他方面，而且没有机会改变主意。大多数人做不到这一点。"很难从生活中抽出十个月，到这里过一个冬天。"我小心翼翼地说出了自己的看法。他停顿了一下说："你这个看法倒是挺有意思，不过我并不赞同。我并没有从生活中抽出十个月到这里过冬，倒是每年抽出两个月离开这里，就是他们让我滚蛋的那两个月。"

这简直太违反常情了。在世界上流浪多年之后，他竟然选择把地球上为数不多的几个不允许他停留的地方之一当成自己的家。每个人每年夏天都必须离开至少两个月；如果不这样做，他们怕你会发疯。虽然我一句话没说，可面部表情显然泄露了我的想法。杰克大笑起来，他自己也恍然大悟："对，我知道，这么多年辛苦旅行，总算找到一个想落脚的地方，可他们却不让我落脚，真是一种讽刺。"

前两个冬天，他都当普通修理工。不过后来，他一直都负责操纵重型机械，开一台很有男人味的大履带式雪地车，负责铲雪、为外部建筑送燃料、送水、给餐厅送食材或者给建筑工地送原材料。很快，他就发现，即便是完全黑暗，不开灯操作也反而更容易。你学着从地平线上定位某个比其他东西更黑的东西，并尽量避开它。偶尔你可以径直开到旗绳边上，假装看不见，冲着科学家们按喇叭，把他们吓一跳。

雪地车在 -62℃以上都能正常工作。到了 -65℃，它们还能做一些对科考站至关重要的事，比如为融水机收集积雪。但如果连续几天低于这个温度，杰克就寸步不移地坐在监视器旁，就在这个小屋里，等着温度回升的那一刻。"不管中午还是凌晨三点，只要一到 −62℃，我就要出门。因为风还没吹起来，还有十二个小时、三天或者两个小时的窗口期，一旦温度升到足够高，风便开始拼命地刮起来。"

他说，另一大危险是"糖雪"。它们都是被暴风吹过无数次的雪晶，已经失掉了所有精致的棱角，全变成了正方块。雪晶要粘在一起，就得带刺。可糖雪不会凝聚。它更像流沙。如果你开着雪地车冲进了一堆糖雪，就像掉进了电梯井；可能要往下掉3英尺多，车辆才能恢复点抓地力。糖雪从表面上几乎看不出来，倒车的时候，能感觉到质地上存在差别。当然，这种差别用嘴也能尝得出来。

原来杰克还是一位积久成癖的品雪师。他开始跟我说起圆顶拱道上不同冰晶的味道。有些地方带着很重的霉味儿，因为那里出现的冰柱吸收了发电厂或者载重卡车排放的尾气，无意中记录了周围空气中发生的一切。

可在那种冰冷刺骨、死气沉沉的黑暗中，他在休息时最喜欢做的事竟然是到外面看雪脊。雪脊是雕塑般的巨大雪浪，它们让南极高原看起来就像一片冰冻的海洋。夏季，它们非常精致，仿佛被无形的微风掀起的涟漪。但是，随着冬季强风劲吹，它们会变成庞然大物。杰克就愿意看它们慢慢成形。

"开始只有几粒，随着风来回吹拂，那些微不足道的晶体彼此勾连到一起，变成了4英尺高、20英尺长的巨人歌利亚。而且，它整个冬天都在不断变化。等到月圆或者极光高峰时，出去躺在外面，就能看到它在发生变化。它是活的。任何在此过冬的人，如果说这里无聊、死气沉沉、无事发生，那他就是个闭目塞听的蠢货。发生的事情很多，只要稍加留意就能看得见。"

他向后靠了靠，接着又点起一支烟。

"听你说话，不像是个跟大自然对抗的人。"我说。

"如果你要那么做，我觉得你连一个冬天都挨不过去。"他回答说，"我最喜欢看那些在这里招摇过市的家伙，你知道吗，不用等到7月，他们就要一边吮着大拇指，一边哭着喊着想妈妈。"他咧嘴大笑起来。"吮大拇指和想妈妈本身没有什么错，这很正常。每个人都会这么做。问题出在大男子主义态度上。

"这个地方很有耐心。想想看。一座冰川能雕刻出无数山峰。而当这件事发生的时候，你在什么地方？你什么都不是，你渺小得可怜。微不足道。所以，要是你到了这里，还带着那种'我要痛扁这个地方一顿'的态度，那你就错了。"

我俩已经聊了将近两个小时。我起身更换录音机上的磁盘，杰克又给我俩倒了一杯威士忌。

"那次医疗后送，你肯定在这里吧。"我说。2001年，南极人成功开展了第一次，也是唯一一次在黑暗中从南极点向外的医疗后送。杰克兴奋了起来。"那可能是我这辈子的亮点之一，"他说，"也是我做过的最具挑战性的事情之一。"

当时是在4月初，科考站的医生罗恩·舍曼斯基（Ron Shemenski）报告了一个问题。他一直觉得自己病得越来越厉害，现在极度痛苦。医生生病是特别糟糕的消息。科考站不能没有两类人，就是医生和电厂机械师。如果科学家或者木匠病了，工作可以暂停；如果厨师病了，大家可以吃芝士通心粉度日。可电厂机械师和医生加在一起就相当于整个科考站的生命支持系统。

但是，后来人们发现问题比这还要糟糕。医生患的病严重危及生命。他曾排出过胆结石，所以怀疑患上了胰腺炎。他并不想离开，但是美国国内的医生告诉他必须离开，否则可能挺不过当年冬天。

虽然飞往南极点的"大力神"航班早已结束运营，而且太阳也早已落下，但是如果大家都立即行动起来，还是有机会实施救援的。这个活适合牛仔般的"双水獭"飞机来干，它们能在"大力神"做梦都想不到的更崎岖的简易跑道上和更低的温度下滑行到适当位置，但时间所剩无几，而且"双水獭"只能做短途飞行。它们必须先从加拿大的大本营向南飞到南美洲南端，然后飞过德雷克海峡，降落到南极半岛上唯一可用的简易跑道上，就在英国罗瑟拉（Rothera）研究站那里。一架留下来待命，另一架继续飞到南极点。当时，罗瑟拉站跑道仅剩下几周时间可供起降。

那边"双水獭"紧急起飞，这边杰克和同事们也在南极点开始着手准备工作。他们撤下滑行跑道上那些纵横交错的旗绳，开始设法铺一条像样的跑道，供"双水獭"降落。天非常黑，蒸汽和烟雾太浓了，杰克根本看不见雪地车铲子前方的地面。温度在 $-68℃$ 以下，雪地上几乎没有任何摩擦力。他们想铺出一条像大理石那样的跑道，但最后却像是铺着湿水泥。"双水獭"的飞行员飞来这里，简直是在拿生命冒险；一切都取决于能否安全着陆。等到飞机进场并在雪地上完美着陆（甚至连一次低空试飞都没做过），杰克已经连续工作了30个小时。

"任务很艰巨，但总算完成了。我们自己也没出问题。感觉非常棒。后来我们通过卫星电话跟罗瑟拉站的几个人通上了话。他们送了些T恤衫过来，我们也送了一些T恤衫过去。这件事把人们联系到一起。我们知道还有另外一群兄弟，一个大家庭，距离我们10个小时的航程，我们可能永远见不到他们，永远不会谋面，但他们就这样伸出援手，挽救了一个我们的人。这件事把这片冰封大陆联系到一起。即使现在，每想到这件事，我都非常感动。我甚至都不知道那些人是谁。"

他眼里噙满了泪水。南极洲的那种温暖，超越了外部世界里的种种界限，真正感人至深。在这里，最重要的，似乎就是你是南极人。

杰克接下来的话让我猝不及防。

"2000年，我们失去罗德尼·马克斯的时候，我就在现场。"他说。

我屏住了呼吸。罗德尼·马克斯：他是唯一在南极点过冬时去世的人；他死因不明，并因此为以后的每个冬季都蒙上无声的阴影，有关他的事情成了大家都回避的话题。"没人会跟你讲那件事的。"尼克·托西尔曾说过。但现在，偏偏是杰克·斯皮德提起了这件事。"他是个不可思议的家伙，"杰克说，"可以说是个多才多艺的人。那一年，他给我们大家教天文学课程。他留着紫色莫霍克发型，过新西兰海关时，引起了海关人员的怀疑，他们问他：'你是干什么的？'他回答说，'我是科学家。'他就喜欢惹他们生气。"

我等了一会儿。又等了一会儿。这时杰克说："我当时就在现场，他就死在我怀里。"

切入点到了。三个星期前，刚到科考站时，我很可能会抓住这个机会。我会直截了当地切入，会问他：你的一位同事死在你怀里，你有什么感受？当时科考站内气氛怎么样？大家害怕吗？你害怕吗？你觉得自己会是下一个吗？然而，坐在杰克的小屋里，我不敢问。当他说起罗德尼，眼里的痛苦让人不忍直视。

"我本来没打算提这件事。"我说。

"没关系。"他回答说。他掐灭了烟头。"这里每样东西都非同寻常。天气和气候显然如此，但我觉得这还不是最非同寻常的东西。真正吸引我的是这里的人，是你跟他们之间的交往。冬天，这里的人会形成一个关系紧密的小团体，一个非常小的部落。大家全心投入，没有职位高下，没有岗位之别，没有人情世故，没有废话连篇。

"即使大家的专业千差万别，但仍保持着一种健康、独特、美好的情谊。在其他的任何地方，你都见不到木匠、高能天体物理学家、厨师和行政人员每晚在一起吃饭。到了冬季，这里充满活力，而在外部世界我从未见过这样的活力。它不受任何约束。"

聊到这里，我几乎忘掉了杰克的卡哈特工装，但我还是注意到了它们有多么破烂。比尔·亨里克森是对的；杰克的确是一个深刻的思想家，他也是我见过的最没有大男子主义思想的人之一。那么到底为什么他要坚持每年反复穿那套衣服呢？只是为了炫耀他是个老资格？

"关于卡哈特工装，有什么故事吗？"

"啊，嗯，穿上去，就那么一直穿着呗。"

"是啊，可其他人每季都会发套新的呀……"

"在季初的时候这些可都是全新的。"

"不可能！"

"真的。"

"天哪！"

"你想想纤维在 –70℃会发生什么，它会碎掉。我说这话不是要让你紧张。你看这双雪地靴，都破了，都完了。什么东西都会坏掉。"

接着，他懊丧地看着脚下："我猜它们该报废了。"

## 南极点的冬天，6—8月

现在整个冬季已经过去了好几个月，你可能已经习惯了永久的黑暗和严寒。你也可能已经习惯了无论发生什么事都只能待在这里的现实。这让每个人都集中精力照看好这个自己赖以生存的地方。

在这里，人们对待火灾非常严肃，尤其是在冬天。如果你是消防员，火警警报一响，你就会跳起身来，大骂一声冲向通信室。如果装备就在身旁，你一瞬间就能披挂整齐，而屋子里的其他人甚至连警报都没注意到。人们将此称作"火灾报警图雷特综合征"。有一年夏天，我在餐厅就见识过一次。警铃大作，一跃而起，破口大骂，套上装备，夺路而出……这一切都发生在片刻之间，我刚刚来得及将叉子送到嘴边。

作为消防队员，你应该已经完成了在美国丹佛的落基山消防学院（Rocky Mountains Fire Academy）开办的培训。这是一家专业消防员培训机构，对于培训一群业余消防员颇有些不屑。他们不理解火在这里有多大的威力，但他们可以就如何使用全套防护装备提供良好的基础性训练——防护装备包括防火外套、防火裤、防火面罩、呼吸器，总之每寸皮肤都会被遮挡起来，确保你能在1200℃的高温下活下来。他们会让你穿过正在燃烧的大楼，体验一下火灾的感觉。套着装备会觉得热，不过也不至于无法忍受。慢慢地你开始对装备产生信心，觉得它能保护你的安全。

如果你依然对冲进火场心有不安，就可能被指派为现场联络员，只需去评估一下火灾形势。但就算在这里，除非需要挽救生命，或者需要拯救一栋大家赖以生存的建筑，否则没人会冲进火里。不过你要知道，在冬天，大多数建筑都相当关键。要是电厂没了，融水机没了，或者住房没了，每个人都将面临危险。

隆冬时节，仍可能叫来一两架"双水獭"飞机，2001年实施医疗后送时就是如此。但它们至少需要两个星期才能从加拿大飞到罗瑟拉站，前提是那里的跑道可供起降，就算到了罗瑟拉站，还要停留差不多一两个星期，等待南极点出现合适的天气条件。即便如此，燃料和空间的限制意味着"双水獭"最多只能带走两三个人，根本不可能疏散整个基地。按照当时的情况，也许你能叫一架"大力神"过来，空投一些食品和燃料。但如果大火把整个基地都烧光了，大多数人将绝对无处可去。

新科考站配有自动喷水灭火系统，与"圆顶"相比，这是很大的改进，但它只能减缓火势。还有一种类似于密室的空间，被多道超重隔热防火门与建筑的其他部分隔离开，里面配备了应急发电机、床铺、厨房和……洗衣房。当我问起为什么要设一间洗衣房，人们用惊讶的目光看着我，然后回答说："就算科考站被烧光了，你还是要洗衣服的。"假如整个科考站烧掉了，还有一种可能，即大家都住进黑暗地带或清洁空气部门的外围科研建筑内。那里有存储在冷冻槽里的应急口粮——全是袋装食品，只需加点热水，搅拌几下就可以食用。只要能保证供暖和供水能力，在"大力神"来搭救之前，你可以生存好几个月，但肯定不会那么舒服。

到了这个时候，如果不是必须外出，你很可能就不会出门。除非出去办事儿，否则在 −90℉（约 −67.8℃）的温度下，加上风又吹得厉害，哪怕在外面只待几分钟都难以忍受。但是，有一个神奇的温度，你可能还没等来。要是气温达到了 −100℉（约 −73.3℃），你会立刻听到科考站的广播里喊："现在的气温是 −100℉。"这就是你冲向桑拿浴室的暗号。有人可能已经开始给桑拿室加温了。通常室温最高只能达到180℉（约82.2℃），所以你可能要把热水器放进水里，让室温上升到关键的（闷热的）200℉（约93.3℃）。

你赤身裸体地坐在那里，直到几乎无法忍受。然后，这个环节非常重要，你离开桑拿室，穿上雪地靴，戴上面罩——但一定不要穿任何其他衣服——一头扎进外面的雪地里。如果你是个硬汉，你要赤身裸体一路跑到南极点再跑回来。不建议胆小者这么做。实际上，并不建议任何人这么做。但如果你真这样做了，就能体验到上下300华氏度的瞬间温度变化，成为极其高端、传奇般的"300度俱乐部"的一员。[1]

6月21日的冬至节，是另一种庆祝冰上生活的方式，但没有那么疯狂。大厨们提前几周就开始筹划节日盛宴的菜单。每个人都会穿上节日盛装。在整个南极大陆，所有过冬基地之间都会互致别出心裁的问候，通常是互赠基地过冬人员的合影照片，再配上一些问候语。

大约就在这个时候，基地跟外部世界的关系开始出现问题。美国支援人员的总部远在丹佛，过冬人员经常抱怨总部的人对这里的生活状况知之甚少，甚至一无所知。"丹佛那帮人生活在一个完全不同的世界里。"杰克说，"几乎没几个人有在这里过冬的经历，他们提出的所有要求或者请求都没有任何依据。你可能会在电话里跟他们讲：'OK，那么，你想让我出去清点吊货链条。它们现在埋在7英尺厚的冰下面，而且现在的气温是 −73℃，还有……你叫我现在就去清点吗？你们来后一个月，它们才会派上用场，那时候阳光明媚，天气也暖和，会有各种没被冻僵的新手。'"如果真想吓唬一下丹佛的那位，他就会直接问他："你能感觉到自己的手指吗？"

1997年，厨师决定为冬至节盛宴烤几只火鸡。科考站总共有28口人和22只冰冻火鸡。站上请求吃掉几只，请求竟被拒绝了。丹佛那边发话说火鸡一定要留到开站的时候吃。留到开站！到时候新航班会运来海量的火鸡，还有过冬极点人做梦才能吃到的鲜品！"冬至节在这里可是件大事，"罗伯特说，"连白宫都要向我们致以节日

---

[1] 下面是某位真正做过这件事的人所写的博客：http://nathantift.com/southpole/journal/journal28.htm。（本书译文其他处皆使用摄氏温度，本段及上段涉及温度若直接换算成摄氏温度可能有碍读者理解，故仍保留华氏温度。——译者注）

问候，有人竟然不许我们吃火鸡！这事一直吵到美国国家科学基金会。最后他们终于同意了，可惜为时已晚，因为火鸡解冻需要的时间太长了。"

要想办成事，任何一位科考站冬季主管都必须是优秀的调解员，能得到过冬人员的尊重，还要跟外部世界保持理智的关系。过冬人员心存不满可以理解，但北边那些人的意见有时也是正确的。

冬至节庆祝活动一结束，就再没什么盼头了，剩下的就是长达数月的黑暗和寒冷。生活变得与世隔绝，科考站越来越像高压锅。"这里就像块殖民地。"拉里说，"外面长时间一片漆黑，而你只能待在同一栋建筑内，你会以为自己身处斯坦利·库布里克（Stanley Kubrick）的电影《2001太空漫游》之中，正在朝木卫九进发。一切都逃不过他人的眼睛。任何事情做两次以上，就成了习惯。"美国国家航空航天局已经发现了这种现象，并且多次尝试对过冬的极点人进行生物学和心理学研究，以考察真正的月球基地或者火星基地该如何运行。[①]

研究人员已经了解到一点：随着冬季深入，你将开始缺乏 T3。这是甲状腺分泌的一种激素，过冬者似乎将它们从大脑转移到了肌肉内。还有证据表明：就算你不出门，核心体温也会下降一两摄氏度。原因可能是缺乏光照、睡眠紊乱或者严寒。也可能是因为跟一个小群体挤在一起无法逃脱所产生的心理效应。无论如何，各种症状看起来是真实存在的。

心理学家称这种现象为"过冬综合征"，极点人则称之为"犯迷糊"。到了隆冬时节，每个人至少都有点筋疲力尽的感觉。最初

---

① 例如，可参阅：Lawrence Palinkas, 'Psychological effects of polar expeditions', *The Lancet*, vol. 371, 12 January 2008, pp. 153–163. DOI:10.1016/S0140–6736(07)61056–3.

的迹象是你不再关心自己的外表和体味。大家眼神空洞，仿佛眺望着千里之外。这边正跟你说着话，刚讲了上半句，他们下半句就不知岔哪儿了，而且自己还注意不到。要是你也"迷糊"得厉害，可能你也注意不到。你可能会不断地走进同一个房间，每次都忘了为什么进去。从浴室出来的时候，你可能都搞不清楚到底是要进去还是要出来。你可能会坐在餐厅里，守着面前的盘子悄无声息地哭一会儿，哭完了饭菜连动都不动，接着就走开了。

"我们都知道自己会犯迷糊，"杰克·斯皮德说，"事实上你记不清哪件事是哪件事，也想不起今天是星期几。我觉得挣扎得最厉害的人，就是那些试图坚持平常社会中正常生活观念的人。看看周围吧——你已经不在堪萨斯了。如果你想把它变成堪萨斯，那就没法活下去。放松一点，顺其自然。你不就是想要这种冬季体验吗？最后一架飞机飞走的时候，你还高兴着呢。这就是它真实的样子。所以你一定要挺住。"

杰克比大多数人都要清楚如何成功过冬。他说优秀的过冬者有积极的态度；他们会克制有害情绪，共享宁静与和谐。糟糕的过冬者处理不好自己的事情，所以也无法处理好与他人的关系。他们要么作茧自缚，缩在自己的房间里，要么走出去闹事。

极点人将严重的综合征称作"昏了头"。"到了那种时候，人会变得非常暴躁，想找碴儿打架。"杰克说，"甚至能到这种地步，比如你坐在餐厅里，某个人正好坐在餐厅的另一边，连他的存在都会让你不舒服，简直无法忍受。于是你开始琢磨——好吧，他五点半去吃饭，那我就六点一刻去。甚至都不一定是有意识的。这个念头自个儿就冒出来了。

"7月中旬到8月中旬是刻薄恶毒的一个月。你完全可能走到一个人跟前说"我他妈的恨你"，没有任何理由，也没有人指使。不再问候"早上好"，而是直截了当地告诉别人你对他们的看法。所有的抑制功能都丧失了，所有的过滤功能都失效了。你甚至都不知道自己正在做这件事。"

这个时候也开始出现领地问题，如果有人坐了你的椅子，问题开始变得很严重。去年冬天，拉里、杰克和一个叫杰德·米勒的朋友利用科考站内疯狂的领地意识开了一个玩笑。他们把一个用床单做的桌布盖在餐厅里他们最喜欢的桌子上。到了7月，他们便开始在上面画线，利用想象力将桌子分割成带有微型山脉和地貌特征的领地。拉里的被称为"拉里地"。杰德的叫杰德尼西亚。杰克的领地最小，他们将其称为"杰克叛军联合阵线"。

"他就是那个我们要不断努力平息的叛军。"拉里说，"你看看他，他就像站里的叛乱分子；我的意思是，你见过他的卡哈特工装的样子吗？"杰克不断地把盘子朝杰德的领地上移。杰德对此深恶痛绝，于是便相互扔餐巾纸、扔食物。"桌子中间还有一个装饰品，一棵约8英寸高的能点亮的圣诞树。一通电，它就闪闪地发出红光。它就是我们的宝贝。桌子就是我们的世界。"

但大约也就在那个时候，餐厅里爆发了所谓的"灯光战争"。"有个叫查克的家伙，每次一进餐厅就会额外打开五六盏灯。"拉里说，"有些想晒太阳的人很喜欢明亮的灯光，但是对另一些人来说，就像吸血鬼被人朝脸上扔了大蒜一样。他们大声嚷嚷，抱怨个没完，差点演变成一场斗殴。

"查克每天都爱这么做，终于有一天引发了众怒。那些痛恨强光的人轮流去关灯。查克刚把灯打开，有人就会走出餐厅，一路走到门厅尽头，再沿着走廊往回走，从另一个入口进来，又把灯给关掉。然后整个过程再重复一遍。开灯。走进门厅，从另一个入口进来，关灯。双方开始吆喝，打架，骂人，嘲笑。最后所有人都不得不坐下来讨论这件事；站上通过电邮报告了这件事；管理层也参与了进来。最终的结果是灯光每隔一天交替变亮或者变暗。等过了冬天，人们想起这件事都觉得不好意思。"

"允许每人犯一两次迷糊或者发一两次神经。"杰克说。"当第一缕光线从地平线上冒出来时，状况好的开始弥补过失：'对不起，我骂过你混蛋……'状况差的继续犯迷糊。"

状况糟糕的人，尤其是那些无法自控的家伙，他们的故事非常多，而且极富传奇色彩。有一年，一个负责 AST/RO 的家伙试图在黑暗中滑雪800英里回麦克默多，而且口袋里只带了几根巧克力棒。站上发现他失踪后，派人连哄带骗把他带了回来，此时他已经跑了快10英里。还有其他一些也许是杜撰的故事：有个家伙喝多了，朋友们给他剃了个光头——他花了三天时间才注意到；还有个过冬者逃往麦克默多的方法更加新颖别致，他郑重其事地打好包，跟大家道别，然后踏上跑步机开始往麦克默多走。

"极地疯"并不仅限于南极点站。20世纪50年代，一个澳大利亚人曾拿刀子威胁别人，后来大半个冬天都被锁在另外一个地方。20世纪60年代，一个苏联科学家用斧头砍死了一位同事，因为后者在下棋时作弊。1996年，麦克默多的一个厨师用锤子带齿的一端攻击别人，不得不被隔离起来。1983年，位于南极半岛上的阿根廷布朗海军上将站（Almirante Brown Station）的一名医生对冬天深恶痛绝，换班船开来之前，他提前好几天就把包裹打好了。可船员说没人来换班，他只能再熬一个冬天；闻听此言，他立刻一把火烧掉了科考站。

各个科研项目已经尝试了多种方法来防范疯子。大多数过冬者说，最好的办法就是招募那些具有多重动机的人。如果工作就是你的生命，正好在你过冬的时候某项工作又没做好，你可能就会疯掉。

如果你去那里只是为了浪漫和冒险，却发现冬天能花在野外的时间少之又少，你也可能会疯掉。看似矛盾的是，如果你不是那种需要在此时此地解决问题的人，情况也许会对你有利。一项针对法国过冬者的研究表明，表现最好的既不是外向的人，也不是坚定自信的人。每个人都有点犯迷糊，顺其自然反而更好一些。

"你一定要接受这里的一切。"杰克说，"犯迷糊，神经病，各种八卦——这个地方是有史以来最大的八卦工坊——让大家都说出来好了。你连鞋带都系不好了，不要紧；某某人说了你什么话，不要紧；某人吃饭的时候试图把汤勺插到别人耳朵里，也不要紧。你一定要把它们抛到脑后。如果你在冬天让这些事情占去太多精力，你就会被它们毁掉，我就帮不了你了。"

国家科学基金会对每个潜在过冬者都要进行一次心理测试，南极俚语称作"心理评估"。测试结果从未公布过，所以有些爱说笑的人打趣说最终入选的都是那些测试发现不正常的人。

讽刺网站"死极之地"对这套程序有一种更加愤世嫉俗的看法："几乎每一篇真正论述为与世隔绝的南极基地选拔过冬人员的论文，都得出过这样的结论：心理分析无法确定一个人是否能成功融入某一极地群体。形迹可疑的内向者在那里茁壮成长，因为他们能容忍各种个人癖好，显而易见的外向者却被基地的同事避之唯恐不及，因为他们总要依赖别人。

"心理分析可以帮助淘汰幽闭症患者、疑心病患者和狂躁病患者，但是当七月来临时……人们开始怀疑，在冬季基地里，到底是该提防公开的精神病，还是那些隐蔽的神经质——即"正常"的社会成员。尽管这两种人明显都能通过精神评估，但精神病至少能为整个社群提供一些笑料，偶尔还能带来一点惊喜，调剂一下乏味的日常生活。"①

其他国家如英国的科研项目，就完全无视心理测试的诱惑，完全依赖个人面试，这个办法似乎至少同样有效。但同样令人惊讶的是，许多选进美国科研项目的人早已认识这里的人——这一情况同样适用于法国、英国和意大利②的科研项目。这与其说是裙带关系，不如说是个人推荐在淘汰不稳定和不合适人选方面的作用。如果太空机构真的想送少数人去太空殖民地，在选择合适的人选时，他们最初可能应该相信自己的直觉。

即使冬天一切顺利，有时候你可能还是会后悔自己的选择。有些轶事就提到有人收到了以"亲爱的约翰"或"亲爱的琼"开头的离婚电邮，收信人困在这里束手无策。2003年，罗伯特·施瓦茨的兄弟病了，他所能做的只是发电邮和打电话。"此时你最想做的就是跟家人在一起。"有一年过冬的时候，拉里得知他最好的朋友去世了。"我最担心的事变成了现实。"他说，"它会挑战你顺从自然、放弃一切、心无旁骛的想法。这是我唯一一次希望自己不在这里。等你挺过这段时间，你会意识到这个社群是多么紧密。但与此同时，你也会意识到任何事情都不会等你。身在此处，你觉得一切都暂停了，但外面的生活却在一天天过去。"

唯一一个我还没参观的科研部门就是清洁空气部门，研究人员在那里研究大气。③但是，现在我获得了一次绝佳的机会。夏天在南极点，每个星期五都有一个"冰泥"之夜。在大气研究天文台（ARO）工作的那些家伙会邀请所有人过去喝鸡尾酒，而且那些酒

---

① http://www.bigdeadplace.com/welcome.html.

② http://www.pnra.it/.

③ http://www.esrl.noaa.gov/gmd/obop/spo/observatory.html.

已经用地球上最干净的雪冻成了冰泥。我的机会来了，既能了解他们的科研，还能品尝一下充满传奇色彩的混合饮料。

大气研究天文台距离主站大约只有一公里，但是步行却够呛，所以我想请求骑雪地车去。绝无可能。为了保护空气的清洁度，严格禁止使用雪地车。要去那个地方，唯一的办法就是步行。

天文台的建筑物又大又笨，外表呈蓝色，建在两层楼高、纵横交错的支柱上。一段段金属楼梯从建筑物外面一路通上去，楼梯上覆盖着白雪。建筑物的窗户很大，呈椭圆形，仿佛拉长的舷窗，俯瞰着冰冻的海洋。大多数窗户都朝向外侧，就是背对着科考站的方向，景色简直迷死人：雕塑般的积雪和阴影，构成了辽阔壮丽的白色旷野，微微斜射的阳光将它涂成了精致的淡粉色。

空旷的白色高原呈弧形延伸，绕着南极点转了三分之一圈还多，在这个大背景中，大气研究天文台看上去有种怪怪的与世隔绝的感觉。为了让这里的空气尽可能洁净，相对于此处位于上风区的整段弧线已被指定为非建造区。主风超过90%的时间都直接从那块空旷的冰面上吹进来。这意味着屋顶上的传感器吸入的空气是地球上最纯净的。这是一片纯净的地方，在其他地方，所有的人类排泄物、工业废弃物和污染物都在不停倾倒。

夹在所有天文学项目中，大气研究天文台是南极点为数不多的几个对外太空没有兴趣的项目之一。相反，它正要利用南极点剔除外部影响力的方法，寻求对我们地球家园的了解。它是由美国国家海洋和大气管理局运营的五大全球天文台之一，用于测量空气的长期变化。这是该组天文台中最末端的一个，为所有其他天文台提供判断基准。它还一直保持着世界上某些持续时间最长的纪录；科学家从1957年以来一直在测量这里的空气。长期记录不一定都有吸引力。它们往往不会抛出令人振奋和惊喜的消息，也不会出现"豁然开朗"的时刻。但它们善于展示那些与地球气候真正相关的缓慢但不可阻挡的变化，那些如果按周或按年观察根本不会注意到的变化。

这里最重要的可能就是对二氧化碳的记录。二氧化碳本来就存在于大气之中，但自从工业革命以来，我们先是通过燃烧煤炭，然后通过燃烧石油和天然气，一直在向大气里添加二氧化碳。从汽车排气管或者电站烟囱里排出的二氧化碳最终都会来到这里。二氧化碳长时间存在，它不会像烟尘或粉尘那样轻易地从空气分离出来，而是在空气中滞留长达一百年或者更久，传播到地球最遥远的角落。在入口大厅的显眼位置摆放着一张天文台测量表，该表显示，在过去几十年里，二氧化碳含量就像不断后仰、伺机攻击的眼镜蛇一样连续攀升。

建造大气研究天文台是为了取代旧的清洁空气设施。虽然才刚刚建成七年，但已经产生了新科考站目前尚缺的那种温暖亲切的感觉。到处都摆放着人造花。其中一个窗台上摆着一只插着塑料向日葵的花瓶；一束人造一品红用格子呢缎带扎着立在一张桌子上，勉强保持着平衡；一株塑料吊兰仿佛是从浴室水槽里长出来的似的。浴室外挂着一个倾向一侧的标牌，上面写着"女士化妆间"。这个牌子显然来自老南极点站，也就是第一个南极点站——直到20世纪70年代女士才获准拜访那里的说法并不准确。另一个牌子从技工间的天花板上吊下来，上面标明此处是"心理病房"。在充当咖啡台的小木桌旁边，有一辆金属手推车，里面装满了威士忌、杜松子酒、金万利酒和朗姆酒，还有色彩更艳丽、看起来很可疑的各种酒。另外还有一个搅拌机，尽管这里的冰已经混合成了冰泥。

酒吧旁边是一大瓶一大瓶的肥皂液和即兴制作的粗管。在南极吹泡泡？有一群打冰泥的人立即主动提出要演示给我看。现在外面

的气温大约在 -40℃，是最适合吹泡泡的温度。你必须快点吹，否则液体就会冻结在管子上。但当你成功地吹出巨大的泡泡，你会惊讶地看到它们凝结起来，然后在空气中爆掉，留下冷冻的碎片在你脑袋周围飞来飞去。这些碎片看起来像塑料，但真要抓住一个，它会在你手套里碎成薄片。

回到屋里，同伴递给我一些小号样本瓶，并把我推到了屋顶上。站在高处，风刮得很猛，冻得人几乎无法忍受——即使短短几分钟也不行。但我把大衣外罩扯紧，按照同伴的指示，开始采集完美的南极点纪念品。我迎风伸出仿佛装着精灵的样本瓶，将地球上最干净的、充满魔力的几丝空气装进瓶里，密封起来。

楼下，晚会正在热闹地进行着。早已有人搬进来一大桶雪，现在房间里挤满了极点人，人手一杯鸡尾酒。我早已决定小心为妙。拉里·理卡德几天前就警告过我高海拔冰泥酒宿醉的威力和痛苦。但两杯杜松子酒和其他提神水下肚，要是不参与进去似乎就太不礼貌了。我最喜欢的是一名前海军陆战队员（也是一名前调酒师）为我调制的混合酒，里面有咖啡利口酒、百利甜酒和伏特加——当然还有最原始的雪。它的味道鲜美无比，就像巧克力奶。第二天遭受的痛苦跟拉里警告过我的一模一样，但还是值得一醉。

正如大气研究天文台研究的是地球上而不是地球外的东西，南极点另外一个实验则是向内看，专门研究地球的内核。我曾听说过这件事，但对于去那里并没抱很大的希望。实验名叫 SPRESSO，意思是"南极点远程地球科学和地震观测点"，主要进行地震测量。不是测量附近的地震，因为南极点还没有发生过地震。就像大气研究天文台一样，这个实验聚焦于剔除外部世界的混乱后所剩下的东西。而且，正如大气研究天文台必须被安置在空气最洁净的地方一样，SPRESSO 也需要放在地球上最安静的区域。

原则上来讲，南极点已经成为进行这类实验的好地方。在世界其他地方，汽车、火车、噼啪作响的电缆，或者有如树叶沙沙响的轻微声音都足以让最精致的地震仪器不堪承受。但就算在这里，也还是存在问题。安静地带最初夹在黑暗地带和清洁空气地带之间，但距离主站只有半公里，这太近了。研究人员能清晰地听到远处雪地车的隆隆声，甚至都能知道重型设备的操作员什么时间去吃午饭。因此他们不得不把仪器搬出镇外。经过三年的建设和钻探，SPRESSO最娇嫩的地震仪目前被深埋在距离主站约5英里远的雪里。

距离主站那么远，SPRESSO还不如就放在月球上。谁也不可能让我一个人去那里，有人愿意腾出时间和车辆带我去那里的概率也很小。不过接着我就撞了大运。碰巧，两位SPRESSO研究员肯特·安德森（Kent Anderson）和史蒂夫·罗伯茨（Steve Roberts）要到镇里来。他们刚到的那天，我就在餐厅里把他们缠上了。真巧，他们正在计划远征SPRESSO。这下好了，我也可以去了。

肯特矮壮结实，圆脸，蓄着整齐的胡子，显得活泼开朗。史蒂夫的话要少一些，个子也高一些，一头沙色头发，胡子刮得干干净净。我们这次远征乘坐的是"树懒"雪地车，这是一辆轰隆作响的黄色大块头，轮子类似于坦克履带，车身侧面印着"美国海军，仅供官方使用"的字样。正如它的牌子所暗示的那样，这车以牢固而非速度著称。

史蒂夫告诉我，我们要带好全套生存装备：装满备用衣物的橙色包、救生包、紧急食品和炉子、两部对讲机和一部卫星电话。在外面的世界，为了一趟8公里的行程而把这些东西都带上似乎非常荒谬。但是，这里的天气说变就变，史蒂夫向我保证说这些东西都是必不可少的。

我们在雪地上一路颠簸，肯特顺便跟我讲述了有关 SPRESSO 的事情。SPRESSO 是全球网络的一部分，该网络由美国地质调查局和美国国家科学基金会联合资助，由一个名为地震联合研究会（IRIS）的大学联盟负责实施。[1] 对于世界尽头的一个站点来说，正如大气研究天文台一样，SPRESSO 是整个网络最末端的一名成员，也是迄今为止地球上最安静的地震台。

安静很重要，因为如果没有外部干扰，你可以收到来自世界另一侧最微弱的信号。地震不仅震动附近的地面。它还会向地球最深处传送地震波，穿透地球内部滚烫的岩石层，一路挤压或者撼动岩石或者把它们左右推动。当这些地震波到达地球另一侧时，强度和幅度都会大大降低，但也承载着其所穿透的岩石层的蛛丝马迹。通过测量来自不同地方、穿透地球不同部位的地震波的相对速度，SPRESSO 就可以充当一种内向望远镜，构建出由岩石地幔、几乎纯铁的液态外核以及地球中心滚烫坚硬的固态铁芯所组成的地球剖面图。

南极点之所以特别适合进行这项研究，不仅仅是因为它非常安静。它在地球旋转轴上的独特位置也意味着它的侦听清晰度是其他站点无法企及的。因为在大多数地方，地球自转都会产生干扰。"如果你把地球想象成一口大钟，现在用大地震敲击这口大钟，大钟就会振动，而振动的方式就会告诉你一些有关地球内部结构的信息。"肯特说，"任何随地球旋转的地方，钟声的振动都会发生变化。但旋转轴是唯一能听到真实钟声的地方。"

SPRESSO 的独特位置还有助于了解地球最核心部位的信息。大多数地震台只能探测到以斜掠路径穿过地球内部的地震波。在这

---

[1]　http://www.iris.edu/hq/programs/gsn.

里，你可以探测到贯穿地球心脏的地震波。SPRESSO还可用于确保无人违反《禁止核试验条约》。核弹爆炸也会发出地震波。如果位置足够远，地震波就会变得很微弱。但敏感的SPRESSO却能立即检测到它们。"如果有人在地球南部海域中的某个地方试爆了一颗，我们很可能会听见。"

当我们最终到达SPRESSO现场，却发现存在的唯一地面标志就是一组颜色鲜艳的旗帜，红的、黄的、橙的和绿的，在空旷的高原上飘扬。肯特跟我讲，有些旗帜标志着被埋建筑物的边角，有些标志着地震仪器所在位置的三个钻孔，还有些标志着其他。"反正别过去就是了。"他说。

等到再靠近一些，我又发现了一截通风管道，很滑稽地从积雪里伸了出来，就像潜艇上的潜望镜。还有两个被积雪覆盖的小舱口，当我们把积雪扒拉到一边，才发现上面还有个木头盖子。一个通向一些靠近地表的仪器，另一个通向一架黄色的梯子，顺着梯子，我们进入一间出奇地温暖和舒适的小屋里，这就是维护地震仪器的地方。

进了小屋，肯特一边脱大衣和手套，一边跟我讲他们本来想把地震台建得离主站更远一些——12英里或者更远，但维护起来就太复杂、太费钱了。因此，折中方案就是把仪器安装得更近，但在雪下埋得更深。他们花了三个科考季才建好小屋钻好孔，现在地震仪器已被不可撤回地埋在1000英尺深的冰下。

"仪器周围的舱室温度大约在 -46℃，"肯特说，"但仪器本身被包裹在电加热带里，所以它们更可能处在 -3.9℃。而且，为了预防一条加热带发生故障，仪器上还缠了一条备用加热带。"

"如果两个加热带同时发生故障怎么办？"

"那我们就失去了一台仪器，所以还是不要这么想吧。"

距离此处8000英里外的地方，在世界的另一边，一块地壳也许正在承受压力。承载着大陆和海洋的地球板块不断漂移、相互推挤、相互摩擦，竞相占据上风。有时候，一方会退让。也许就在阿拉斯加海岸外的阿留申群岛之中，一部分地壳可能会突然上升或下降。环绕太平洋的仪器将纷纷发出海啸警报。警报器响起，明智的沿海居民将尽可能前往地势更高的地方。但起伏不定的地壳并不只是掀起巨大的水波，它还会向地球内部发送其他波，也就是地震波。

地震波通过挤压和拉伸被其穿透的各种物质而进行传播，就像声波通过挤压和拉伸空气传导至你的耳朵中一样。它们很容易就能穿透岩石。虽然有些地震波会停留在接近地表的位置，但其他地震波将掠过地球的液态外核，或扫过固态内核，当从这里出现时，就会被 SPRESSO 的侦听器检测到。这些地震波满载着它们一路穿透的岩石的有趣信息。它们可以告诉我们探头永不能触及的地球内部的微妙信息。它们还可以帮助我们了解地球的铁芯如何产生地球磁场，为什么在远古的某个时期突然磁极互换。或者，是什么促使大量滚烫的岩石，从地核与地幔的交界处开始慢慢地一路爬升至地表。幸运的是，在地球历史上此类事件非常罕见——当这些巨大的地幔柱到达地表时，它们会引发剧烈的火山活动，熔化的岩石可能会淹没半个大陆。

从阿留申地震点传来的地震波含有大量此类信息，等待人们读取。在地面以下900英尺处待命的探测器将察觉到第一批震动。然后，它们会将信息发送到位于这里的仪器上，后者将一边闪烁一边发出嘟嘟声，从而记录下这次冲击，为我们提供一个了解脚下深处世界的独特窗口。

我们观察了一会儿，但是什么都没发生。在这个地球南部边缘最安静的地方，一切都很安静。肯特和史蒂夫决定爬出去测试一种全新的通信系统。他们将天线埋在雪地里，一路朝高原走去。我待在附近一边等他们，一边欣赏着美景。

在这个四面八方只有荒原的地方，我第一次觉得自己好像站在月球上。地平线上有一团柔软的白色云朵；天空的其余部分都呈现出明亮的蔚蓝色。雪脊呈现出熟悉的白色冰冻波峰的样子，延伸开去。有些看起来像跃起的海豚，跳到一半就被冻住了；有些带着斑点，仿佛一只巨手曾泼墨点染；有些看起来像扭动的线圈，有些只是一堆堆平滑的像糖粒一样的积雪。所有雪脊上背对太阳的一侧都泛着暗色，就像白蜡的颜色，凹陷的地方带着深蓝色的阴影。从雪脊上划过的是"树懒"雪地车留下的像疤痕一样的亮白色的轨迹。好一片美丽无邪的风景。我的睫毛和头发很快就结霜了，手套里面的手指也已经麻木。但我还是觉得很难相信这是一个严酷的地方。

当肯特再次从冰川下方的舱室里现身时，我便问他对这个地方有什么看法。他来这里，是为了做科研，还是发现了这里地貌的独特之处？他回答得很明确，地貌占了很大一部分原因。

"人们会在不同的事物里发现美。我住在新墨西哥州的沙漠地区。现在又来到这片世界上最大的沙漠里，这里绝对没有生命，也见不到什么绿色的东西。我竟然会喜欢上这个地方，也许我是个怪人吧，不过它让我看清了什么东西才是重要的。"他非常真诚，努力地解释对他而言显然很重要的东西。

"我研究地震，观察地球的力量。当地震发生时，地面一次小小的颤动都能将整片文明抹去。南极洲非常大，它让所有一切都显得渺小。我的意思是，在南极点这是相当大的研究项目，但相比于我们周围广袤无垠的旷野，我们几乎什么都不是。与地球所能做的相比，我们是如此微不足道。"

我在冰面上听过很多这样的话。人们不断地跟我讲："南极让你觉得自己渺小。"他们并不是从坏的方面说渺小，它不会令人觉得羞愧。面对毫无疑问比自己更大、更强的东西，他们似乎找到了一种慰藉的感觉。无论你有多少钱，有多么强大，曾发明过什么技术，这些全都无关紧要。有时候，南极可能看起来很美，甚至天真无邪；但在这里，如果南极洲说不，那就是最终答案。

"把自己看得很重要的人，会产生某种责任感。"迪蒙·迪维尔站的一位法国医生曾这样告诉我。"你很重要，所以你需要拿一些东西来证明。但在这里，你没有任何东西可以证明，因为你只能屈服。这几乎成了一种解脱。你把自己从自命不凡的形象中解脱了出来。

"这跟故意选择不去证明一些东西有所不同——这意味着你没法更优秀了，这是自命不凡。这个地方的价值在于选择本身并不存在。如果你拿掉那些虚假的选择，就可以问自己真正的问题：对我来说什么是重要的？我应该朝哪个方向走？谁是我想念的人，为什么？谁会想念我？"

## 南极点的冬天，9—10月

冬至以来，太阳一直在地平线上黑暗的一侧爬升。随着时间进入9月，曦光也将回归。星光渐渐暗淡，大部分极光也是如此。第一周结束的时候，你就可以撤下那些防止人工照明从站内泄露出去的遮光板。大约在第三周的时候，出现了冬至后的第一缕阳光，漫长的极地日出开始了。

也许你是为此激动不已的人群中的一员，利用所有可用的大喇叭不断播放"太阳出来了"。也许你会像其他人一样，为失去那张用黑暗织就的舒适的毯子和一切开始结束而感到悲伤。但随着太阳慢慢升起，长长的影子再度重现，千万不要愚蠢地认为光线会带来温暖。气温仍将处于 –60℃ 以下，第一批微弱的光线只是搅起了狂风。"你被搞懵了。"杰克说，"你总是将黑暗与寒冷、光线与温暖联系在一起。现在光线有了，却不温暖。大家都疲惫不堪，都想尽快结束这一切。对那些还没有崩溃的人来说，这就是崩溃之时。"

为了让科考站准备好重新开张，现在每个人都将有大量工作要做。要给夏季住房供暖，撤走那些帮你在黑暗中探路的旗帜，标记并清扫出供飞机降落的跑道，准备好油管给科考站加满下一年所需的燃料。

但随着太阳回归，科考站很可能会发生分裂，一部分是迫不及待想离开这里的人，另一部分是害怕新来者入侵的人。科考站一旦重新开放，随之而来的就是冰外世界带来的承诺和威胁。"什么旅游计划、迫不及待想见女朋友的计划，这些话我连听都不能听。"杰克说，"每个人都在准备离开。虽然还没结束，可他们已经收工了。我觉得他们错过了冬天的一个重要部分。我跟他们不一样。我把所有的精力收回去，存起来。所有的耐心在那一刻得到了回报。它像花一样绽放。这是迎着阳光舒展身体的第一朵春天之花。"

如果你运气好，而且你也害怕入侵，天气可能会帮忙将入侵时间推迟宝贵的几天，就像在1997年发生的那样。"那一年，基地开放得非常晚。"罗伯特说，"到了11月初，天气还非常糟糕。第一架飞机连续十二天尝试飞进来。我们每天都在联络，收到的报告都是'天气还是太差'。我们当时都欢呼庆祝。有一天，他们飞了过来，通场三次，还是无法降落。我们收到了麦克默多发来的电子邮件，上面说：'你们过得肯定糟透了。'一点都不糟，我们开了一场盛大的派对，总共二十八个人，却准备了足够一百个人吃的东西！"

但最终他们还是会来的。你会被踢出自己的房间，被走廊里来回奔跑的新人弄得晕头转向。有人会把大衣挂在你的衣钩上。别人会坐在你的椅子上。他们刚从外面的世界来，被你苍白的面孔和迷糊的眼神逗得直乐。除了负责运营 AST/RO 之外，尼克·托西尔还是去年的冬季科研领队。在基地重新开放之前，他做了最后一次报告，开头就引用了《吉尔伽美什史诗》里的两行：

> 我将打开地狱的大门，砸碎门闩，
> 死人将与活人共餐……

不过活人至少带来了好东西——杂志报纸、实物信件和新鲜食品。水培温室整个冬天都会供应一些绿色食品，几片生菜，偶尔再加上几颗西红柿。但现在将有飞机满载着水果和蔬菜运过来。"当首批草莓运到时，我还在排着队呢，库奇（Cookie）就偷偷塞给我一颗。"尼克说，"我咬了一口。哪种感觉没法形容。我一动不动地在那儿站了足足五秒钟。也许三周后，我就会像其他人一样被惯坏，但此时每一口水果都那么甜美。"

你可能会觉得自己比过去更袒露无遗，但可能也更沉着冷静。"许多自己依赖的东西都荡然无存。"尼克说，"在这里，你必须学会信任自己。多年来一直奋力抗拒的东西就那么消失不见了。南极的冬天会把你的个性冲刷到最本真的状态。"

当你回到文明社会后，无论发生什么，都不要指望这种体验会迅速褪色。"我觉得这个地方永远都不会离开你的身体。"拉里说，"你永远都不能完全摆脱。五年后，你看着2月的日历，心里会想'科考站就要关闭了'。十年后的6月21日，你会想'今天是冬至节'。它永远都不会离开你。原因呢？我也不知道。来这里不难，难的是回去。有些东西你要付出代价。可以试试在冬季过后走进一家超市。

这可能是最令你望而生畏的体验。你已经习惯了说'晚饭就吃这个吧',然而突然之间你却要面临那么多选择。

"你回来一看,世界不一样了。一切都变了,当然如此。看着太阳在24小时内升起又落下。不能像在这里一样,拿每个人当最好的朋友对待。习惯自己不再高居人上。坐在房间里,听着闹钟嘀嘀嗒嗒,你会想:现在我该干吗呢?"

所以,无论你现在有多么迷糊,无论你多么急切地想碰一下红宝石鞋,让自己回到堪萨斯[①],可能都该了解一下另外一则南极俚语。按照极点人的说法,"我再也不会来了"这句话翻译成南极语就是"明年见"。

这是杰克·斯皮德在南极点的倒数第二天,他曾主动提出要开着雪地车带我到处转转,带我去看他最喜欢的一些地方。我们参观了过冬者建造的一个冰屋,绕着存放着科考站大部分物资的仓库转圈,过去五年里很大一部分时间杰克都是在这里度过的。然后我们把车停在科考站外面,在空旷的高原上观看雪脊的形成。

冬天,巨大的风暴会将这些雪脊塑造得高大宏伟,高度可达10英尺。今天,勉强只有一阵徐徐的轻风,吹着雪在冰面上卷曲扭动,宛如平行的缕缕青烟。杰克掏出打火机,把它竖着插进雪里,形成一个障碍。他躺下身子,把脸凑近打火机,我也跟着做。果不其然,一粒接着一粒,雪开始在打火机的迎风面聚集成一座微型小山,在背风处留下不断扩大的凹痕。

我们在那里静静地躺了一会儿。接着我向杰克问了一个已经困

---

① 红宝石鞋是电影《绿野仙踪》里女主角穿的鞋子,拥有神奇的魔力,只要两只鞋子一碰,女主角就能立即回家。——译者注

扰我好几天的问题。我已经注意到，罗伯特和斯特芬，那两个"望远镜保姆"——当然还包括其他在南极点过冬的人——非常乐意和我谈技术方面的细节，但每当我试图深入挖掘个人情况时，他们却都守口如瓶。那为什么杰克愿意跟我说这些呢？

他微微一笑。"确实很难敞开聊。"他说，"当时你让我很为难。通常我是不会跟你聊的。我对这一切很有保护意识。不过我做了些别人没做过的事，我觉得对我来说，分享这段经历很重要。"

那为什么其他人要那么谨慎呢？"很明显，这里的天气和气候令人紧张，但最令人紧张的是人，也就是你与他人之间的关系。我就知道罗伯特每天早上先起床，然后用左手食指按住右眼，揉三次，然后刷牙。我了解他，就像了解自己的老婆一样。"

"要聊这个的话，感觉是不是像在出卖朋友？"

他想了一会儿。"我认识一个人，有年冬天就做了这种事，而且做得很糟糕，他跑出去到处宣扬他看见的东西。第一，他还在这里的时候，我就认为他是个混蛋。第二，现在他让自己看起来更像个小丑。第三，他把这个地方想得太浪漫了，未经同意就泄露了我们的隐私。这里是我们的家，是我们生活的地方，是我们呼吸的地方，我们就得做这些事。我们在冬天做的很多事情都不愿告诉别人，因为这是我们的隐私。

"你觉得自己一旦对这个地方有亲近感了，再将那些小小的乐趣、美好的时光、见解、知识和体验泄露给别人就是一种耻辱……这完全发自内心，就像建立了恋爱关系。"

因此，这并不是大男子主义的问题；过冬者也不属于某个共济会组织，只有入会者才能见到内部密室。杰克谈到南极洲时，仿佛它是一个人、一个情人。对他来说，或者对于大多数已经被这种体验真正打动的人来说，隐藏在南极冬天里的故事就像是情人们在一个寒冷的、白茫茫的枕头上小声说出的秘密。知悉秘密的唯一方法就是身处此地。我突然想到，情人的秘密之所以如此令人兴奋，不只是因为它们能告诉你关于你的情人的事情，而且还能告诉你关于自己的事情。

我曾在南极点待过将近四周，那还是在亮白色的夏天，科考站内挤满了新来的人。可是，当我听到接我返回的飞机嗡嗡作响时，不禁一阵悲从中来，回程中的大部分时间里，这种悲伤一直萦绕不散。飞机上只有我们两个人飞往麦克镇，我软磨硬泡走到驾驶舱，一路紧盯着窗外辽阔的白色高原，想象着斯科特和手下们度过的最后几天。

他们离开南极点后，踩着自己的足迹往回走。有时如果风够大，他们就乘坐雪橇，但大部分时间都是人拖着雪橇在艰难跋涉。起初似乎一切顺利。在物资耗尽之前，他们总能到达下一个粮食和燃料存放点。但气温开始直线下降，滑雪板牢牢地粘在冻雪上，仿佛是在沙子上拉雪橇。行走越来越难，人也越来越虚弱。

我们正沿着比尔德莫尔冰川飞行，埃德加·埃文斯（Edgar Evans）就丧生于此。他一开始手伤难以愈合，后来多次摔倒导致头部受伤，接着又是冻疮侵袭。他就丧生在巨型冰梯底部附近的某个地方。现在我们已经飞到浮动的罗斯冰架上方，就在此处，患病的奥茨队长——他知道自己在拖同伴的后腿——独自走进了暴风雪中。斯科特、忠诚的威尔逊中尉和不知疲倦的博迪·鲍尔斯继续前行，但一定是在这附近的某个地方，三人搭建了最后一个营地。

他们距离燃料和食物存放点还有不到一天的路程，但一场暴风雪把他们困在帐篷里，直到虚弱得无法动弹。1912年3月29日，斯科特在日记中写道："很遗憾，我觉得再没力气写字了。"再后来，他在痛苦中潦草地写下了著名的一行字："看在上帝的份上，照顾好我们的家人！"

埃文斯角已经派出了可怜的阿普斯利·彻里–加勒德带着狗去存放点补充给养。他开开心心地干完了活，却不知道同伴们就在11英里远的地方奄奄一息。他没有去找他们。别人告诉他不用找。在那个时候，没人能想到极地探险队可能处于危险之中，人们还警告他不要让狗陷入险境。他想到自己本来可以去救人却没有去，一生都感到痛心疾首。

第二年春天，埃文斯角派来的人发现了尸体，直接把他们埋在了帐篷里。长埋于积雪下的坟墓，已经随冰一起，不可阻挡地朝着海岸的方向移动。没有人确切知道尸体现在何处。但终有一天他们会到达大冰障边缘。当他们周围的冰崩解成冰山，他们也将随之分离，当冰山融化，他们将轻轻滑向海底，最终得到安息，并随之腐朽。

诚然，阿蒙森带着荣耀回到了家乡挪威。不过，虽然誉满全球，他却从未真正满足于自己的胜利。他朝着初恋情人——遥远的北极，发起了一次又一次远航，几乎是在挑战大自然是否会取他性命。最终，1928年，他在北极点执行一次空中救援任务时失踪了，对于一位真正的极地英雄来说，也许这才是最理想的归宿。

探险队犯了致命的错误，别人很容易挑剔队员的决定或者探险方法。如果你愿意，尽可以这样做。但是，首先，请记住查尔斯·狄更斯的话，用于批判我们中间那些随意批评别人的人："在衣食无忧的情况下，在自家温暖的壁炉前，如果还敢放肆地为那些极端的绝望的悲痛设定种种限制，必将天理难容！正是怀着对勇于进取者的崇敬，对至死不渝的伟大灵魂的钦佩，我们才会记起那些寥若晨星、曾经充满激情的人，那些在冰雪荒野中'散落四方'的人，他们的名字唤起挚爱，对他们的记忆饱含柔情。"[1]

斯科特可能犯了错，但他的运气也确实不佳。一位大气科学家在听到对斯科特吹毛求疵的批评后愤愤不平，她决定计算一下两条探险路径的成功概率。[2]

有趣的是，虽然斯科特的两间小屋至今仍然屹立，但阿蒙森的营地却连一丝痕迹也没留下。他选择过冬的地方后来已断裂成一座巨大的冰山，漂到了海上。当阿蒙森去那里的时候，发生这种事的概率是二十分之一。他冒险尝试了一次，成功了。碰巧的是，当斯科特和手下从南极点返回时，天气冷到令他们行动迟滞、直到粮食和燃料耗尽的概率也是二十分之一。斯科特也是在冒险，但他却没有那么幸运。[3]

但是，关于他们的充满戏剧性的传说和描述，确实塑造出一种充满敌意、疏远陌生的冰面景象：塑造成一种恶毒和陌生的形象，对那些愚蠢到试图穿越冰面的温血动物极不友好。阿蒙森－斯科特南极站的变化似乎进一步加深了这种印象。圆顶现在已经不复存在，新的太空时代科考站已经完工，只是外面包着铁灰色的外壳。今天，直径30英尺的南极望远镜已经开始深入宇宙大爆炸的余辉中进行探索。随着"冰立方"的最后一组设备在冰体内安放到位，南极的中微子眼睛也已经睁开。

这些变化更加强化了南极点给人的那种遥远而陌生的感觉。但南极点在科学上还有另外一面，即向内而非向外看的一面。想想大气研究天文台，它正在检测我们自己世界的空气，还有 SPRESSO

---

① Spufford, *I May Be Some Time*, p. 173.

② Solomon, *The Coldest March*.

③ Gabrielle Walker, 'In From the Cold', *New Scientist*, 13 October 2001.

阿蒙森，1925年摄于挪威

斯科特，1911年摄于埃文斯角上的小木屋

南极洲：一片神秘的大陆

的地震监听器，它紧贴地面，倾听着寂静的地球内最轻微的振动。

拉里·理卡德来飞机旁为我送行时，对我说了最后一句话，这句话从个人角度呼应了我的想法。"我曾听人谈起这个地方的意义、感觉、感情和灵魂是什么，"他说，"但你没法说清楚。这就像试图寻找生命的意义。对我来说，这个地方，它的存在就是意义。但我要告诉你一件事。当你来到这里，你不是在沙漠中找东西，你看到的是一面镜子。南极会将你打翻在地，现出原形。"

杰克·斯皮德对此深有体会。他曾在黑暗寒冷的冬天躺在雪地里，看着雪脊一粒粒地成长；但他也说过，这一切都与人有关。我现在想起了他如何描述这个他比任何人都更了解的地方。他没有使用诸如"恶劣""无情""冷漠"等词语。

他用的是"耐心"。

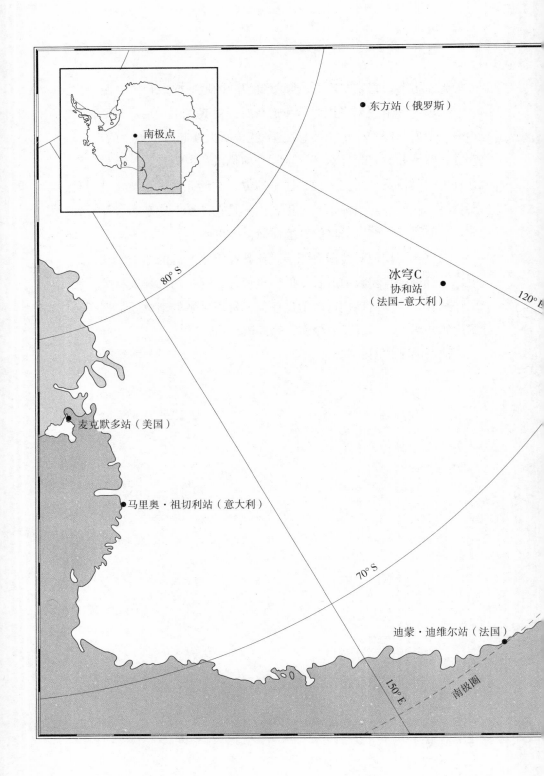

南极点

东方站（俄罗斯）

冰穹C
协和站
（法国–意大利）

80° S

120° E

麦克默多站（美国）

马里奥·祖切利站（意大利）

70° S

迪蒙·迪维尔站（法国）

150° E

南极圈

# 第五章
# 协和站

距离人类首次踏足南极80万年之前，雪一直在下。内陆雪花并非沿岸所见的那般精美，倒更像是模样古怪的小方块。大多数雪花上的精美触角已被干燥的空气吸走，其余的随着雪花在地面上翻滚也早已断折，它们被风来回席卷着，直至最终落入凹处，被更多从天而降的雪花掩埋。

雪一层层堆积，夹缝中透着微光。如果此时有人走在雪上，脚下的压力令雪晶聚集散开，便会听见一种低沉的爆裂声，就像薄膜内的气泡被挤破的声音。但没人会在上面走。晚期智人（Homo sapiens sapiens）此时还没完成进化。

尽管如此，落雪仍在发生微妙变化。夏日阳光和煦，将雪晶融化成层次清晰的硬壳，如同树木的年轮，将本年降雪与往年降雪区分开来。寒来暑往，降雪年复一年。硬壳也被掩埋，上方积雪的重量将其挤压成一种名叫"粒雪"的东西。它变得极硬，质地如同聚苯乙烯，多条裂隙和孔道洞穿而过，上方的空气可以自由出入。

时光荏苒。日光已不复见。上方负重越来越大，产生猛烈挤压，裂隙和孔道最终在重压下塌陷，出口"砰"地关闭，远古空气变成微小的气泡被困在里面。粒雪层现已正式成冰，其附属物将成为极珍贵的物品。

在遥远的非洲，现代人类的祖先正在朝世界各地进发，并在与尼安德特人竞争全球资源的过程中胜出。他们历经多个冰河世纪，制器生火，播种五谷，建造城市，焚毁城市。在所有这段时间里，随着上方冰体累积成山，最初那层冰在死寂的黑暗中朝基岩一路下沉。

现在，人类开始建造道路、汽车和工厂。他们开始学会燃烧化石燃料——煤、石油和天然气。他们迟迟未曾发现，自己的活动正在改变大气，或许也在改变他们赖以生存的气候。

弄清真相的唯一办法是测量以前的空气，但一切都为时已晚。他们周围的空气已被污物充盈，人类认知世界所需的信息现已不复存在。除了那些深埋在黑暗中的冰囊，那里的远古空气尚未消散。在南极大陆巨大的冰穹下方，在最厚、最古老的冰层里，也许科学家尚能找到这些冰囊。也许他们可以钻穿冰体，捕捉未曾污染的空气，读取冰层中蕴含的漫长寒冷的气候史。

冰穹 C 是南极东部冰盖上少数几处比南极点还高、还干燥的地方之一。穹顶位于海平面10000英尺以上；冰盖厚到无以复加，其底部冰层属于地球上最古老的冰层。

从空中观察，我原以为它会显著凸起，如同一座冰山。但事实上，顶部竟如此宽阔，山坡竟如此漫长而柔和，看上去似乎与辽阔的南极内陆其他地方一样平坦洁白。

飞机降落后，雪地上的阳光与南极点一样刺眼，–40℃下的第一口呼吸也一样令人震撼——冷空气飞速冻结鼻孔内的黏液，直冲喉底。但也存在一些差别。南极点总是刮风，但在这里，根本感觉不到风。这是身在南极大风诞生地的好处。冰穹上的空气会凶猛地扑向海岸，但在这里却安静得令人惊讶。

冰穹 C 位于法国海岸基地迪蒙·迪维尔站以南约600英里，与新地湾（Terra Nova Bay）意大利海岸基地马里奥·祖切利站（Mario Zucchelli Station）的距离也差不多，与南极点则相距约1300英里。当初地理学家发现了多座冰穹，很乏味地按字母顺序分别命名，这就是冰穹 C 的名称来源，后来它又曾被称作冰穹查理和冰穹瑟西。但目前冰穹 C 可能与"协和"（Concordia）关系更大①，因为"协和"正是由法国和意大利在此处联合新建的新科考站的名字。老基地都是临时建筑，只能在夏季使用。新基地在冬季也可以使用。

见到冰面上唯一一个由两个完全不同的国家运营的科考站，我倍感惊讶。诚然，法国人和意大利人在语言和文化上都相当浪漫，对美食都情有独钟，但就算在南极这里，共享基地也显得颇不寻常——尽管这是一片最崇尚合作的大陆。

我很快就领略了他们的非同凡响。我记得一到南极点就收到了美国人有关预防高原反应的严苛禁令：要多喝水，不要喝咖啡，不要喝酒。可在这里，我们刚走下"双水獭"飞机，一个法国人就托着一盘玻璃杯，满满地盛着香槟酒前来迎驾；我们刚进第一栋建筑，一个意大利人就为我们端上了香浓的咖啡。

这些老生常谈的差别也适用于主人们的着装。按照冰面惯例，各国人均按衣服颜色区分。法国人穿蓝色防寒服，意大利人穿红色防寒服。尽管我穿的美国防寒服也是红色的，但猛然间发觉自己的大衣很笨拙。意大利人的大衣苗条时尚。有些人竟穿着单件西装，腰部略收进去，再配上绲边、褶皱和布局巧妙的黑衬布，看上去简

---

① 查理、瑟西和协和都是以字母 C 开头，故有此说。——译者注

直像一级方程式赛车手。美国人可能拥有南极唯一一台ATM，法国人可能最看重美食，但要说着装潇洒，那显然还得看意大利人。

这个基地比南极点基地要小得多，规模上更接近迪蒙·迪维尔站，夏天也只有不到五十人。从外面看，建筑就像焊在一起的集装箱。第一个房间，也就是供应浓咖啡的那间，镶着木条，像一间牧人小屋。我正在里面徘徊不定，恰好科考站的秘书丽塔·巴托洛梅（Rita Bartolomei）过来给我领路。她是意大利人，坦率、开朗、漂亮，给人一种非常信得过的感觉。我们沿着宿舍走廊走进一间小屋，里面有两张铺位，还有一个四四方方的窗户，阳光正好透过窗户洒进来，她连说我运气不错。这里大多数工作人员都睡在外面长圆柱形的帐篷里，生炉子取暖。要是你晚上把衣服扔在地上，第二天早上就会被冻住。实际上，这里的其他大多数建筑都相当于帐篷，这里的人将此地称作"夏令营"，而不是科考站。

墙上所有告示都用英语，英语竟然是营地的官方语言，尽管这里几乎没人以它为母语。我觉得与其让常住的法国人和意大利人为了说哪家的语言而争吵不休，选择一种国际语言反倒更好。不过我认为它肯定也引起了一定程度的混乱。

我扔下行李，匆忙回到屋外明亮的阳光中。过去很长一段时间，我一直试图去冰穹C，参观一个名叫EPICA的项目，即欧洲南极冰芯取样项目，这是一个大规模的全欧项目，为的是钻入冰盖内部，捕获它的气候记录。[1]

EPICA是吸引我来到冰面上的科学方面的原因。几年前，当时

---

① EPICA由欧洲委员会、比利时、丹麦、法国、德国、意大利、荷兰、挪威、瑞典、瑞士和英国共同资助，出资多达700多万欧元。该项目还涉及海岸附近毛德皇后地的第二根冰芯的钻取，此前冰穹C处的冰芯已被钻出。参见欧洲科学基金会EPICA网站：http://www.esf.org/index.php?id=855。

还没想过要踏足南极，更别说爱上南极，我曾为《自然》杂志工作，负责处理有关地球、空气、水和气候等主题的科研论文。我很喜欢去发现隐藏在地球泥土、沉积物、岩石和树木化石里的秘密，去了解历史如何将自己一层层记录下来保留到现在，当然你得知道如何去解读那些象形文字般的记录。找一棵古树，从树干里抽一截木芯，如同一个细长而古怪的酒瓶塞，接下来便可以测量年轮的厚薄，猜测哪些年份好，哪些年份差。钻穿湖底的淤泥，然后——如果你拥有足够好的显微镜——便可以测量空中落下的花粉颗粒，它们从远古时代开始层层重叠，观察哪个时期哪种植物曾欣欣向荣。岩石本身的化学成分承载着微妙的信号；如果把它们砸碎，再通过高科技设备观察，就可以捕捉到里面存留的历史气候线索。

但所有这些回溯历史的方法都有一个共同点：需要进行大量分析。我们可以让科学尽量可靠，但距离实际触摸和品味地球的真实历史仍有数步之遥。

后来我阅读了有关冰芯的书籍。冰并不仅记录形成当前气候的尘埃、火山灰和大气化学成分的其他微妙变化，它还具有地球上其他任何历史书所没有的附加属性。由于永远介于固液、软硬之间的边缘状态，冰的柔韧让它能捕捉微小气囊，冰的坚硬又让它能将气囊保存下来。我曾在书中读到，科学家钻穿南极冰盖后抽取冰芯，里面的空气比人类自身还要古老。这不是空气的分析结果，也不是空气旧址上微妙的化学信号，而是真实空气的真实气泡。

我曾读过许多篇描述远古空气成分的科研论文；曾与几十位科学家讨论过空气分析结果；也曾参观过欧洲存放冰芯的巨型冰柜，亲眼看见研究人员将它们锯断、融化、再让它们流过科研设备。但我从未没见过现场钻探。对我来说，这不只是一次科学考察，还是一次朝圣之旅。

钻探帐篷距离夏季营地主建筑步行只有很短的距离，不难找到。拱形篷顶有两层楼高，白色篷壁延伸超过65英尺长。走进帐篷，扑面而来的第一样东西就是令人头晕目眩的钻井液气味。我看见门旁放着一个大桶，桶里装着异氟醚141b，这种化学物质可以破坏臭氧层，所以已被禁用，钻探员必须得到特许才能使用。它的气味令人头晕目眩，产生幻觉，不知道钻探员怎能受得了。（后来发现，一两个小时后，我就习惯了，已经注意不到这种气味。）

这种液体并非用作润滑剂——而是用来让钻孔保持通畅。冰的可塑性强，强度大，极易恢复原状，当钻孔深度超过一英里左右时，钻完一轮后把钻头抽出来，再放进去钻下一轮，仅仅这么点时间，钻孔就开始闭合。这种令人头晕目眩的液体恰好具有能抗拒冰盖挤压的理想密度。

帐篷地板是木头的，一台垂直钢钻塔矗立在现场，高度几与天花板齐平。一条粗重的钢缆经过绞盘穿过整个钻塔，消失在地面之下。对面墙上挂着三张用手绘企鹅装饰起来的海报，上面标着过去几年里钻探到冰面以下1000米、2000米和3000米的日期。本科考季他们只剩下几百米没有钻透，已经非常接近尾声。

钻塔边站着一个人——从着装判断应该是意大利人——正在观察慢慢消失的电缆。一间带玻璃墙的小屋里，其他几个人正围着一排电脑观看。我认出了其中一位，即主钻手劳伦特·奥古斯丁（Laurent Augustin）。我之前见过劳伦特，在法国格勒诺布尔采访过他。他身材结实，态度友善，只是比较内向，我知道有些人觉得他有些孤傲。他以诗意的笔触描述这里的地貌；他长时间独自散步，耽于冥想；他是个素食主义者，不喝酒，工作场所一概禁烟，这让许多法国工作人员懊恼不已；他还是世界上最有经验的钻冰手之一，在格陵兰岛以及这里生活过几十年，比大多数人更了解冰上生活那种奇异而短暂的紧凑感。

我一进小屋，劳伦特就冲我微微一笑，赶紧在电脑旁给我让出位置。但小屋里的气氛很紧张，他告诉我钻探越来越难。靠近地表的冰在 −54℃，但令人吃惊的是，钻得越深，冰的温度反而越高，等钻到基岩附近时，从地球内部散发上来的轻微热量几乎能将冰加热到融化。这给钻手造成了两个方面的问题。软冰更难切割，因此一只只冰桶回到地表都空空如也。更糟糕的是，当切割片上的切割齿咬进时，周围的冰会融化并再度冻结，可能会将钻头永远卡在钻孔下面。

为了解决这个问题，劳伦特根据他在格陵兰岛的经验想出了一个主意。在这最后几轮中，他在桶上系上一条长长的、香肠状的透明塑料袋，里面装满酒精和水的混合物。我身旁的架子上就放着一条备用袋。它看上去模样古怪且技术含量低，就像晚会上用来扭成小狗形状逗孩子乐的气球。钻头一开始旋转，一颗小螺丝钉就把塑料袋捅破，里面的酒精就会灌满钻头下方的钻孔。这样就能在足够长的时间内防止融冰再度冻结，钻头出入时就不会被冻住。至少想法是这样的。队员们把这个奇妙的装置叫作"白兰地炸弹"。

钻头已经触及冰面，负责控制钻机的萨韦里奥（Saverio）马上就要开始切割。随着各项操作转化成钻孔深处的钻头动作，电脑屏幕上的各色线条开始跳动。钻头正在旋转，"白兰地炸弹"肯定已经爆掉了，并且已经将酒精溢流在切割齿周围。但是好像什么地方不对劲。切割电机电流急剧飙升。萨韦里奥急忙停掉切割片，并指令绞盘将钢缆拉起来。大家的目光一起转向一个白色的小盒子，上面的红色 LED 灯显示的数字正在稳步增大。先是5000，接着是10000，又变成15000。唉——

随着加在钢缆上的拉力增加，小屋里的气氛也开始紧张，当数字跳到17463，电缆突然咯吱咯吱地向上提升，大家这才如释重负地松了一口气。可能没采到冰芯，但至少钻头没卡住。大家各自从电脑旁走开，劳伦特告诉我，现在还要再等将近一个小时，钻头才能——以人类步行的速度——到达地表。我被这个数字惊呆了。脚下冰层厚度超过2英里，这一点很容易接受，但要说垂直向下步行差不多近一个小时才能触及基岩，这个想法让冰层看起来更加真实，也更加遥不可及。

此轮钻探很可能要无果而终了，但钻探队想把钻头拉出来看看是否存在一些线索，弄清楚钻头为什么会被卡住。这件事比听上去更加重要，因为六年前，钻机确实卡住过，当时整个项目几乎都废了。

冰穹 C，1998年12月20日
劳伦特·奥古斯丁的日记

现在是周日下午一点。经过周六的晚休后，我再次控制钻机将钻头放下去，进行本周第一轮钻探。700米，780米，784米。我在距离孔底2米高的地方停止下放，开始让钻头慢慢接近。一切正常：电机电流、悬挂、温度、倾斜度，所有数值都正常。切割刀慢慢启动开始切割冰块。电机电流上升。

可电流升得太快了。

"出了什么事？电流都超过3安培了。"我被迫停止钻进——否则钻头就会卡在孔底。电机电流立即又恢复到正常。

"嘘——！"

我等了几分钟，让一切稳定下来。一切再次恢复正常。

"但是到底出了什么事？也许周六晚休的时候，孔底聚集了冰屑？"

我重新开始钻探，这一次更加小心。但切割齿还没碰到孔底冰面，电流又上升到异常水平。我再次停钻。一切又恢复正常。

"怎么搞的？出了什么问题？"

我非常仔细地检查了电脑屏幕。绝对没有任何迹象表明在脚下786米的地方发生异常。

"好吧，我再试最后一次。如果还不行，那就太糟了，我得把钻头拉起来。这轮钻探是要浪费掉了，但小心驶得万年船嘛。"

电机电流第三次上升到异常值。我停止切割，开始把钻头向上提。

电缆在拉力下绷紧，我听见绞车用力的声音，拉力达到1.9吨、2吨、2.3吨。绞车已经使出最大拉力。但电缆竟在我眼前停止了移动。钻头上不来了。我尝试把钻孔里的电缆松一下，一次、两次、三次……十次，还是纹丝不动。钻头就是不往上走。

"呸！"

这下问题严重了。消息在营地里迅速传播开来。"钻头卡住了！"现在所有钻手都围在我身边。电缆处于最大拉力值：2.9吨。纹丝不动。

我们必须尽快找到解决方案，这事关整个科考季的工作。乙二醇。我们需要防冻剂乙二醇，它将溶掉钻头周围的冰屑，就是它们把钻头卡住的。我们呼叫新地湾的意大利基地，那儿正好有一架"双水獭"飞机准备飞往协和站，已经装好了货并载着四名天体物理学家，随时准备起飞。

我们的这四位同事赶忙下机，换上装满宝贵液体的大桶。五个小时后，800升纯乙二醇到达协和站。我们将其中500升倒进了钻孔。第一次尝试后，没有任何反应。第二次尝试后，经过了12个小时，电缆上的拉力开始快速下降。钻探队又看到了希望。情绪又高涨起来。钻头也开始上升，而仅升了两米又停住了。太令人失望了。

我们试着来回晃动电缆，将振动波沿电缆传递下去，好帮助钻头松开。所有这些努力都徒劳无益。唯一的希望就是等待乙二醇慢慢发挥作用，溶解冰屑。这可能需要数周甚至数月的时间。

现在科研团队中的大部分人都成了多余的，大家纷纷返回。一小队钻手和为数不多的几名科学家将一直留到科考季结束，万一钻头松开好开展工作。如果松不开，我们只能下个科考季再回来。所有情况都可能发生。钻头松开，我们继续钻探。钻头仍然卡住，我们就得在冰面上另钻一个新孔，从头开始。无论哪种情况，我们都要花掉更多的钱，而前提是欧盟还愿意继续相信我们！

那个钻头再也没动过。它静静地躺在冰面下将近3000英尺深处，那块冰面离我们现在脚下站的地方不远。劳伦特和精疲力竭的钻探队在科考季最后几周愁闷不堪，他们不断尝试着松动钻头，但劳而无功。两个科考季的努力和上百万欧元全都倒进了一个深不见底的黑洞里。后来他们只好再次乞求金钱和时间，运来新钻机，再次从头开始。幸运的是，欧盟还愿意继续相信钻探队和整个项目。大家都知道这是苦差事。尽管如此，劳伦特的自尊心依然受到了严重伤害。在他当班时，绝不再允许这样的事情发生了。

现在新钻头即将现身。两个意大利人——塞尔焦（Sergio）和萨韦里奥——一头扎进冰冷的外层帐篷里，将地板上的一排盖板逐一掀起来。盖板下方，他们已在雪地里挖出了一条狭长的沟槽，正好与钻头垂直。靠近钻孔的那一段可能有6英尺深，但越往外越浅，大约13英尺远的地方已经与地面齐平。

一开始我颇有些困惑不解，但随着钻头最终从洞口探出身来，我终于明白了其中的道理。包括各种冰桶、电机、传动器和所有附件在内，钻头的高度超过了32英尺。如果要在地面上把它全部竖起来，帐篷的高度必须达到现在的两倍，而且程序将比目前困难十倍。现在他们只需用杠杆撬动，直到它侧躺放平。钻头顶段朝钻机背后落，底段朝雪地里的沟槽上落，两个意大利人迅速撤掉盖板，把几个木头架子扯进来，让钻头水平躺下。

我们一起凑近钻头底段，也就是应为切割片和冰芯所在位置的操作端。透明液体不断从切割齿盘上往下滴，但正如大家所料没见到冰芯。但在冰芯桶上方，另外还有一个小舱室，冰屑被螺旋槽引向这个地方，现在这个小舱室几乎塞满了东西。这就是问题所在。

劳伦特决定做一次钻探清洁，不切割冰芯，而是清除干扰作业的冰屑。他见我眼巴巴地看着钻机："想来钻一次吗？"趁他还没改变主意，我连忙坐上了驾驶座。

他向我介绍各种控制器。有一颗巨大的红色紧急停止按钮（"任何时候都可以按这个按钮"）；一个控制钢缆绞盘速度的手柄；一个切割刀启停开关。我试着一边扭动手柄一边观察电脑屏幕。透过窗户，我看见外面的塞尔焦点了一下头。于是我慢慢启动绞盘，看着各种数字和色线在屏幕上滚动。控制室外面，钻头稍微有点左右摇摆，塞尔焦一把抓住，把它稳稳地插进了钻孔里。从技术上讲，由于是我负责驾驶，所以我应该确保他随后盖上一个小盖板，防止其他的东西掉进去毁坏钻头。不过他以前做过很多次，所以我只需将注意力集中在钢缆速度上，现在我可以提速了。

接下来一个小时，钻头继续下探，劳伦特一度轻声抱怨，说我不该让它下得太快。整个系统就像一匹神经紧张的马，比预想的更难驾驭。轻微动作都能产生巨大效果，而且这还没考虑到钻探队曾遇到过的冰很脆、很软或者质地很差的地方。根据指令，在距离冰底65英尺的地方，我小心翼翼地停下钢缆，然后重新启动，一点点地慢慢下探到距离冰底9英尺处。现在启动切割刀，打碎冰屑，把它们一路向上稳稳地送进冰屑桶里。

我轻轻推上开关，然后问了劳伦特一个一直困扰我的问题。整个过程越来越难，可能还存在危险。既然已经安全取回了10000英尺深处的冰，为什么还不停手呢？他回答说自己不愿停下来，没人愿意停。还有更多的冰等待钻探。钻得越深，冰就越古老，就越有可能告诉我们地球气候史中一个全新的重要部分。

所以，他们一直在尝试所有能想到的办法。一颗"白兰地炸弹"、两颗"白兰地炸弹"……更稀的酒精、更浓的酒精、纯酒精。（当劳伦特说完这么长一句话时，萨韦里奥接着说："也许我们真该试试白兰地。"）他们甚至曾尝试过使用油脂，虽然劳伦特有点不情愿——他拒绝接受任何其他润滑剂。不要乱扔各种破玩意儿，他说，这样会把钻孔搞砸，这一点非常重要。而且同样重要的是，要把那些已经堵住钻孔底部的冰屑和酒精清理出来。（尽管把这么些化学品倒进原始冰层里似乎令人震惊，但南极高原上所有东西最终都会滑向大海，并随冰山与高原分离。南极洲有自己的内部清洁机制。一切只是时间问题。）

钻头继续下探，一边打碎冰屑一边向上输送。我必须留心电流。

如果电流升高，我可能已经开始切割冰层而非冰屑，就要立即停车。接下来，电流果然升高了。我轻轻推上开关，停下钢缆和电机。"对不起，"劳伦特说，"这次钻探你不能切冰芯。"

我知道，我知道。但不知为何，我其实不愿停下来。或许我开始有点明白了，为什么这些家伙愿意来到这个地方，日夜守在冰冷的帐篷里，赤手摆弄一颗颗小螺丝钉，提起巨大的钢桶。如果里面装着冰芯，钻头底部可拆卸的那一段能达到一个胖子的重量。手指冻僵，腰腿酸痛，绝望地盯着一只只空桶，然后再重新准备钻头，一切再从头开始。就像搜寻陨石一样，这也有点像在寻宝。冰就在下面，我就想得到它。

我一语未发，但劳伦特显然已经注意到了。"小心哦，"他说，"会上瘾的。"

这项工作还需要非同寻常的耐心。还得再等一个小时，"我的"钻头才能再次现身。（我要自豪地说一下：那时桶里恰到好处地装满了冰屑。）接着钻手们准备了两颗"白兰地炸弹"，让钻头来一轮真正的钻探。

趁着钻头下探，我溜出去找点儿吃的。等我回来时便发现所有人都围在小屋里的电脑周围。看来他们已经切好了冰芯，或者至少他们自认为已经切好了。现在应当停止刀片旋转，升起钢缆。这个动作将激活"冰芯狗"，也就是钻头前伸出的一圈利齿，将冰芯顶端合拢咬住，从而将其带回地面。我以新晋内行的眼光看着那些数字，电缆上的拉力先是增加，然后突然下降，钻头便开始上升。看起来不错。将近一个小时后，钻头顶端出现在钻孔内，钻探队立即行动起来，掀起帐篷地板上的盖板，将钻头侧着放倒，再用杠杆撬起来，移出沟槽。这一次，上面也流淌着清澈的液体，但随着末段摇摆着进入视线，上面的东西闪闪发光，这东西可比钻石还要珍贵。

上面有一根冰芯。

但是，我们还不能把它取下来。首先得将冰芯桶与其他部分分离，用绳子绕着冰桶两端系紧，然后再提起来放进温控油槽里，它将待在那里直到自身温度稳定。劳伦特告诉我，基岩处的冰温接近冰点，但在上行过程中穿过了冰层和钻液，后者的温度会越来越低，直至达到 –54℃。对冰芯来说，这是一种巨大的冲击。它需要被慢慢加热至接近过去习惯的温度，然后才能取出来进行研究。

钻探队打开油槽盖子，提起冰芯桶，用一根木棍将冰芯推到操作台的托物架上。冰芯美丽非凡：一根完美透明的圆柱体，长约一米，切割后还带着很大的晶界，如同隔窗观察一般清晰可见。它以前从未被人类观察过。这是地球上最古老的连续冰芯的最古老的部分。我凑近它，屏住呼吸，小心翼翼，以避免碰到它。

劳伦特站在我身后，心满意足地打量着它。"不要问我为什么这次能成功，而那几次没成功。"他说，接着便转身准备下一轮钻探。

冰面上又开始忙碌起来。第二天，钻探队取出了另一根冰芯，接着又取出来另一根。他们正越来越危险地接近基岩。多尔特·达尔－延森（Dorthe Dahl-Jensen）是哥本哈根大学教授，也是钻探项目的现任首席科学家，她开始担心起来。在基岩上方某处，冰突破了临界点，从固态变为液态。至少有一处水体可能是整个冰下河流和湖泊系统的一部分。他们承担不起冰下水系被钻液污染的后果，一定要万无一失。也许冰下水系代表着一个全新的生态系统。也许有些东西他们不应该污染。

劳伦特想继续钻探；多尔特想停止钻探。接着他们两人都被剥夺了决定权。事先没有任何警告。12月21日，一则消息比大火还快地在营地内传播开来。钻头卡住了！

还是一样的老套情节，是对1998年那一天可怕的呼应。一轮完全正常的钻探却导致电机电流飙升，用钢缆怎么拉，都无济于事。拉力加到最大，还是没有任何效果。不过这一次至少手头上备有乙二醇。劳伦特将固态乙二醇块一股脑倒进钻孔里，它们顺着钢缆叮叮当当地落下去，接着慢慢地沉进钻液内。现在所能做的只剩等待。

几个小时慢吞吞地过去了，钢缆仍在以最大力向上拉。一小时，二小时，三小时……四小时后，钢缆上的拉力自发回落。劳伦特小心翼翼地操纵控制器，将拉力再次上调。钻头开始奇迹般地上升。

就这样了，钻探季结束了，一个非凡的项目结束了。没有人会冒险再钻探一轮。电子邮件发出去，贺信开始从世界各地潮水般涌来。

"随着钻头在3270.2米深处卡住并随后释放，我们完成了钻探作业。"劳伦特在日记中写道，"还剩下6米厚的冰，但出于政治和生态原因，我们不能触碰。我们更愿留下一种印象，那就是我们并未污染冰层下方的含水基岩。即使影响看起来微乎其微，但形象太重要，我们不能不注意。钻手的自负心理遭到了打击，但从理智上来说，还是非常令人满意的。"

那天晚上，人们在 EPICA 工作室内开了一场欧洲风格的派对。用一把厨房里最大的菜刀，看上去更像一把砍刀，劳伦特轻快地削掉了一大瓶香槟的瓶口。软木塞、铁丝保护罩、瓶口和所有东西一齐飞到空中，在绿色的玻璃瓶颈上留下一道整齐的斜口，令人叹为观止。[①] 聚在一起的协和人发出一阵巨大的欢呼，盛满冒泡香槟酒的塑料杯开始在人群中传递。当我拿到我那杯时，才明白为什么它

---

① 按照法国人的传统，也有人说是拿破仑时代的惯例，香槟酒瓶要用骑士的马刀削开，而不是用酒起子。现在仪式性的场合，人们通常用专用的香槟刀开启香槟酒。——译者注

还在冒泡。除了香槟外，每个杯里还盛着拥有80万年历史的冰屑。我发现混合物里有一种明显的钻液味儿，可我什么也没说。相反，我慢慢走到劳伦特站立的地方。

"感觉如何？"

"仿佛有人剪断了拴在我肩上的线绳。"

现在钻探结束了，每个人都更加放松，这首场庆祝活动标志着冰穹 C 派对季正式开始。圣诞节就要来了。在这里，就像南极大陆的大部分地区一样，紧张辛勤的工作是常态。科学家通常只在科考季的某段时间待在这里，为了完成所有任务，可能需要夜以继日地工作；那些签了整季合同、负责维护或建设科考站的人员也需要每周工作六天，每天工作十小时。每逢周日，他们还要经常驾驶雪地推土机，碾压地面或者为新项目做准备。但现在将有舞会和宴会，所有人都将放一天半的假。

食物可谓壮观。法国人让－路易·迪拉富尔（Jean-Louis Duraffourg）担当主厨，一个瑞士籍意大利人当副手，专门负责面点。所有法国人都称让－路易为皇太后，因为他非常挑剔，而且还有点惺惺作态。他身材圆滚滚的，长着白头发和白胡子，总是手忙脚乱的样子。只要夸他饭做得好，他就是你一辈子的朋友。他会把你领到厨房里，特许你第一个品尝下一场宴会才会端上桌的美味佳肴。他称得上是个南极本地大师傅。他曾创制出一种特殊的秘方，可以让法棍面包在高海拔的稀薄空气中也能发起来。但不管你如何恳求，他都不会把秘方泄露出去。让－路易来这里已经很长一段时间了，他做的圣诞节和新年大餐闻名遐迩。

在由七道菜组成的盛宴开始前，在对面的自由活动帐篷里将先举行一场招待会。我穿着南极洲时下最流行的派对装：牛仔裤、登山鞋和黑色保暖帽，不过我还穿着一件离家前朋友买给我的毛茸茸的冰蓝色马甲，还冒昧地涂了一点点口红。

即便如此，我还是感到出乎意料地害羞。这是我第一次在冰面上体会到如此巨大的性别失衡，在南极人类史中，大部分时间里都存在这种现象。尽管我曾参观过的美军基地的男女比例大约在60对40，但这里却是44位男性对6位女性。

丽塔已经乐呵呵地跟我聊过这件事。四个科考季之前，当她第一次来这里的时候，这里只有两位女性，第二年就只剩下她自己了。"你会变成大家共同的小妹妹，"她说，"或者说就像个洋娃娃。大家对你呵护备至。而且，他们都把你当成他自己的。你不能只跟一两个人交朋友。如果你只跟一个人说话，要不了几分钟，其他男人就都会围上来。为了应付这种局面，有些女性会扮成假小子。另一些则尽量保持低调。"那一整年，她都没碰过化妆品。"如果只剩下你一位女性，就不愿被人如此关注——你不想引起别人注意。"

我写的东西跟科学有关；这并不是因为我不习惯在女少男多的群体中生活。但真实环境中仍有某些方面让我感到害怕。我觉得自己有理由感到害怕。在小木屋里——意大利合同制工作人员的指定住所，对于大多数访问者来说，这也是对该站的第一印象——挂着一本裸女挂历。还不是若隐若现很"风雅"的那种。在这本挂历中，女孩不仅是赤裸的，而且还被捆了起来。每天都要举行一个仪式，由男人们选择将图像翻到哪一页，大家一边赞叹一边哄堂大笑。这里曾有过三本这样的挂历，但有一年，一位美国的男性科学家巧妙地带来几张意大利地图，建议他们聊聊自己的家乡。但这充其量只能取代其中两本，最后那一本他们是绝不会撒手的。

法国人这边要文明些，这多亏了帕特里斯·戈东（Patrice

Godon）的不懈努力，戈东是法国极地研究所（IPEV）[①] 的后勤负责人，我曾在迪蒙·迪维尔站遇见过他。在他的命令下，传统的"内裤墙"已经被撤出大男子主义根据地普鲁多姆角（Cap Prud'homme），这个地方就在迪蒙·迪维尔站对面的南极大陆上。在帕特里斯介入之前，每一位经过普鲁多姆角的女性都要留下一条内裤，然后写上名字挂在墙上示众。在那里工作的男性甚至连老婆的内裤都带来了，为的是把它挂在墙上展示。对此我与其说是生气，不如说是困惑不解。

　　法国项目中的女性也稍多一些。帕特里斯曾决心招募女性工程师和技术人员。科考站内现在就有两位——玛丽安·杜福尔（Marianne Dufour），一位合同制工人，夏季在此从事建筑工作；还有一位身材矮小的克莱尔·勒卡尔韦（Claire le Calvez），她是法国极地研究所的全职员工。克莱尔不仅是首批过冬员工中唯一一位女性，而且还是技术主管。她坦承自己相对缺乏经验，也许正因为这个，她反倒受到众人尊重。她也是第一位驾驶拖拉机挂车，拼尽全力用两周时间将重型货物从600多英里远的沿海送至此处的女性。我无法想象她会抱怨什么。她脾气很好，宽容且自制，我觉得她冬天将会过得很愉快。

　　但即便如此，在参观法国人设计的新科考站时，我仍注意到崭新的女浴室只有男浴室一半大小。当我问起原因，有人告诉我，明显这里的女性永远没有男性多。当我说起美国基地曾经也有过类似的性别不平衡现象，但他们现在超过三分之一都是女性，对方的回答简直让我哑口无言："美国女人比男人权力大嘛。"至少新女浴室的设施与男浴室相同。当丽塔刚来的时候，她还只能在淋浴间内刷

---

① http://www.institut−polaire.fr/.

牙和小便。

可能由于所有这些原因，或者其他一些原因，尽管在整个大陆我都非常热衷于结识陌生人，此时我却突然不想参加派对了。一位冰芯科学家——一位来自哥本哈根大学的名叫英格·塞厄斯塔（Inger Seierstad）的年轻女士——发现我躲在一条走廊内，便挽起我的胳膊说："我们一起去吧。"当我们走进帐篷，人们用三种不同的语言大叫"金发女郎！"。

但接着突然之间一切都好了。尽管大多数男性都是三四十岁，但在冰面上就像小学生。他们没有任何恶意。我们被人群挤到中间，简直摩肩接踵，同时站内每个人都被叫到前面，从科考站领导卡米洛·卡尔瓦雷西（Camillo Calvaresi）手中接过一包礼物，而且还顺便让丽塔亲吻一下脸颊。所有礼物都是一样的——一只带有意大利南极标志的马克杯。令我感动的是，尽管我只在那里待过几天，竟然也有我的一份礼物。气氛热烈无比。接下来是让－路易献上的壮观的七道菜大餐，吃完饭再回到自由活动帐篷里跳舞，一直玩到世界上太阳正常升落地区的黎明时分。

多么奇妙的大逆转。它不仅曾是我在层层疑虑之下度过的一个欢乐的夜晚，而且还是一个完全没有压力的圣诞节。你跟这里的人们没有需要刻意避开的痛苦的过往，因为你跟他们根本就没有过往。但也没有拘束感，或者觉得到自己是个局外人，因为大家的情况都一样。本人爱家人，爱朋友。但在冰穹 C 这里，身处陌生人中间，尽管大多数都不会说英语，我却能没有任何压力地享受快乐或证明自己（或者证明自己在享受快乐）。这是一群志同道合者结成的即时网络，彼此接纳，充满温暖。

派对打破了坚冰。在随后的日子里，我跟意大利人一起看电影，跟法国人打牌打到很晚。上周日，我们一起出去玩了两小时，

在 –35℃的气温下大家裹得像木乃伊，我们在白茫茫的雪地上用彩球玩滚球游戏。许多男性都不愿谈论自己在冰面上的经历，但是与南极点不同，我并没有觉得被拒之千里。"空白页"，一个法国人每次见面都会跟我这样说。"空白页"，这就是他希望我所写的有关他的内容。一个意大利人说，这里的生活就像来的时候插上电插头，走的时候拔掉电插头。而另一位法国人则非常浪漫地谈起在这里体验"括号内的生活"。我特别喜欢这种描述方式。就像括号中的一条短语，这里的生活不会改变外界生活的意义，但也许它在某种程度上改变了生活的味道。

接着南极洲发放了一份精彩的圣诞礼物，这是多年以来我一直想得到却从未体验过的礼物。我们一群人此前一直在自由活动帐篷里打牌，当我们眨巴着眼睛走出帐篷，走进深夜的天光中，眼前的一幕把我们惊呆了。不见了常见的午夜太阳、明亮的蓝天和长长的阴影，世界整个变成了带点神秘感的苍白色。有人小声说："乳白天空（whiteout）。"

我朝主楼跑过去，我的防寒装备都挂在那里。虽然气温是 –40℃，但这里几乎没有风，在营地建筑物之间的快速往返，穿着牛仔裤和夹克就够了。但是，如果外出去高原，我就要穿上防风裤、大衣、手套、帽子以及整套南极装备。一进主楼，我急忙对通信室里的人说我要出去走走。起初我以为他们会阻止我离开，可其中一个人却递给我一个对讲机，说道："如果遇到麻烦，记得呼叫。"上帝保佑协和站。无论我去南极的什么地方，一直都会被限制、被禁止、被保护，许多情况下可能也是为了我好。但在这里，他们能理解有时候你就是想独自一人出去逛逛。

我从老南极那里了解过有关"乳白天空"的知识。"乳白天空"

分两种。一种是你能想象得到的，暴雪来势汹汹，厚大的雪片在你身旁盘旋飞舞。与之前的天气相比，暴雪往往出人意料地暖和。不过，它们也令人呼吸困难，迷失方向。

我们当初在麦克默多做初级野外训练的时候，登山教练为了让我们这些菜鸟为可能发生的事做好准备，将白色的水桶扣在我们头上。我们后来发现，这些水桶外面都画着奇形怪状的面孔，为的是娱乐众多围观者。我们的任务是沿着绳子排成一队，一起向外推进，设法找到那位已经倒在"暴雪"里并将被冻死的同事。水桶用来遮挡我们的视线，扭曲我们的声音，扰乱我们的听觉。这招非常有效。当我在观看下一批新人尝试完成相同的任务时，发现他们跌跌撞撞，一路挣扎，明摆着很直的绳子被拧成了结，而他们的同事就躺在几英寸远的地方，却未被发现。

但我一直想体验另一种"乳白天空"，就是当前没有任何警告突然降临的这种。在这种变异了的情景中，你能清楚地看到前方的所有东西，却辨不出轮廓。头顶上方厚厚的云层将阳光全部散射出去，以至于所有的阴影都不见了。脚下的白雪和头顶的白色天空完全无法区分，没有任何纹理或色差。冰穹 C 已成一片空白。

我离开营地走进旷野，一路试探。我能听见脚踩进雪里的声音，却看不见脚印。我跪下来，脸紧贴着雪地，还是什么都没有。我摸了摸雪面。手套里的手指可以感觉到脚步留下的凹陷。但我能看见的只有一片白茫茫。

我匆忙往前赶，想在魔咒失效前尽可能地远离营地。走了十分钟，二十分钟，我一转身，却发现亮橙色帐篷和建筑物都消失了踪迹。什么都没了。

为了让自己安心，我摸了摸对讲机凸起的部分；为了保持电池正常工作，我一直小心翼翼地把它放在一层又一层的羊绒衫、防风围兜和大衣里面。然后，我跪了下来。

不像感官失能，也不像身处云里被实物挡住了视线。所有感官都正常。我能感觉到冷。我知道自己可以看清前方几百米远的地方。大衣帽子上的毛明显框住了我的视野。可当我向上看、向下看、向周围看，我看到的真实外部世界却是……一片空白。任何东西都未曾这般空白。一张白纸也能依稀辨出经纬。一间带白墙的房间也有角落和色差。总会有一些阴影。除了这里。

从第一次听说，我就对这种体验充满了好奇。在一片活生生的、会呼吸的空白中独自静坐是一种什么样的感觉？我会感到害怕吗？寂寞吗？无聊吗？答案不是上面任何一个。脑子里叽叽喳喳的声音瞬间平息下来。我感受到一种深沉的、美妙的平和。真想沐浴其中啊！

或许这其实无关平和。这种感觉没有任何消极之处。世界已收缩，仿佛南极已经允许自己由咄咄逼人变得亲密无间。它带给我一种深沉的、几乎难以抗拒的安心。它与孤独相对，与压抑相反，让我感到彻底的放松。

但后来，当我试图攫住这种感觉，却看见身后地平线上出现了一个小黑点。那是标记跑道边缘的一个圆桶。头顶上的云层肯定正在散开。南极洲那种宏大、开阔、没有人情味儿的空旷又回来了。

我一路向营地跋涉，已能轻松追随雪地里自己留下的脚印，我想知道为什么这种感觉能如此彻底地打动我。我曾因在所有南极营地受到的欢迎而欣喜异常，尤其是在这里。但我更习惯于从"我们一起对付南极"的角度来考虑这些事：外面的环境越严酷，我们人类就越团结。我曾看过多张斯科特帐篷的照片，背景都是一片惨淡的白茫茫的地貌，帐篷里却有一丝温暖的亮光指引你回家。我也曾听人说起东方站，那是公认的地球上最冷的地方。有一年冬天，他们记录的低温足以将钢铁冻碎；冷到你可以用链锯切割柴油。[①] 但很多人告诉我，它是冰面上所有基地中最温暖、最有人情味儿的一个。

然而，与刚才在"恶劣"的高原上，在冻彻骨髓的温度下，我独自感受到的那种深沉的安心相比，人们给予我的热情欢迎显得苍白无力。空虚曾朝我袭来，可我并未感到被遗弃，倒觉得自己被拥入怀中。

现在钻探帐篷里的工作正在逐步结束。清洁钻探差不多已经做完了，钻手们都在收拾装备，准备打包回家。我发现多尔特和英格待在冰芯处理槽内，正在打理所剩不多的几根冰芯，将它们记录并装袋，然后送到外部世界。尽管"处理槽"埋在雪下，但它更像一座大型地下车间，为了保护里面的冰芯，室内温度永久保持在 -30℃。

冰的脆弱不仅仅体现在温度上。我刚跨进巨大的冷库门，正要把它关上，一眼瞥见门后贴着一张告示，上面用黑色马克笔歪歪扭扭地写着几个大字："关门请慢！""请勿用力！"还配了一幅冰芯破碎的漫画图。

房间里没有什么回音，但冰柜壁般的白墙加上仅有的两个闷声不响的身影让它显得空荡荡的。在项目的巅峰时期，曾有十五位科学家在繁忙的生产线上工作，他们测量冰芯长度，将冰芯锯成段，快速测量冰芯包含的气候记录。墙壁上到处都是涂鸦。很多都是用各种语言写的"到此一游"之类的话，但由于是冰芯科学家们涂上去的，所以也有很多写着诸如"测量地球上最古老的冰芯"这样的

---

① 可靠的实测地球最低气温为 -89.2℃，该记录于1983年7月21日在东方站获得。

话。有些涂鸦展现出惊人的绘画功底。在一个角落里，我看见一副脚镣、铁球和铁链，画得惟妙惟肖，远远一看，我竟以为它是真的。在它旁边，有人就像在牢房里一样，用一条条线段标出了他们在这里工作的天数。而对面那个角落的地板附近，画着一块头骨和其他几根骨头，似乎正要消失于地下。

不过也有一些轻松活泼的令人想家的东西，一块手工制作的纽约布鲁克斯地铁站的标志，还有一张纪念海报，记录着"埃米利亚诺（Emiliano）、法布里斯（Fabrice）、詹尼（Gianni）、马特（Mart）、马蒂亚斯（Matthias）和米尔科（Mirko）"共同保持着冰芯处理世界纪录——他们一天处理了35根冰芯。这个地方仿佛挤满了精灵。

多尔特领着我参观了冰芯切段的地方，过去几个科考季，从钻探帐篷那里送进来大量的冰芯，研究人员就在这里测量各段冰芯的长度，像拼图一样将破碎的冰芯拼接到一起。我看见一根冰芯正好摆在那里，估计大约是一周前送来的。这是一截美丽纯净的圆柱状冰芯，约有半米长。

"哇，好棒的冰芯！"

"我也这么觉得，可是刚见到它时，我简直都想哭。"多尔特说。她让我看表面附近的纹理。它们很不显眼，但当你知道要找什么，就会清晰起来，它们就像动物的毛发一样，都朝同一个方向排列。

"这是在放入油槽时出现的。"她说，"它已经开始融化了。现在没法用这根来提取空气——太危险了。"

"危险？"

"有些空气可能已经逃逸了。我们没法信任将要获得的答案。"

与恶劣天气搏斗，冒险钻探，穿透随时可能破碎的脆冰层，凭借"白兰地炸弹"和对深浅的直觉一直钻到软冰层，做到这些还不算功德圆满。一旦冰芯来到地面上，便处于随时融化的危险之中。

虽然现场的科学家可以做一点点分析，但复杂的东西——特别是被困在冰芯内的珍贵的空气——只能在遥远的欧洲进行分析。冰芯或冰芯段必须安全运至英国、瑞士、法国、丹麦和所有参与这个超大型欧洲项目的其他国家。任何一点损失都是大家的损失。每个时间段只有一根冰芯，所以如果一根冰芯融化了，整个气候记录都会受到影响。

科学家将此称作"不间断的冷冻链"。冰芯乘坐"双水獭"飞机从这里离开，被一路送到海边，装上设有专用冷库（配有备用电机）的轮船。轮船再将冰芯运至欧洲各港口，在那里它们将被装上冷藏车，走完最后一段旅程。据说法国卡车司机在马赛接到冰芯后，驱车五个小时直达位于格勒诺布尔的劳伦特实验室，中间不允许停下来吃午饭，以防发生冰芯融化事故。在某些地方，冰芯运抵后被存放在巨大的商用食品冷库里。在格勒诺布尔附近就有一座这样的冷库，名叫勒丰塔尼（Le Fontanil），一层存放肋肉、奶酪和冷冻覆盆子，二层利用风扇间歇性送风以增加风冷效果，是一座存放着来自世界最冷地区的冰芯的宝库。你尽可以再三嘱托承包商这些古怪的科研样品有多么珍贵，但要是他们自己也有价值几千万欧元的食品存放在同一个地方，他们一定会保证提供适当的备用电源。

还有另外一个安全体系。英格向我展示，每根送进处理槽的冰芯都会切下一整条，留存在南极冰雪里，作为应对外界损失的一种保险措施。她拿起一根冰柱，小心翼翼地顶着带锯推上去。当锯齿碰上冰体，噪声震耳欲聋，白色的冰尘激射而出。英格小心翼翼地提起最上面一截，放进透明塑料袋内，袋子上用一个粗黑箭头指着"顶端"。所有冰芯看上去都差不多，所以务必要标出每截冰芯哪端朝上，并在每个样品上标出取样深度。为此，专门制定了一套编号系统，缺乏经验者根本无法破译。

"这块冰有多深？"我问道。英格快速估算了一下。

"大约10000英尺。"

"那得有多古老？"

"大约80万年。"

"你是说这是80万年前下的雪？"

"对。"接着她又轻声说，"站在这里看着它是一种荣幸。"

我读懂了她的心思，也许她也读懂了我的。因为当我看着这根冰芯，试图想象它诞生时的世界，内心不由得一阵战栗。那个古老的地球对我来说完全陌生。

冰芯非常清澈，在半透明状态下闪闪发亮。没有融化的迹象，这固然很好，但也没有气泡。冰芯取自极限深度，彼处压力如此之大，空气早已溶入冰体，形成了一种被称作包合物（clathrate）的"冰－空气"晶体混合物。

"空气已经溶解了，"我跟多尔特说，"这不会影响气体吗？"

"不会的。"她说。她解释说空气含量不只与深度有关。有时候，即使在那种深度下也能获得气泡，这取决于下了多少雪。如果将来自同样深度的冰芯融化，把空气吸出来，其实包合物析出的空气值与气泡是一样的。她看着我身后的冰芯说："空气能留在那里简直是个奇迹，但它确实就在那里。"

多尔特拿起一块金属，将剩余冰芯的顶端刮干净。接着她又取出一个像弯曲的音叉那样的双叉装置，沿着冰芯全长一路刮下去，同时英格在一旁观察屏幕上的数字。"通常情况下，我们做这件事时要仔细得多，一毫米一毫米地测，但这次只是为了大致了解一下。"她们在测量冰芯的电阻。冰芯里的灰尘越多，电流就越难通过，灰尘越多往往也就意味着环境越冷、越干燥。就这块冰芯来说，电阻相当高。"灰尘相当多，所以当时可能处于冰河时期。"

多尔特拿出一片她以前从冰芯上切下来的薄冰，向我展示如何把它放在偏光镜下测量晶体大小。我以前见过冰晶。正常情况下，如果冰芯比较年轻，冰片会一下变成一幅梦幻般的彩色拼图，每种颜色代表一种晶体。但这片冰只显现两种色调的粉色，中间有一条分界线隔开。

这片冰的晶体肯定会非常大。在更靠近地表的地方，每个晶体只有几毫米长，也许更短。但随着深度增加，晶体之间开始展开一场冰雪争夺战，尺寸较大的赢家变得更大，尺寸较小的输家则渐次消失。很长一段时间过后，获胜的晶体已经长成巨大的、几英寸长的玻璃状结构。

两位科学家在这里所做的分析就是这些。她们的主要任务是完成冰芯装袋，准备好送往欧洲。我看着她们忙活了一会儿，不过很快就开始觉得冷。虽然这里比外面要暖和几度，但站着不动弹，又见不着太阳，寒意就会随之袭来。当我出门去找热巧克力喝的时候，英格说："随时可以再来，我们喜欢有人陪伴。"

一个长期项目结束总会伴随着淡淡的忧伤。这是冰穹 C 一个时代的终结。近十年来，营地的存在主要是为了支持这一重大的冰芯钻探项目，这次钻探比以往任何时候都要追溯得更为久远，而且必将告诉我们有关地球变化的至关重要的信息。

现在营地将获得一个崭新的身份。法意联合建筑队已经快完成了新冬季站的建设工作。冬季站距离夏季营地约半公里远，包括两栋优雅的圆形建筑物，并通过走廊连接在一起。每栋建筑都坐落在六根巨型钢柱上，钢柱可以抬升，因而科考站能够一直优雅地耸立在积雪之上。而且钢柱还可以单独抬升，走廊与两栋建筑相连的位置也可以上下滑动，这样一来建筑物就能逐次抬升。所有外墙板现在都已经组装完毕，施工人员正忙着内部装修。一旦竣工，将会有多个工作区和休闲室、十八间卧室（配备优雅的橡木家具）、多间浴室和一个设备齐全的手术室。顶层的消防逃生通道尤其令我着迷，它就像一只巨大的长筒袜。一旦发生紧急情况，长筒袜将被展开，就像长发公主的头发一样从窗口垂下去，房间里的人就从里面滑下去，拿自己的胳膊肘当刹车装置。

施工人员正在争分夺秒地做着各项准备工作；六周内，首次过冬人员就会住进来，为此所有东西都必须到位。这可是件大事。南极高原上只有另外两座冬季站：南极点站和东方站。两者都建于1957—1958年，当时正值国际地球物理年，那是一场巨大的涵盖整片大陆的科考活动，在某种程度上开启了南极洲的大科学时代。建在冰穹 C 处的这座新站将成为南极内陆第三个常年基地，也是五十年来的第一座新站。

十三位新来的过冬者，包括法国人和意大利人，将经历地球上最极端的气候条件。没有人知道天气将会有多冷，但这里的海拔比南极点高，所以气温可能会降至 −78.9℃。[①] 他们也将是有史以来第一批在这里看见黑暗、见证夜空的人。

这是过了夏天还不离开的最大理由之一。过冬人员中有几位冰川学家和气象学家，但对冰穹 C 抱有最大科学期望的却是天文学家。无风意味着望远镜比在南极点看得更清晰。各种自动仪器已经在不间断地搜索天空中可能会干扰望远镜视线的任何东西。一件特别烦人的仪器就安装在一个球形绿色小屋里，大家都叫它"猕猴桃"，尽管看上去更像未成熟的南瓜。它一直都在发射声波信号——

---

① 气象学家纪尧姆·达尔戈曾在一篇非常好的博客中记录了他的经历，参见：http://www.gdargaud.net/Antarctica/WinterDC.html。实际最低记录是 −78.6℃。纪尧姆博客的其他内容也有很多关于协和站、迪蒙·迪维尔站以及整个南极的非常有趣的信息。

声雷达——进行空气探测，而且次序永远不会变，介于科幻电影主题曲和电子玩具鸟叫之间。幸运的是，那唧唧的声音位于幽灵般的新站和夏季营地的听力范围之外。但每次经过那儿，你都会发现自己被它弄得心烦意乱，总是期待声音次序有所变化。①

尼斯大学也在此地设立了多架望远镜，整个冬季由天文学家卡里姆·阿加比（Karim Agabi）驻守。为了与这里优雅的建筑保持一致，安放望远镜的底座精心设计成又长又宽的木头曲线。卡里姆告诉我，建筑师最初曾计划只设一个拱门，就像那些环绕着埃菲尔铁塔底段的拱门。但他说服了提供原材料的公司，以一个拱门的价格交付了两个拱门，现在就成了两个金色拱门并排树立在一起。不幸的是，这让人立刻联想到了麦当劳的标志，但不可否认，整个结构非常漂亮。

过去五个夏季，卡里姆和来自尼斯大学的其他研究人员都在用望远镜进行现场测试，望远镜都涂成了颜色目录中所谓的"南极白"。即使在白天，这里的观测条件也非常理想。如果冬季观测结果与他们在夏季观测到的内容相一致，那么天文研究将很快取代冰芯取样成为冰穹 C 站存在的主要理由。②

但实际上，对 EPICA 冰芯来说这远非终结。它们中的许多正在欧洲接受分析，正在不断向来自南极冰层深处的意义非凡的知识体系增添知识。

我们已从写入岩石、泥土和树木中的记录了解到，气温在过去曾发生过很大变化。事实上，与历史上大部分时期内自然发生的气

---

① 同一实验装置曾于2002年被部署在南极点站的听力范围之内。可冬天刚开始，它就"神秘地"发生了故障。

② 答案很复杂，不过也很有趣。参见 Gabrielle Walker, 'Antarctic astronomy: Seeing in the dark', *Nature*, vol. 438, 24 November 2005, pp. 414–415.

候骤变相比，过去一万年（这恰好是人类发展自己文明的时期）地球气候的相对稳定是极不寻常的。地球是一个变动不居的星球，变化是其本性的一部分。到目前为止，我们人类一直幸运地得以逃脱这种变动的影响。

如果你知道如何解读，冰本身也包含着过去的气温记录。冰来自雪，雪又来自从海面上吸收的水分，后者被空气携带、冷冻，然后再降回地面。所以固态冰只是由水分子构成的一个刚性网络，而每个水分子又包含一个氧原子和两个氢原子。研究人员之所以能从这些分子中读取过去的气温记录，是因为氧和氢都分成不同的种类，称作同位素，有些同位素比另一些更重。最重的分子最难被从海上摄入空中，所以很少有机会形成雨水（然后是雪），除非温度很高，并有足够的能量将其提升起来。当气候变冷，只有较轻的分子才能上升到一定高度，然后被冻结并重新降落。

所以，如果测量一下轻重分子在冰中的比例，就能了解当它被吸出海面时气候的冷暖。将这一点与该冰雪内空气的信息相结合，就可以得出一些关于地球气候变化的重要结论。

在距此几百公里远的东方站，俄罗斯人曾钻出过另一根冰芯，它涵盖了约一半的 EPICA 时间跨度。[①] 在东方站冰芯所代表的40余万年里，气温在几个漫长的冰川周期内共升降了四次。离我们最近的冰河时代最广为人知，但实际上地球曾经历过一系列冰河时代——可能多达二十五次——东方站捕捉到了最晚的四次，每次我们这个星球都会冻结、解冻、再冻结。

随着气温升降，温室气体也会发生同样变化。气温越高意味着

---

① 尽管东方站的冰芯比 EPICA 的冰芯更深，但那里的冰层更厚，基底的隔热性更好，从地球内部辐射出的少许热量更难从那里逸出。因此，最古老的冰层已经融化，变成了一个巨大的冰下湖。

二氧化碳和甲烷越多。每当气温降低，二氧化碳和甲烷就会减少。[1]

可以说这并无惊人之处。二氧化碳和甲烷的化学特征就是能吸收热量。如果你让更多此类温室气体排入大气，科学常识告诉你，它们将吸收更多向地球外辐射的热量，而且就像棒球比赛中一位专家级的外野手一样，再将热量扔回地面。这就是温室气体的工作原理。

实际上温室气体做了件好事。我们这颗行星离太阳太远，本来不会真正感到舒适。按理说，整个地球应该被冻结在太空中，变成一个巨大的雪球行星。但长期以来存在于大气中的少量温室气体却足以让我们避开这场灾难。这并不需要多少温室气体，二氧化碳就像辣椒粉——如果想要热量，一小撮就能满足要求。

但东方站冰芯的研究结果仍然惊人，因为证据非常清晰明确，1997年公布时甚至引起了轰动。观察南极冰晶球比尝试任何复杂推断都更能清晰展示二氧化碳的影响。

固然温度往往先回升，二氧化碳才会随之增加。但这并不意味着二氧化碳是果而不是因。长期以来，科学家都认为最早触发地球循环出入冰河期的是地球绕日轨道发生的轻微摇摆，从而影响了夏季到达北半球的光照量，而这种光照量的衡量以约10万年为一个时间段。

但轨道变化本身并没有大到足以解释冰河时代的成因——它只是一个触发因素。一旦地球开始稍微变冷，其他各种反应很快接踵而至。低温海水开始从大气中吸收更多二氧化碳，冰冷的湿地和沼泽不再释放那么多甲烷。这会让地球变得更冷，进而意味着更多温

---

[1]  J. R. Petit et al., 'Climate and atmospheric history of the past 420,000 years from the Vostok ice core, Antarctica', *Nature*, vol. 399, 1999, pp. 429–436.

室气体将从大气中消失，从而意味着地球将进一步变冷。轨道摇摆启动了进程，可提供动力的却是温室气体。冰芯向我们展示，自从初次触发后，气温和温室气体的变化是多么地步调一致。

还不止如此。尽管二氧化碳和甲烷通过这种方式增减是自然而然的事，但东方站的记录表明，在过去40万年中，无论哪种气体都不曾想达到今天的水平。我们将煤、石油和天然气从地底挖出，燃烧后产生能量，结果向大气中撒满了辣椒粉，现在已开始发烫。

既然我们已非常清楚这一点，为何还要通过实施 EPICA 项目向前追溯呢？东方站的记录意义非凡，但它仅仅捕捉了一处位置的降雪。假如四次冰河期存在特异之处，致使其经验不再适用于当前，那该怎么办呢？特别是眼看就要到达42.5万—39.5万年前的那次冰河期，东方站却停止了钻探。这一点非常重要，因为地球绕日轨道的各种复杂摇摆对今天的气候都有很大影响，这次冰河期是远古地球轨道最后一次与今天完全相同。它是当今气候状况的一面镜子。长期以来，科学家都认为最近四次冰河期之间曾存在过较短的温暖间隔期，每期持续6000年或者更短。现在距离上个冰河期已超过1万年，莫非这意味着另外一次冰河期即将来临？通过 EPICA 项目，科学家不仅要在不同地点检验东方站的研究结果，而且要再向前回溯，直到整个气候格局可能与今天更加相似的那个时期。

结果 EPICA 的记录中又增加了至少四次冰河期，其中就包括令人颇感兴趣的第五大最古老的冰河期，即当前地球绕日轨道的镜像。[1] 研究人员发现紧随其后的温暖间隔期持续了28000年，所以我们可能不必期待另一次冰河期会很快来临——即使不考虑我们已经

---

[1] EPICA Community Members, 'Eight glacial cycles from an Antarctic ice core', *Nature*, vol. 429, 2004, pp. 623–628.

撒进大气中的那些过多的二氧化碳辣椒粉。[①]

　　而且就在镜像冰河期之前，气候模式的某个方面已经发生了变化。冰河期内的气温不如之前低，间隔期的气温也不如之前高。EPICA 记录还揭露了更加惊人的事实。即便气候处于另一模式，以不同方式平衡各种微妙的影响因素，这些因素共同构成了我们能感知到的风力、天气和气温，但气温和温室气体的变化仍然步调一致。气温升高，二氧化碳增多。气温降低，二氧化碳减少。

　　东方站揭示的其他内容在 EPICA 冰芯中也同样适用。哪怕一直回溯到我脚下的远古冰层，回溯到近百万年前的降雪，情形依然相同。二氧化碳随季节的更替、冰河期的起讫以及气候模式的变化而增减。但在所有这此时期内，二氧化碳含量从未接近我们今天的数值。在整个 EPICA 记录中，二氧化碳的最高值约为每百万单位空气中290个单位。现已达到近400个单位，而且还在上升。[②]

　　EPICA 的调查仍在继续，更多冰芯正从大陆其他地方被钻出。2009年，中国人在冰穹 A 处建立了一座名叫昆仑站的夏季科考站，那里的冰体比冰穹 C 处更厚、更古老。他们正计划在那里钻探冰芯，开展天文学研究。[③] 其他国家的研究人员也正在寻找清晰度更高、离大海更近以及离大海更远的南极科研场地，调查南极远古空气叙事中的所有微妙之处。

---

[①] James White, 'Do I Hear A Million?', *Science*, vol. 304, 11 June 2004, no. 5677, pp. 1609–1610, 亦可参见 Edward Brook, 'Tiny Bubbles Tell All', *Science*, vol. 310, November 2005, no. 5752, pp. 1285–1287。

[②] D. Lüthi, et al., 'High-resolution carbon dioxide concentration record 650,000–800,000 years before present', *Nature*, vol. 453, 2008, pp. 379–382.

[③] 中国人已经开始测试合适的冰芯取样地点，参见 Xiao Cunde（效存德）et al., 'Surface characteristics at Dome A, Antarctica: first measurements and a guide to future ice-coring sites', *Annals of Glaciology,* vol. 48, 2008, pp. 82–87. 他们还计划在那里进行天文学研究。参见 Richard Stone, 'In Ground-Based Astronomy's Final Frontier, China Aims for New Heights', *Science,* vol. 329, no. 5996, 3 September 2010, p.1136.

但是，最重大的发现仍未出现。在近百万年的气候反复起伏过程中，当气温最高时，二氧化碳含量始终最高，而且由于我们燃烧化石燃料，它从未如今天这般高过。[①] 冰穹 C 处最深的钻孔里存放着一份我们必须留心的警告。

南极不只会对变化发出警告；它还是变化的原动力。"双水獭"飞来接钻探手的那天晚上，人们在钻探车间里临时组织了一场烧烤。由于劳伦特已经不住在里面了，所以建筑工人们搬了进来。时值深夜，此前我们一直在玩牌。男人们抽着烟，打算疯狂一番。有人拿来一把钢丝刷和一桶雪，开始用力擦洗火炉顶端。另外一个人从让－路易的贮藏室里偷来几条熏肉、几盒鸡蛋和几块面包卷。啪！扑！他们竟然在火炉的坡顶上煎起了鸡蛋。再把熏肉加进去，很快我们就开始饕餮一顿见不得光的午夜盛宴。

不过随后有几个家伙开始发疯。有个人拿起我的相机，试图给另一个人拍照。后者转而要来抢相机，于是相机从人们的头顶上传来传去，从一个人那儿扔到另一个人那儿。这可是一件贵重装备；我用它记录这段生活。而且，我没有备用相机。"喂，把它还给我！"我说。可现在我成了他们要避开的那个人，大家正忙着玩一场无聊的遛猴游戏[②]，好像都才十来岁似的。

一开始我还试图跟他们理论，后来发现为时已晚。我被激怒了。愤怒的力量让我自己都感到震惊。我以前从未如此愤怒过。面对着这些刚才还在跟我一起兴致勃勃地玩牌的家伙，我真想冲他们

---

① U. Siegenthaler et al., 'Stable carbon cycle-climate relationship during the Late Pleistocene', *Science*, vol. 310, 2005, pp. 1313–1317.

② piggy-in-the-middle，一种儿童游戏，两个孩子相互投球，第三个孩子站在中间设法抢球。——译者注

怒吼。"我要用它干活！"我说，"把那该死的相机还给我。"我怒气冲冲地跑出帐篷，自己也不知道该去哪里。等我回来时，相机已经放在我的空椅子旁。我一言不发地把它捡起来，转身就走。

第二天吃早饭的时候，让−保罗·法夫（Jean-Paul Fave）招呼我过去。他是新站的设计师，骨瘦如柴，60多岁的年纪，留着雪白的胡子，站上所有人都叫他"爷爷"。他拍拍身旁的空椅子，我轻轻坐了下来。"听说你昨晚很生气。"他说。我点点头，一脸羞愧。"他们还是孩子，不理解你在这里的工作。我理解，可惜我老了。我在他们这个年纪，也一样愣头愣脑的。"接着他微微一笑，露出稀疏的牙齿。"但你也应该知道，来这里工作会对人产生影响。既然来到这里，就别指望找到行为正常的人。也包括你自己！"

最后这句话，让我非常震惊。也包括我自己？我只是一个旁观者而已！不过在我曾参观过的所有基地里，尤其是在冰穹C这里，我体验到的都是令人心满意足、欲罢不能的亲密感——在一个因环境恶劣而闻名的地方，你找到了这样一群志同道合的人，他们这么爽快地邀请你加入。这里每个人的情况都一样。没有人有家人或子女陪伴，没有人能过上真正的生活。

也许这也是为什么冰会放大情绪的原因之一。在这里你不仅拥有美好的一天；你拥有的是生命中最美好的一天。当有人犯傻时，你不只是烦躁不安，你会怒发冲冠。环境甚至会将情绪相对稳定的人逼疯。我想起了杰克·斯皮德在南极点跟我说过的话，最成功的过冬者是一切顺其自然的人，当然也是现实世界中最随和、最宽容的人。对一个高度敏感的人来说，这里不是什么好地方，或者说至少不能长时间停留。

当你重回文明社会，这里的影响往往会在一段时间后逐渐消失。但还是有人不断警告我，来这里太频繁或者住在这里太久都会有危险。美国人有一个笑话谈到合同制工人来这里的原因："一开始，他们来冒险。后来，他们来挣钱。再后来，他们来这里，是因为他们再也不适合待在其他地方了。"

我想起来了，劳伦特在离开之前，当我问他是否会想念这个地方，他也曾给过我相同的警告。

"不。"他说，"我已经在冰盖上花了足够多的时间，现在该停下来了，我不会怀念这个地方的。我喜欢这里，我热爱这里。我满腔热情地做这份工作，但我不会迷恋。我看见这里有人迷恋、沉溺，甚至迷失，因为他们不知道发生了什么。"

"发生了什么？"

"他们挣够钱就休六个月，接着再回来。他们糊里糊涂地脱离了社会，竟然还没意识到这一点。确实也没有人警告他们。你要自己花时间弄明白。连同伴都是配给的。你在这里随时可以开派对，不用担心人们会不来，因为人已经在这里了。当人们回到家却反而找不到，我能理解那种失落感。"

我记得从一个法国医生那儿也听到过类似的话，他刚刚在迪蒙·迪维尔站过完第二个冬天。"我认识一些人在这里度过了很多个冬天，四个，五个，有个人甚至度过了八个冬天，他们每次都要开始全新的生活。我可不想像他们那样，只为了二十个人而活着。一年到头，冒险结束了，一切也都结束了，接着跟另外一群人从头再来。这样很不理智。"

过冬次数过多的人可能就像希腊神话中的珀尔塞福涅（Persephone），她首次被迫去冥府时用情太深[1]，因此注定每年都要

---

[1] 虽然她最初拒绝了那里所有的食物，但冥王还是哄她吃了一些石榴籽，这足以让她永不能摆脱与冥界的关系。

返回。① 南极会改变它触碰过的东西。如果你过分全身心地投入这个冰雪世界里，可能会陷入年复一年的回归之中，不断寻找同样的空白状态，同样的从头再来，而现实世界中的生活却悄然溜走。

理查德·勃兰特（Richard Brandt）是一位美国冰雪研究员，来自西雅图华盛顿大学，通常他都在阿迪朗达克山（Adirondacks）里的自家小农场上工作。我们从麦克默多搭乘同一架飞机飞过来，从一开始理查德就是我在这里的盟友，也是基地内除我之外唯一一个母语是英语的人。他也是在各种节日盛宴中，尽力在"国际餐桌"上为我从一大群意大利人中抢出一个座位的人。他警告说意大利人爱吵闹，食物满天飞。事实确实如此。

后来，他还教我雪地摩托特技，骑车飞跃一个专门垒起来的小雪堆，那个小雪堆很巧妙地设在科考站视野之外。他的雪地摩托前面放着一个叫"歪肚子"的玩具企鹅。理查德走到哪儿带到哪儿。他拍下这只小鸟的最新大冒险照片，把它们发到网上，给那些求知若渴的小学生们欣赏。② 他是个彻彻底底的好人。他曾提出要带我去距离新站约半英里远的一个雪坑和测雪塔，参观他自己的研究项目。

天空湛蓝，又是冰穹 C 的美好一天。理查德给我找了一对滑雪板，他说这是去那里的唯一方法。不过很快我就发现他可能生来就会用滑雪板。他很有礼貌地在我身旁和我并肩滑行，都不屑于用自己的滑雪杖，而一旁的我则累得气喘吁吁。

---

① 珀尔塞福涅是希腊神话中谷物女神的女儿，她被冥王引诱吃了四粒冥界的石榴籽，成了冥王的妻子。因此，每年只能留在地面上四个月，剩余时间必须返回冥界。——译者注

② http://www.atmos.washington.edu/~brandt/.

为了省点力气，我耍了一个老运动员常用的花招：如果你想比一起运动的人少喘点儿气，那就问他一个简短却需要回答很长时间的问题。

"你喜欢雪的哪一点？"我说。

在某种程度上，这个小花招还真管用。理查德并没有变得更气喘吁吁，不过他确实告诉了我当水冻结时会发生什么。他说水是一团乱糟糟的分子，它们顽皮嬉闹，牵着彼此的手，接着又松开，挤在一起，接着又缩回去。可一旦冻结，便会恢复严肃状态。分子们非常正式地排成队列，谨慎遵守站位规则。

它们彼此之间敬而远之，这就是为什么冰的密度小于水，为什么冰块能浮在水上。虽然我们对此早已司空见惯，以至于几乎从未注意过，但实际上这样的情形非常罕见。如果你把一大块固体物质放进它们自己的溶液中，大多数都会下沉。对我们来说，幸亏冰浮在水上；要不然，河流和海洋将会自下而上全部冻结，我们这个星球上阵发式的冰河期可能早就灭绝了地球上所有的生命。

他接着谈到，当水冻结时，简单的水分子站位规则如何产生如此繁复多样的晶体形状。

"你喜欢雪，是因为冰雪本身很美吗？"

"对，不过它也能改变其他的东西。我住在小农场里，目光所及之处全是要干的活。但一下起雪来，所有的活都消失不见了。雪会将整个世界变成一个游乐场。"

我们到了测雪坑旁，其实是两个并排的正方形大洞，每10英尺深，由一堵薄薄的雪墙隔开。我们脱下滑雪板爬了进去，理查德伸手将一个硬纸板"盖子"盖在我们所在的雪坑上。一开始我还不明白为什么要这样做，但是当他指给我看那堵薄薄的雪墙，我不禁倒吸了一口冷气。雪层被从另一侧雪坑里倾泻而下的阳光从背后照亮了。你可以清晰地看见每年的雪层，其中向外凸起的硬边是夏天的雪，下方的软雪则是冬天的雪。

还有变换的颜色。光线发生了奇妙的渐变，从接近顶部的水白色渐变成淡蓝色、深天蓝色，然后是紫色。理查德从雪坑一侧拿出一根像扫帚柄的东西，在雪墙上捅了一个洞，但没有捅穿。这个最底部的洞变成了一条深紫色的隧道，洞壁带着丁香色。

"快看那个。"理查德说，"这是你能在自然界里看到的最纯的颜色。"

他说雪之所以看起来是白的，是因为大部分射在表面的阳光都被冰晶散射出去了，不会偏袒彩虹色中的任何一种。但一些光线还是成功地通过了第一关，并成功地穿透进雪层内部。这里冰冻的水分子非常乐意跟着彩虹色的步调翩翩起舞。在雪坑里，我们处在一个非常巧妙的位置，得以见证接下来发生的事情。

水分子很挑剔。它们喜欢振动，但仅针对某些特定颜色的光线。在靠近雪坑顶部的地方，它们挑出了红色光线，将其吸收，然后像音叉一样共振。随着光线往下走，它们挑出了橙色和紫色。最后剩下的是蓝色。水分子在这种蓝色频率下不会产生共振，所以这是一种冰雪无法阻止的颜色。顺着雪墙往下看，一米、两米、三米的地方，蓝色越来越明显，它避开了任何吸收它的企图。

这就是为什么海洋是蓝色的。当光线穿透到海面以下时，所有其他颜色都被活跃的水分子剥离了。这也是为什么蓝光会闪现在冰川的裂隙和裂缝内，为什么很小的冰块都带着浅蓝色。

理查德和他的团队一直在这附近采集雪样。他们将探测器插进不同深度的雪里，还曾测量过这种可爱的蓝光的确切频率。蓝位于彩虹色的末端，也是人眼能看到的最后一种颜色，此后光线就成为紫外线，一切都将陷入黑暗。它是最纯粹的一种颜色，单个波长正好是390纳米（约一毫米的万分之四）。[①]

各种颜色，再加上理查德的讲解，让我心醉神迷。正如冰雪过滤了所有其他颜色，这里的生活也消除了所有杂念——吃一样的食物，穿一样的衣服，没有孩子，没有宠物，没有账单，没有银行账户。享受没有琐事打扰的生活，专注于重要的事情，这种感觉真好。但如果地球上只剩下这一种纯粹的蓝色，显然是不够的。此处生活的真谛仿佛是：待在这里，多去了解，但如果你是聪明人，你会把找到的东西带回家，在那个混乱、复杂、却极为丰富多彩的世界里弄明白它的含义。

但这并非事情的全部。我们离开测雪坑，来到一座100英尺高的测雪塔前。这座塔是理查德在几年前同一位来自格勒诺布尔冰川学实验室的法国合作者共同建造的。它看起来很简陋，采用的是简单的铝制支柱，不过有一条金属楼梯，一路通向塔顶。我们小心翼翼地往上爬，避免任何裸露的皮肤与金属接触。在这里，一不小心就会中招。在正午的阳光下，近乎没有风，这可能会让你忘掉气温还在 –25℃，于是皮肤会粘在冰冷的金属上，然后被撕裂。

在塔顶上，微风吹得脸上刺痛，我连忙把脸埋在大衣和围巾里。景色非常迷人。我们可以看见整个基地，新站、夏季营地、一排排的帐篷和重型机械。而且我们还可以看见平坦的白色高原，像一片无垠的冰冻海洋。塔顶布满了各种仪器——风速计的小风杯在微风中旋转以测量风速，摄像头瞄准了各个方向。但理查德曾维护过的那些仪器在阳光下看起来参差不齐。它们用于测量雪地共接收了多少太阳能量，其中多少被雪面吸收，又有多少被反射回去。

---

[①] Stephen G. Warren, Richard E. Brandt and Thomas C. Grenfell, 'Visible and near–ultraviolet absorption spectrum of ice from transmission of solar radiation into snow', *Applied Optics*, vol. 45, issue 21, 2006, pp. 5320–5334.

这样做是为了进行背景调查，获取地面实况。在头顶上方旋转的卫星可以测量来自太空的辐射以及从地表反射回去的当量辐射。找到两者之间的差额有助于确定地球气候实际发生的变化。但不久之后，卫星可能会失焦；测量结果就会发生偏移，各种观测仪器的视线就会偏离观测对象。为此研究人员找出某些特殊方位，就像这个地方，先测出地面数据，然后利用地面数据将卫星测量值拖回正轨。

冰穹 C 特别适合做这件事，因为它非常平坦。由于很少有风，所以地面光滑，无论你从哪个角度观察，测量值都很相近。[1] 对理查德来说，这堪称完美。他来此并非为了寻找变化的迹象；他只想确保卫星实话实说。

在南极内陆，在这片古老、寒冷、干燥、冰层特别深厚的南极东部冰盖上，很长一段时间内都很少有东西正在或者可能发生变化。无论我们对地球做了什么，在未来几万年甚至几十万年里，南极大陆这片地区很可能仍有冰雪存在。

但尽管南极的这片区域将保持不变，其他地方却开始蠢蠢欲动。在西部，冰盖更薄，脚步也更加灵活。巨大的冰川正在地面上加速滑行，对冰体来说，这是一种令人眩晕的速度。海水已经开始拍打沿岸的某些部位，蚕食浮动冰架，从根基处将它们摧毁。理查德协助校准的卫星图像显示，南极半岛——嵌在南极西部冰盖下的那根巨大的大陆之指，幽怨地指向南美——目前的变暖速度已超过地球其他任何地方。

---

[1] D. Six, M. Fily, S. Alvain, P. Henry and J. P. Benoist, 'Surface characterization of the Dome Concordia area (Antarctica) as a potential satellite calibration site, using Spot4/Vegetation instrument', *Remote Sensing of Environment*, 89(1), 2004, pp. 83–94.

# 第三部分

## 南极洲西部

### 逆耳忠言

海象岛

德雷克海峡

乔治国王岛

别林斯高晋站
（俄罗斯）
弗赖站
（智利）

世宗大王站
（韩国）

埃斯佩兰萨站
（阿根廷）

詹姆斯·罗斯岛

威德尔海

古斯塔夫王子冰架
(1995年消失)

拉森湾冰架
(1989年消失)

南极圈

拉森A冰架
(1995年消失)

拉森B冰架
(2000年和2002年两度消失)

帕默站（美国）

南极半岛

拉森C冰架

穆勒冰架

拉勒芒峡湾

罗瑟拉站（英国）

南极点

# 第六章

# 人类印记

南极大陆的最北端位于南极半岛，这里是南极传统意义上最美丽的地方。以阿尔卑斯山为背景，让美国大峡谷纵贯而过，再让两者同时伸展，让山峰更高，悬崖更陡，冰川更宽、更长、更蓝。现在让这个壮观的混合体傍海而立，毗邻冰山、企鹅、海豹和鲸，最后让所有这些距离文明社会只有短短两天的航程。

在那里你会见到明亮的蓝天或者寂静的阴天，海水平静得出奇。你可以沿着狭窄的海峡航行，这些海峡每年只有几个星期可以通航。山崖和冰川从海峡两边笔直地插进大海。两岸野外营地内的研究人员不停地呼叫船上的无线电系统，只为与外界取得一点点联系，或者通过挥手或侧身翻筋斗表达问候。

毫不奇怪，这里是南极洲访客最多的地方，也是这片无情大陆最富人情味的地方。每年有超过两万人来到这里，大多数从海路过来。[1] 旅程可能平平稳稳，也可能剧烈颠簸，完全取决于大自然的心情。

---

[1] http://iaato.org/tourism_stats.html.

要进行南极之旅，你很可能会从三个港口之一启航：智利的蓬塔阿雷纳斯、阿根廷的乌斯怀亚或者马尔维纳斯群岛（福克兰群岛）的阿根廷港（斯坦利港），就在阿根廷海岸边。这些都是狭小偏远的南方小镇，它们的酒店都有一个诸如"地球尽头"之类的名字。但它们并不是尽头，或者至少不完全是。带你去真正世界尽头的是从这里起航向南航行的加固防冰的轮船。

一开始，当你进入大西洋向南航行，海面会非常平静；右舷外的南美洲海岸已将恶劣的天气隔开。可差不多半天的航程过后，你将会越过这片保护区的末端，进入德雷克海峡的开阔海域。

这是大约3500万年前首次打开的一个缺口，当时，南美洲松开地质上的抓手渐行渐远，最终海水环绕整片南极大陆自由回旋。自西向东，失去了陆地阻拦，它们逐渐形成一个巨大的环流，将南极洲与北方温暖的气候隔离开来，让南极陷入极度深寒之中。

同样连续的地理特征也使得这片海洋成为世界上风浪最大的海洋。由于没有陆地打破它们的势头，风浪得以环绕整片区域。太平洋和大西洋在冲撞中发泄着毁灭性的戾气，使得德雷克海峡在航运界臭名昭著。巴拿马运河建成之前，顶着南部海洋的狂风巨浪，绕道南美洲底部的合恩角，是从大西洋到太平洋最快也最危险的航线；在过去四个世纪的航海中，一千余艘船只在这里遇难。合恩角富于神秘感和浪漫色彩。在合恩角顶端那个小型军事基地旁矗立着一座纪念碑，上面刻着一只漂泊信天翁的剪影和智利诗人萨拉·维阿尔（Sara Vial）的一首诗：

> 我是在世界的终点
> 等着你的那只信天翁。
> 我是死亡水手被遗忘的灵魂，

他们从世界各海域穿越合恩角，

但是他们并未在怒涛中丧生。

今天，凭借最后一波南极风，

他们乘着我的翅膀飞向永恒。[①]

 

在越过这条界线驶入德雷克海峡之前，你需要把所有能移动的东西扎起来或者裹起来。你要弄明白轮船报警时该怎么做：如何找到并穿上笨重的、令人窒息的橡胶救生衣；去瓜形密封救生艇旁的什么地点集合逃生；当海浪把你像足球一样抛来抛去时，如何不去想自己跟其他二十个人在救生艇里会挤成什么样。

如果风很大，你就会明白为什么船上这么多家具都要用螺丝固定在地板上，为什么桌子都要镶着木边。要是没被固定住，你在坐椅子就可能飞到空中。据说，海浪的拍击高度甚至能到达船桥的窗户，也就是60英尺高。在摇摆不定的轮船上走动的唯一办法是双手紧抓住门和栏杆。你不能到外面去。很可能哪儿也去不了，只能虚弱无力地躺在铺位上，抓牢木头床沿，希望一切快点结束。

除了不要逞能冒险之外，渡海时真遇上大风大浪，你只能束手无策。迷信的水手，也就是说所有的水手，会给你列一张清单，上面写明不能说的话和不能做的事。如果玻璃边缘开始振动，立即让它停下来。不要在船上吹口哨，否则你会"吹"起一场风暴。还有——这个真的有悖常理——不要祝任何人"好运"，因为它肯定会给所有人带来厄运。

但是，如果走运，没有遇上风暴，那么你将会体验到世界上最美妙的旅游方式。当长长的波浪从太平洋上一路懒洋洋地涌来，你

---

① 由彼得·奥克斯福德（Peter Oxford）翻译。

将会感觉在连续几个小时的涌浪中轻轻摇晃，像摇篮，又像催眠曲。偶尔一个大浪涌来，轮船轻轻抖动，仿佛在道路上颠簸了一下，随即又恢复到温柔的慢摇。如果你望向船舷外面，很可能会看见一只信天翁灰白色的身影，在船旁静静地滑翔。

如果你遇上这样一次渡海航行，内心会感到无限的幸福，无论床垫多薄，铺位多窄，你都会酣然入眠，连梦都不会做。①

在第二天快要结束的某个时刻，你开始感觉到冰在逐渐靠近。一丝寒意开始在空气中蔓延。但是，如果起雾了，或者天色暗下来，或者两种情形同时出现，船长会打开探照灯，把它们像大炮一样对准船首前方几米远的一个点上，你就会发现那里有冰。

探照灯是为了辨别那些小冰块，它们虽然体积很小，但仍能将船体撞出一个大坑：小冰山块，或者更糟糕的冰岩，几乎完全没入水中，更难被发现。探照灯不是为了照冰山。等你依靠探照灯才看到冰山的时候，想避开它早已为时晚矣，你就会惹上大麻烦。这些冰山非常庞大，有的大如轮船，有的大如岛屿。

船员必须依靠雷达屏幕，上面的指针定期扫完一周，显示出一排闪着绿光的小点。在浓雾包围之中，在船桥上看见这一幕非常阴森恐怖，你知道外面有冰，可就是什么都看不见。船员们非常紧张，非常专注，目光不断在屏幕和探照灯之间跳来跳去。如果允许你留下来，最好保持安静；最重要的是，不要挡在船员和控制台之间。

---

① 我已经三次乘船往返南极半岛，一次乘坐美国国家科学基金会的"纳撒尼尔·B. 帕默号"，一次乘坐"谢尔盖·瓦维洛夫院士号"，这是一艘由佩里格林探险旅行社租赁用作游船的俄罗斯科考船，还有一次乘坐英国皇家海军"坚忍号"破冰船，该船当时正在支持英国南极调查局的科考活动。我前后六次横渡德雷克海峡，每次海面都平坦如镜。这不可能只是巧合。显然我就是某种护身符——至于幸运还是不幸运要取决于你希望得到什么。若你决意成行但又担心晕船，我建议你带我一起去。但如果你想充分体验写家信时能谈点狂风之下的浪漫，请务必确保本书作者不在船上。

接着，如果天亮雾散，你将看到生平第一座冰山。它可能很小，很不规则——就是被啃掉的一小块，已经融化碎裂，即将湮没无闻。或者也可能很大，很高，四四方方的，仿佛漂在海中的一堵花岗岩峭壁。这些扁平的冰山是南极特产；它们从南极大陆边缘庞大的浮动冰架上断裂而成。

这些再自然不过了，从某种程度上来讲，自从有冰以来，它就一直在发生。但除了是一个与人类关系密切的区域，南极半岛目前还是一个多变之地。很多人觉得南极洲的这块地方就如同矿工们的金丝雀，不仅能感知即将临身的灾祸，还能发出警报。研究人员和游客都对这里趋之若鹜：前者想弄清到底出了什么事，对世界其他地区有什么影响；后者则想在它永久性改变之前见识一下这片非同凡响的旷野。


一上半岛，第一印象就是生物极为丰富。与僻远荒凉的南极大陆其他地区相比，这边的海水里充斥着活物。一小群一小群的帽带企鹅像鼠海豚一样整齐划一地从船头前游过，从水中跃入空中，又从空中跃入水中，几乎不会溅起任何水花。再看看跳岩企鹅，两簇古怪搞笑的金色羽毛像头饰一样从脑袋两边支起来。而绅士企鹅看起来像阿德利企鹅，但它们头顶上有一条白色的条纹，延伸到两耳旁变成了一个大白点。

此外当然还有海豹，它们通常懒洋洋地躺在漂过的冰山上一动不动，就像白色背景上的黑色污点。其中有威德尔海豹，有凶残粗壮的豹斑海豹，还有食蟹海豹，后者身材修长，通体银色，但名不副实，因为它们实际上吃一种较小的甲壳类动物——磷虾。

你可能还会见到驼背鲸。但如果其他动物都变得紧张兮兮的，这可能意味着一群逆戟鲸很快就会游过来。它们长着夸张的、高高竖起的黑色背鳍，还有看起来很凶、像念珠一样的眼睛。比较美丽的景致还属小须鲸，它们是这附近所有鲸类中第二友善和最好奇的一种。它们不仅会像座头鲸一样在远处喷水，还会游到船身旁嬉戏。

所有鲸中最友好的是南露脊鲸（southern right whale），鲸类世界中的金毛猎犬。它们喜爱与人为伴，或者说，它们确实与人为伴，这个不幸的嗜好导致它们在20世纪初期几乎被捕杀殆尽。之所以被称为"正确鲸"，是因为它们正是要被捕获以获取鲸油、鲸骨和利润的那种鲸。虽然种群数量正在复苏，但现在你要靠相当的运气才能见到一只。

南极半岛及其周边岛屿相对便利的交通条件，再加上早期探险者在周围海域中发现了大量鲸和海豹，使它成为整个南极大陆开发时间最长的地方。这里的人类痕迹最明显，也最不光彩。

1892年，一位曾在南极捕猎过二十多年海豹的美国猎人告诉美国国会：

> 我们杀光了猎枪射程内的所有海豹，不分老少，除了黑毛幼崽，因为它们的毛皮卖不出去。由于不会谋生，大多数幼崽都死于饥饿……所有这些地方的海豹都已被这种不分老幼、不分雌雄的滥杀全部毁灭了。如果过去对这些地方的海豹保护得当，并且只允许杀掉一定数量的"公狗"（丢失了海滩领地的年轻雄海豹），那么岛屿和海岸地区将再次布满海豹。海豹数量肯定不会下降，而且每年都能提供毛皮。但从现状看，南极地区的海豹已几近灭绝，因为无利可图，我已经放弃了这一行当。[①]

---

① Jeff Rubin, *Lonely Planet: Antarctica*, pp. 29–30.

捕鲸和捕海豹行业与采矿业相似：占据某个地方，尽量掠夺，完事走人。《南极条约》现已禁止任何商业性开发，但早在国际条约开始生效之前，捕鲸和捕海豹行业就已经由于自身的短视和过度消耗资源而崩溃了。

现在唯一允许开展的商业活动是旅游，南极半岛是迄今为止参观人数最多的南极地区。有些游客乘坐的是许多港口都容不下的巨型游轮，但大多数游客都乘坐比较小的船只，一船仅容百人左右。后者被称作考察船，而非游轮。船上没有赌场，也没有下午茶和舞会。而且往往都是经过改装的科考船，它们将各个年龄段中那些为此积蓄钱财、对此梦寐以求的人带到这里，这些人敢于挑战，寻求冒险。

也有人说，旅游对南极也十分危险，但旅游经营者之间的自律规则至少与科研基地一样严格。任何船只都不得向南纬60度以南的海水中排放任何东西。在允许下船之前，你会被严厉警告不得接近野生动物，走之前则把靴子洗干净，不能带走任何东西，也不要留下任何东西。这是整个旅游体验的一个关键部分。不像海豹猎人和捕鲸者，南极旅游经营者很有智慧，绝不会自断生路。

再说，谁说南极只属于政府资助的科学家？据说，一些研究人员曾抱怨游客妨碍了他们做科研，还说游客没有权利来这里。那些更有修养的研究人员则更愿意分享。一位生物学家甚至跟我讲："我有时候觉得自己就是这里的一名游客。"实际上在正规科研的间隙期，南极大陆上的许多科学家可能也会同样惊讶地凝视着大陆上的野生动物或者历史遗迹。

南极大陆上访问量最大的地方叫拉可罗港（Port Lockroy），一个经过改造的英国基地，这里仍然保留着几十年前最后一次被使用时的生活场景，通信室内的短波电台仍在嘶嘶的背景声中吱吱作响，厨房和铺位都精心重建得跟以前一模一样。当然，里面也有一个现代化的区域，设有一家礼品店和一个邮局。

对那些担心日益增长的游客大军会带来不利影响的人士来说，拉可罗港应该能让他们乐观起来。基地与一处绅士企鹅聚居地共享家园。几年前，企鹅聚居地的一半被绳子围了起来，以免游客打扰。在剩下的一半里，人们可以随意走动。五年之后，研究人员考察了两块聚居地——受惊扰的一半与保持平静的另一半——之间的差别。他们试图找出诸如繁殖模式改变、饮食变差或者养活下一代成功率降低之类的迹象。结果呢？完全没有任何差别。

南极半岛上的人居密度也高于南极其他地方。目前还说不上拥挤，但一些最便利的地段已经建满了各国的科研基地，各国都在寻找加入南极俱乐部的最快捷的门票。也许是因为有这么多的基地，又距离这么近，各国之间有一种争相占位子的感觉：南极大陆普遍存在的出于本能的合作精神和在这片土地上立标划界的欲望之间正在进行着拉锯战。

乔治王岛位于南极半岛的最北端，穿越德雷克海峡后，它是你见到的第一批岛屿中的一个。在这片原本贫瘠的火山岩上，一大群科考站将这里挤得水泄不通，它们分别归属于巴西、厄瓜多尔、阿根廷、秘鲁、乌拉圭和智利，还有韩国、波兰、中国和俄罗斯。

作为佩里格林探险旅行社（Peregrine Adventures）的客人，我乘坐"谢尔盖·瓦维洛夫院士号"（*Akademik Sergey Vavilov*）去岛上参观俄罗斯的别林斯高晋（Bellingshausen）基地。[①] 尽管作为旅游船被租赁使用，但该船隶属于俄罗斯科学院，船员都是俄罗斯人。

---

① www.peregrineadventures.com/antarctica.

上个科考季，该船曾将一座教堂的框架运至别林斯高晋基地。此后教堂建成并举行了落成仪式，那些一路上与木材和钟声相伴的船员和科考队员们现在都想看看它最终变成了什么样子。

南极洲零星分布着许多礼拜场所。大多数基地都至少留出一个房间，偶尔用于居民提议的任何形式的宗教服务。更大或者更虔诚的基地会专门为此留出一栋建筑，尽管通常都是那种以钢制集装箱为基础的临时性建筑。

俄罗斯人显然决心要独辟蹊径。他们的教堂壮丽非凡。我们坐在船上就已经看到了。你不可能看不到它。它矗立在一座突出的岬角上，轮廓清晰———一座用西伯利亚落叶松和香柏木建造的壮丽的洋葱式圆顶结构，被粗大的链条锚固在岩石上，仿佛一不小心就会飘上天。就算以这片怪异大陆的标准来看，它也绝对算得上怪异。

跟着教堂还来了一位专职神父。我们的摩托艇靠岸时，大家在昏暗中依稀辨认出一个救世主般的身影。他身穿灰大衣，里面一袭黑色长袍；下巴上的胡子从覆盖范围来看像神父的胡子，颜色却是红的；他伸出双臂，向大家致以庄严的问候。这位是卡利斯特拉特（Kallistrat）神父，南极大陆上第一个俄罗斯东正教神父，实际上也是唯一一个。他29岁。来到这处荒凉的前哨基地，他一次要待上几个月，也许是几年，服务对象就算在夏季高峰期也不到二十人。

"很难找到人选。"我们一边朝教堂走，他一边解释。"年轻人可能不够坚强。老年人可能又觉得太苦。你又不能派个拖家带口的人来。"那么他怎么会同意来呢？"我的主教说，'去吧'，于是我就来了。"

在一片明确致力于科研的大陆上，在一个由公共资金资助的基地内，每个人的每项开支都必须提供一式三份的证明，卡利斯特拉特神父的存在已经够惊人了。但这与他的教堂相比简直不值一提。

教堂由俄罗斯最优秀的建筑师设计，由热衷于冰雪事业的寡头们买单。建造教堂主体结构所用的树木由专业伐木工亲手遴选。整座教堂先在俄罗斯建成，然后再拆开并装上"瓦维洛夫号"运至此处。它占据了一大半船尾甲板、两个船舱和一半主甲板。卡利斯特拉特神父曾在船上的休息室里设了一座圣坛。然后，身披镶有黄金饰带的长袍，摇铃，燃烛，上香，举行了数小时的仪式。

天空越来越阴暗，当我们到达山顶时，小雪变成了雨夹雪。但即便在这片荒凉的地貌中，教堂依然美丽如常。如果没有钟楼和那些奇异的洋葱式圆顶，它几乎就是一座优雅的小木屋。上方的钟室里蓦然响起一阵叮叮当当的钟声。一颗脑袋从上方的窗户里探出来，活像一只人形布谷鸟。游客和崇拜者中发出一阵刺耳的欢呼声。

教堂内部小得出乎意料。我们一群人中只有少数几个进入里面，并用长柄弯烛芯点燃了蜡烛。圣像都很精致。卡利斯特拉特神父低声说，它们都是由俄罗斯某些最伟大的艺术家画上去的。我情不自禁地点燃了自己那根蜡烛，又掏出几英镑塞进俄罗斯人的善款箱内。"够古怪吧？"我刚一出门，探险队队长戴维·麦格尼格尔（David McGonigal）就咧嘴笑着问我。

下面的基地里，科考站主管奥列格·萨哈罗夫（Oleg Sakharov）正等着我。奥列格将近50岁了，很帅气也很直率，对于我们的侵扰流露出了一点点不耐烦。他看见一名游客正在拍摄海岸上一只独行企鹅，便皱起了眉头。"游客们从不想来科考站，"他抱怨道，"他们关心的只有野生动物、野生动物、野生动物。"他告诉我，他已经连续九年来这里，这一次他会在这里一口气待十八个月。是的，他在俄罗斯有家庭。妻子和孩子怎么受得了他长期离家呢？他耸耸肩说："这就是我的生活。"

接着他打开了通向基地的大门。我跟着走进去，迎面扑来一股煮过头的白菜味儿和发霉香烟的浑浊的烟味儿；墙上挂着灰暗的油画，画布已被撕裂了。我们经过其中一个房间，它的后墙上嵌着几排金属架子，里面塞满了古老的八角形的胶卷盒，有暗绿色的、棕色的，还有银灰色的，盒边上粗略地涂着白色的数字。奥列格告诉我，这间屋是投影室，供基地里的人聚在一起看俄罗斯电影。

到目前为止，一切尚在意料之中。可当我们跨入下一座建筑，却突然置身于一间出乎意料的漂亮的休息室里，观景窗外是一幅由岩石、大海和冰雪构成的精致美景。但我的注意力却被一台巨大的宽屏电视吸引过去了，屏幕上播放着的是一位智利肥皂剧女演员，她出于一种我无法理解的哀伤，正紧握着自己的双手，将漂亮的脸蛋皱缩成一团。

这不仅是电视，还是一套最先进的娱乐系统。这跟基地其他地方严肃的风格一点儿也不协调。奥列格看着我困惑的样子笑了起来。他告诉我，这是韩国政府送的礼物。这下我真被惊呆了。韩国人给俄罗斯人送礼物？真没想到这两个国家竟然暗中搭上了伙。

原来，一年前附近一个基地里的五名韩国人在一场风暴中失踪了。他们的船翻了，不得不从风高浪急的海域游到一片荒滩上。别林斯高晋基地内的俄罗斯科学家冒着生命危险出去寻找他们。他们救出了五个韩国人中的四个，并把四个人活着带了回来。（第五个人此前已经冻死了。）紧接着，首尔当局通过一艘船捎来了感谢信，还有这套娱乐系统。"它非常好，"奥列格说，"他们说很遗憾不能送一套更大的过来。"

这是南极合作精神再一次发挥了作用，在共同的人身威胁面前，民族隔阂冰消瓦解。这一点我能理解，可对教堂仍然是百思不得其解。为什么如此大费周章？为什么要在这个地方建一个如此精致的东西？奥列格叹了口气，抛出了一个听起来像是标准答案的答案。"许多俄罗斯人牺牲在南极,以这种方式,我们可以对他们表示尊敬和怀念。"

对,我也明白这一点。但为什么一定要这么复杂?旁边的智利基地就有一个更加标准的南极宗教场所。那是一个老旧的不锈钢集装箱,涂成了亮蓝色,门上挂着一个木制十字架。如果他们想在别林斯高晋设一个教堂,为什么不像别人那样修修补补凑合着用呢?

奥列格转身盯着我的眼睛。"你看,"他说,"你可以关闭一座科考站,对不对?你可以说'经济形势不好,日子过得很紧'。但你没法关闭一座教堂。"这就对了。在过去五年里,多处俄罗斯科考站已经因为缺乏资金而被封存。但一座如此壮观的教堂呢?不,你没法关闭。如同这片大陆上任何领土声索一样,这似乎也是一种充满讽刺意味的帝国主义。

不过也许这并不像听起来那么有讽刺意味。当我还在回味他的上一句话时,奥列格却令我猝不及防地展现出一种纯粹的浪漫主义,差点把我惊倒。"这样一来,"他说,"就会有一颗俄罗斯灵魂永远留在南极。"

是的,确实会的。一座来自俄罗斯的教堂,带着浓浓的爱意。

如果说俄罗斯人已经找到了一种精神上的途径进行立桩划界,阿根廷人和智利人也想出了一个同样能引起情感共鸣的办法——只不过可能更加人性化。1977年11月,阿根廷政府将西尔维娅·莫雷拉·德·帕尔马(Silvia Morella de Palma)空运至他们位于南极半岛顶端的埃斯佩兰萨(Esperanza,意为"希望")基地。西尔维娅是该基地总司令的妻子,当时已有七个月身孕。1978年1月7日,她生下了埃米利奥·马科斯·帕尔马(Emilio Marcos Palma),人类历史上已知的第一个出生在南极大陆的婴儿。与让新公民出生在这里相比，还有什么办法能更好地证明你对一个地方的所有权呢？

从那时起，又有七名婴儿在埃斯佩兰萨出生，三名婴儿在别林斯高晋附近乔治王岛上的智利基地出生。（智利人注意到了阿根廷人的做法，随即意识到自己可能要错失良机。）这使得十一位年轻男性和女性可以理直气壮地宣称自己是南极洲的正式公民。

虽然出生潮本身现在已经停止了，但这两处基地仍然允许孩子和家庭入住，这显然违反了这片大陆上几乎其他所有地方都禁止儿童的规则。事实上，这些地方似乎更像殖民地而非科考站。我迫不及待地想去参观埃斯佩兰萨，想亲眼看看南极"殖民地"是什么样子。2008年当我随同英国皇家海军"坚忍号"（*HMS Endurance*）破冰船出航时，终于得到了机会，这艘船当时正向英国南极调查局[①]的科学家提供支持。当时我们正在离埃斯佩兰萨很近的海域航行。船长已经批准我们乘飞机去基地，同时破冰船将继续前进，稍后我们再会合。

但是，首先，我们的通信人员必须先接通埃斯佩兰萨的通信组，告诉他们我们正在前往基地。于是我们只能等待，一半身子裹在闷热的亮橙色的橡胶救生服里，这是"坚忍号"上直升机乘客的必备装备。为获允乘坐皇家海军直升机在海上飞行，你还必须在英国通过一项"空中跳投"课程。你跟一队新兵一起被塞进成一个直升机机身模型内，然后被从高处扔进游泳池里，你必须证明自己能够安全地游出紧急出口。第一次，灯是亮的，你还能保持直立姿势；第二次则更为现实，"直升机"会翻过来；第三次，灯光会变得很暗；第四次，全身没入水中，然后在一片漆黑中翻转过来。最后一次最恐怖。我们虽然都在规定时间内游出来了，但比前几次狼狈多了。

---

① http://www.antarctica.ac.uk/.

我在"跳投"时自己碰伤了好几处，也碰伤了别人好几处。

这是我首次直接接触军事行动，一开始四处瞎撞，试图弄清一套套令人眼花缭乱的规则。军官可以进军官餐厅，但不能进下级餐厅。上级只有在受到邀请时才能进下级餐厅。科学家不包括在内——我们几乎可以去任何地方。但每个人在上舰桥之前都必须在入口处停下，拖长了调子喊一句口令——"请批准进入舰桥"——但值班军官对此的回答并不是如你所期望的"批准"，而是令人困惑的"是的，请进"。

在南极待在一艘军舰上也是一件很古怪的事，因为这片大陆明确用于和平目的。当然，这艘船用于支持英国的科研活动，而且许多国家，也许是大多数涉足南极的国家，都有很长的利用军队支持科研的传统。但它的存在也是为了密切关注英国在该地区的利益。"坚忍号"的既定使命不只是"支持位于南极的全球社区"，还负责"巡查南极和南大西洋地区，利用防务外交维持主权存在"。①

但是，随着时间推移，我被这里的男兵和女兵吸引住了：24岁的领航员在我们睡觉的时候彻夜引领我们的破冰船，每天早晨通过广播向我们提供"军情报告"——不仅告诉我们目前的位置，还告诉我们每天早餐能吃上什么特色菜；水兵们满怀渴望地谈论何时可以离开这个美丽但和平的大陆，回到他们本应参与的战斗中；静不下来的海军陆战队员从舰首实施绳降，为的是不让技能生疏。此时我自己也变得相当不安分，海军陆战队员们非常亲切，竟让我参加他们的绳降行动。

我开始习惯早上七点被叫醒，这是传统与现代相结合的独特

---

① 令人伤心的是，"坚忍号"现已退役。2009年，由于阀门出现故障，它差点沉没在南美洲水域；虽然回到了英国，但维修费用太高，现已经报废，将要替换它的是一艘挪威破冰船。

军队风格：水手长吹哨子，通过麦克风和广播系统吹进每个人的舱室，"嘘嘘嘘嘘——，嘘嘘嘘嘘——呜"。我甚至学会了自个儿做这件事，早上六点半从铺位上一跃而起，为的是享受叫醒全船人的特权。诀窍就是在适当的时候将手指弯起来盖住哨子孔，然后发出垂死的"嘘——呜"声。一开始，好像我们的海军东道主被搞得发蒙，就像他们也曾把我们搞得发蒙一样，但经过几星期的航行，到达罗瑟拉角后再折返向北，大家已经成了好朋友。

终于批准放行了，我们戴上头盔，被拎进停在后甲板上的直升机内，真的就是被抓着后颈拎进去的。因为当时螺旋桨正在旋转，飞机上没人愿拿平民的生命冒险。我们飞过冰川、冰山、岩石和暗灰色的海面，来到一处迷人的小海湾，上方是灰色的天空，岸上夹杂着道道白雪。埃斯佩兰萨的建筑全部，或几乎全部，都是同样鲜艳的樱红色，用钢制集装箱建造，但采用黑色三角形屋顶，使得基地看起来像一座玩具城。

我们降落在停机坪上，五六个人组成的一个代表团过来迎接我们，并把我们领进主建筑享用咖啡和蛋糕。看得出来，无论是基地指挥官的英语，还是我们的西班牙语，除了用于互道姓名、职务和序号之外，几乎什么事也谈不了。于是他们便派人去找来一位年轻的气象学家为我们翻译。

每个人都很开心，大家都面带微笑，但翻译问的问题却有些奇怪。他质问我们为什么要来这里，语气中透着一种客气的急迫。"我们的船在呼叫的时候，没有告诉你们吗？"终于我忍不住问了一句。"没有呼叫。"他回答，"我们不知道你们要来。"

什么？可我们以为这边的通信组已经跟他们对上了话，这才获准起飞的！明显是沟通出了问题。我们未经通报就从天而降，进入一处阿根廷殖民地，这块地方我们两国之间可是存在明确争议的，而且还乘坐了一架皇家海军直升机！

英国跟阿根廷在本地区的关系相当不稳定。这两个国家（还有智利）都声称拥有南极大陆的这片区域，多亏了《南极条约》，三国的声索目前均处于搁置状态。但在条约签订之前，各方为了这块地曾争吵不休。1943年，一支英国探险队曾扯下留在附近迪塞普申岛（Deception Island）上的阿根廷国旗，代之以英国国旗。1952年，英国南极调查局的一支科考队从停在霍普湾（Hope Bay）的"约翰·比斯科号"（*John Biscoe*）上卸载物资时，一支阿根廷海岸勤务队竟然用机枪朝他们头顶上方扫射。双方政府后来通过外交渠道相互致歉，彼此也都很大度地接受了道歉，不过我敢肯定对于涉身其中的科学家来说，这并不能带来多大安慰。

诚然，在1982年英国和阿根廷为争夺马尔维纳斯群岛（福克兰群岛）交战期间（作家博尔赫斯令人难忘地将这场冲突形容为"两个光头男人为了一把梳子打架"），当时有报道说南极是英阿两国在世界上唯一保持良好关系的地方。但就算在这个地方，你也不能未经通报和邀请就派一架英国海军直升机过来。

但我们的主人非常和蔼可亲。也许当人类挤在一个他们从未到过的地方时，总会有一些不可思议的事发生。北极一直是一个冲突地区。世界各地的沙漠同郁郁葱葱的草原一样也可能成为战场。在我们这颗行星的其他地方，光头男人们仍然在为了梳子打架。但在南极洲，这些普遍规则似乎并不适用。

等我们喝完咖啡，问完问题，基地总司令米格尔·蒙泰莱奥内（Miguel Monteleone）中校便邀请我们参观。地上布满了岩石，路面和大石头上点缀着白雪，土褐色的背景将建筑物衬托得生机盎然。米格尔（尽管穿着令人生畏的军装，不过他告诉我可以叫他米格尔）带我们参观了小教堂、实验室和医务室。后来我们经过一个路标，上面的箭头指向四面八方，分别指明港口、直升机停机坪和餐厅等的方位。其中有一个标志，我在南极其他地方从未见过。上面写着"Escuela"，意思是学校。

这是我一直期待看到的建筑——埃斯佩兰萨容留孩子的第一个迹象。整个学校由几个集装箱通过螺栓连接在一起构成，米格尔领着我从头到尾走了一遍，向我介绍各个不同的房间。"这间是所有孩子的游戏室。然后这间是七年级也就是小学最后一个年级的教室；隔壁班有两个二年级的孩子、一个三年级的孩子和一个四年级的孩子。这是最后一个班，幼儿园班，有两个5岁左右的孩子，其实是个学前班。"

我在最后一个班的门口停下脚步。里面有一套成人尺寸的桌椅，估计是给教师用的。在它旁边有一张小方桌，勉强到我膝盖，还有两把小椅子。不，它们不仅小，而且非常小。简直是微型的。虽然我知道这里曾有过小孩儿甚至是婴儿，但看到这些椅子，还是不由得被深深震撼。转念一想，自己为什么会被震撼？为什么这件事显得如此反常？为什么我会如此习惯于"无儿童"规则，以至于如对待福音书般全盘接受？

"这里共有多少孩子？"我问。

"从3月12日起，如果所有家庭都到齐了，会有五十一个人，包括八名妇女和十四个孩子。"

"基地内还有其他供家庭使用的设施吗？"

"有一个卫星天线，可以收看四路数字电视频道，另外还有一个卫星天线，可以连接互联网，联谊会里有乒乓球、桌上足球和游泳池。冬季如果天气允许，我们还开展户外活动。"

在我听来，这很像一个美好的童年。可这并不仅是为了给几个孩子提供一次美好的体验。

"在南极这里，埃斯佩兰萨很不寻常，"我小心翼翼地说，"因为有家庭和孩子。为什么你们这里会有家庭呢？"我不愿使用"殖民"这个词，可米格尔好像并不介意。

"嗯，"他轻描淡写地说，"这是敝国普加尔托将军代表军队发起的'阿根廷的南极洲'行动。整个计划的一部分就是利用家庭殖民南极。目的是让阿根廷人在属于阿根廷的南极地区建起一个小镇。"

我想自己当时肯定被惊呆了。我未曾预料到对方如此的坦率。埃尔南·普加尔托（Hernán Pujarto）将军早在20世纪50年代就是贝隆总统的得力助手。他曾创建阿根廷南极研究所及其最南端的基地，他还极力主张殖民南极半岛并声索主权。

"你觉得在这里容留家庭有政治方面的考虑吗？"我问道，"这里更像殖民地而非科研基地？"

"嗯，基地内的确有科研活动。"米格尔说，"科研工作与家庭生活并行不悖，而且也非常重要。"

对，当然，的确有"科研活动"。尽管只有那么小的一间实验室，而且整个科考站目前只有五位科学家。在埃斯佩兰萨，明目张胆的殖民和占领比我在南极其他任何地方见到的都更明显，搞科研这张橡皮膏药似乎是最没有说服力的借口。

然而，可是……这并非事情的全部。米格尔对埃斯佩兰萨的科研工作还是非常严肃的。虽然做科研可能并不是他们政府的最初动机，但阿根廷的科研活动无疑已经在这片大陆上留下了印记。就在这里，或者离此很近的地方，两位阿根廷科学家发现了一样东西，这个东西改变了我们对这片荒芜的冰冻世界的认知。

当时是1986年1月，地质学家爱德华多·奥立韦罗（Eduardo

Olivero）和罗伯托·斯卡索（Roberto Scasso）从埃斯佩兰萨出发，绕过南极半岛的最顶端，在詹姆斯·罗斯岛（James Ross Island）北部登陆。他们从圣玛尔塔湾（Santa Marta Cove）向南步行了约一英里左右，便开始四处寻找化石。当时正是寻找化石的好时节。时值南极盛夏，顶层土壤已短期解冻，使得他们有机会捡到一些有用的东西。

这个地区曾经是一片浅海，半埋在土壤里的是典型菊石和鲨鱼牙齿。不过两名研究人员发现了一些令人震惊的东西：一块颌骨，几颗扁平的阔叶形状的牙齿，还有一些头骨、脊骨和腿骨碎片。他们竟然发现了南极洲第一条恐龙。

南极甲龙是一个新种甲龙，一种矮胖的草食性四足动物，从头至尾伸展开约有4米长。它长着铠甲般的皮肤，如同其他甲龙一样，尾巴末端可能还带有一根粗壮的棒槌——尽管目前尚未发现任何棒槌的遗迹。它的眼睛上方有一条突出的短刺。它生活在白垩纪晚期，距现在不到一亿年。由于某种原因，它死在岸边，被海水冲洗后埋在浅海里。[①]

爱德华多和罗伯托的发现证实了许多科学家的怀疑：南极洲并非一直都是一片冰冻的荒野。尽管目前南极只有很小一部分地面未被冰雪覆盖，但剩下几块裸露的岩石上却留下了许多痕迹，表明南极在远古时期要比今天暖和得多。

自从南极甲龙化石被发现以来，越来越多的恐龙化石在南极地

---

① 这种恐龙的第一份报告是：E. Olivero, R. Scasso and C. Rinaldi, 'Revision del Grupo Marambio en la Isla James Ross—Antartida', *Contribución del Instituto Antártico Argentino*, 331, 1986, pp. 1–30；但花了十多年时间才将所有可用的碎片组合起来，而且新恐龙种类直到2006年才被命名，参见 Leonardo Salgado and Zulma Gasparini, 'Reappraisal of an ankylosaurian dinosaur from the Upper Cretaceous of James Ross Island (Antarctica)', *Geodiversitas*, vol. 28, 2006, p. 119。

区现身。紧接着发现的是艾氏冰脊龙，一种20英尺长的食肉动物，死亡时，它的最后一餐———一条倒霉的草食性原蜥蜴的一条腿——还停留在它的嗉囊里。冰脊龙脑袋上有一件武器，形如弗拉明戈舞蹈家头上插的西班牙梳子，或者可能还像猫王额上的卷发。接着发现了更多的恐龙化石。有些南极恐龙体型很大，有些则很小；其中一头貌似还长着一张鸭嘴。但所有恐龙应该都生活在冰河期来临之前。[①]

还有与恐龙相匹配的植被。在比尔德莫尔冰川附近——就是被沙克尔顿和斯科特两支极地探险队当作台阶攀上南极高原的地方——研究人员发现了一片阴森恐怖的石化森林，它们曾为南极恐龙提供食物和阴凉，但现在早已变成石化树桩，树干折断的位置，年轮清晰可见。从南极点返回的途中，斯科特本人也捡了几颗比尔德莫尔冰川上的石头，远古蕨类植物叶子如指纹般在上面留下了化石。

斯科特并不知道大陆会漂移，也不知道南极洲在其地质史上很长一段时期内都在世界各地的温暖地区游荡，在此之后，地球板块之间的摩擦才把它带到当前位于南极点处的静止位置。但现在这一点已为我们所熟知。因此，或许所有这些化石都来自南极大陆尚在温暖的热带徜徉的那个时期。

但也不完全如此。地质学家曾追踪过南极洲的历史漂移路径，它大约在一亿年前到达现在的位置——也就是在詹姆斯·罗斯甲龙时期。即使南极洲在南极点坐稳以后，它也仍然是一片绿色的大陆，覆盖着森林、蕨类植物和恐龙。[②]

---

[①] 南极恐龙及参考文献概述，参见 http://antarcticvp.com/education.html.

[②] Dominic Hodgson et al., 'Antarctic climate and environment history in the pre-instrumental period', in *Antarctic Climate Change and the Environment*, Scientific Committee on Antarctic Research, pp. 119–123, Victoire Press, Cambridge, 2009.

恐龙时期世界各地都非常暖和，包括两极，这在很大程度上要归功于空气中含量极高的温室气体。数百万年来，火山一直在喷发二氧化碳，地球就是一个温室。但后来，树木倒进潮湿的沼泽里，在腐烂之前就被掩埋，浅海海床上布满了海洋生物，它们的尸体也在一阵泥沙雨中被掩埋。随着时间推移，树木和海洋生物尸体中的碳被埋得越来越深，不断被高温炙烤和挤压，发生化学反应，转化成了煤、石油和天然气。地球找到了一种天然机制，将碳从空气中吸出，再把它埋在阳光照不到的地方。

　　这就是为什么世界开始了它的冷却进程，为什么南极开始感到寒意，而德雷克海峡的开通以及那些隔离环流的形成又加快了这一进程。恐龙于6500万年前灭绝，这可能是陨石撞击的结果。森林和蕨类植物最终也消失了，不过它们是被寒冷的空气和不断侵蚀的寒冰赶向灭绝的。从那以后，南极洲几乎一直都在变冷。[1] 或者说它曾经一直在变冷。

　　在过去两个世纪里，我们人类一直在向下挖掘那些远古土地的黑色残留物，提取其中所含的化石燃料，燃烧它们，将碳重新排放到空气中。世界不可避免地开始再度回暖。在过去一个世纪里，我们这颗行星的平均温度已经上升了近0.83℃，升温效应在南极比在其他任何地方都更为强烈。南极大陆的这片地区正在以超常的速度变暖——是全球平均速度的三倍多。[2] 它已成为地球热点地区之一，融化就发生在科学家及其仪器的眼前。冰架正在碎裂，崩落出无敌

---

[1]　全球变冷时有发生，冰河时期自然一般要比我们今天这样的温暖间隔期温度更低。但整个趋势是稳定向下的。例如，参见 Hodgson et al., 'Antarctic climate and environment history in the pre-instrumental period', p. 123。

[2]　John Turner, Steve Colwell, Gareth Marshall, Tom Lachlan-Cope, Andrew Carleton, Phil Jones, Victor Lagun, Phil Reid and Svetlana Iagovkina, 'Antarctic climate change during the last 50 years', *International Journal of Climatology*, vol. 25, 2005, pp. 279–294.

舰队般的冰山。连动物都感觉到了热量。

南极半岛正在发生变化，罗瑟拉站就坐落在这个变化的核心地带。作为英国南极调查局的运营总部 [①]，它坐落在阿德莱德岛（Adelaide Island）的一块布满岩石的海角上，位于半岛东西向接近中间的位置。与之毗邻的两个海湾里的冰山在斜洒的阳光下熠熠生辉，冰块冲刷着海岸，在海浪中发出风铃般的声音。

尽管罗瑟拉站的设施是最先进的，设有套间卧室、高级实验室以及快速出入马尔维纳斯群岛（福克兰群岛）的航班，以尽量减少科研时间和成本，但这个基地与过去之间也存在着最紧密、最直接的联系。许多人被英雄时代的传说吸引到这里，年纪较大的人还记得英国基地内的生活曾一度在效仿伟大探险家的生活。直到20世纪80年代中期，假如阿蒙森、沙克尔顿和斯科特等人光临，他们仍能轻松适应这里的工作和生活。

这是这片大陆上最后一个放弃雪橇犬的基地。最初狗在这里用于工作，但后来由于机器接管了工作，它们就变成了一种娱乐，成为周日出去体验英雄时代南极洲的绝佳方式。但它们也非常耗费资源，它们要训练、要饲养，打架受伤后还要进行缝合。

阿根廷、澳大利亚和英国是这片大陆上最后一批养狗的国家。1994年南极禁狗令出台时，这几个国家最初都激烈反对。首先是澳大利亚人，其次是阿根廷人，他们将剩下的狗送回了家。最后是英国人，在1994年2月，南极大陆上最后14只哈士奇被装进专门设计的狗舍，在罗瑟拉站被送上了Dash-7飞机。从那时起，南极大陆

---

① 英国南极调查局有一个很好的网站，提供有关其自身科学活动的信息以及许多有关南极洲的一般资料：http://www.antarctica.ac.uk/。

上唯一允许的"外来"物种就只剩下人类。与英雄时代的最后一种直接联系淡出了人们的视线，成为历史。

但对往日的怀念依然挥之不去。尽管罗瑟拉站目前拥有24小时互联网和不限时长的电话，每年6月21日，过冬者仍会聚集在收音机旁，收听传统的冬至广播，BBC全球广播的短波信号承载着来自家乡的私密信息。

这种怀旧感也存在于罗瑟拉站送给野外营地的食物里。送到野外营地的一箱箱"人粮"（以区别于"狗粮"）仍然包括斯科特那帮人可能会乐于享用的口粮：奶粉、燕麦粥、茶和可可、"棕色饼干"（用这种军事风格的语言称呼，可以与"水果饼干"区分开来）。

至少食品箱内不再有干肉饼——经典的英雄时代脂肪和干肉的混合体，它们在史诗大航海时代为我们所有的英雄提供营养。但你会发现罗瑟拉站竟然有人对此感到遗憾。为了对现代社会表示尊重，科考站内存有一袋袋脱过水的、经过重新组合的咖喱、炖菜和蔬菜炖肉食品，除了包装上列出的不同成分之外，几乎难以分辨。南极的其他主要国家中，没有任何一个还在坚守这种乏味的营地食品（尽管罗瑟拉站现在允许额外携带一箱"好吃的东西"），而一些较大的营地已经开始吃比萨，制作面包。

在20世纪90年代初发生的所有变化中，女性到来造成的轰动似乎最小。第一位在野外度过夏季的女性是一位名叫利兹·莫里斯（Liz Morris）的科学家。她当时刚被任命为英国南极调查局冰与气候部主任，主管部门曾一度以为她不愿去南极。但他们错了。有人写信告诉她，南极没有理发师，没有商店，而且，更郁闷的是，没有接待她的"设施"。可她未被吓住，毅然在1987—1988年去了罗瑟拉站。[①]

令英国人感到丢脸的是，与美国人相比这已经算非常晚了。不过到了20世纪90年代初，更多女性开始在这里过夏天，1994年，第一批女性在北部的西格尼（Signy）基地过冬。后来……令英国人感到光荣的是，男女混合团队突然开始变得很正常。当第一批南极女性中的一些人在20世纪90年代末返回基地时，这种改变让她们深感震惊。没人再以特殊的眼光看待你或者评判你，你尽可以做回真正的自己。

那些在大变革时代在罗瑟拉站待过的人一上来就会提起禁狗，通常接着就会说起开通飞机。但要是你问起当初让女性进入基地、后来又进入野外营地是什么情况，他们会困惑好一阵子，好像他们已经忘掉了这其中有什么差别。虽然罗瑟拉距离麦克默多的那种性别比还差得远，虽然英国科研项目比大多数国家的项目用了更长时间才将女性带到南极，但目前看来融合已经完成。

机会平等也带来了风险平等。在罗瑟拉角顶端的山上竖立着一片十字架和纪念碑，用于纪念那些在南极这片地区失去生命的英国人，其中最新和最耀眼的一座专门纪念一位名叫科斯蒂·布朗（Kirsty Brown）的女士。

尽管有很多科学家从这里出发去研究冰和岩石，但罗瑟拉站本身专门研究南极大陆上的动物，尤其是基地附近海域内的那些动物。科斯蒂就是一位研究此类海洋生物的海洋生物学家。她留着棕色短发，脸上挂着迷人的微笑，充满了智慧和能量，人们都叫她"大爆炸"。她刚在阿德莱德大学攻读完博士学位，而且还是一名熟

---

① Felicity Ashton, 'Women of the white continent', *Geographical* (Campion Interactive Publishing), vol. 77 Issue 9, September 2005, p. 26.

练的骑手和潜水员。2003年7月22日，经过六个周的冬季黑暗之后，阳光终于在这一天回到了罗瑟拉站，于是她便出去浮潜。科斯蒂非常喜欢在冰块之间潜水——而且还曾说过，如果可能，她每天都愿意去。那天，她跟好友一起下水游泳（基地规定严格禁止一个人游泳），另外两个人在岸边看着她们。

没有人注意到水中的豹斑海豹。如果附近有海豹，是禁止游泳的，但这样做只是为了避免打扰海豹。豹斑海豹体型庞大，生性残忍。它们能长到13英尺长，脖子粗壮凶狠，口鼻部位呈正方形，富有进攻性地朝外凸着。它们是顶级掠食者，是南极海域趾高气昂的统治者。豹斑海豹也是令企鹅在冰块边缘紧张犹豫的原因，企鹅们静悄悄地彼此怂恿着往前靠，直到其中一只跳下水，其他企鹅才会自发地跟进，形成一条黑白相间的小瀑布。这叫人多胆壮。或者，至少被抓住的概率更小一些。企鹅和鱼类害怕海豹是合情合理的，不过以前从未听说海豹袭击过人类。但这一次它发动了袭击。

科斯蒂大概没有看到它游过来。她几乎都没来得及叫出声。海豹脑袋相当于她整个上半身大小，体重肯定达到了她的六七倍。即使她有时间抽出潜水刀，也起不了多大作用。海豹把她拖到水下，咬住她的头——它似乎是在玩游戏。科斯蒂浮出水面一次，接着又消失了，此时她的同伴还在发动救生艇。当她们赶到她身边的时候，已经太晚了。她的潜水记录仪显示，海豹将她拖到了水下230英尺的地方，并在那里停留了六分钟，接着又突然放开了她。没有人知道海豹为什么会发起袭击。也许它以为科斯蒂是海狗，也许是科斯蒂不小心惊扰了它。医生花了一个小时试图救活她。震惊中的冬季团队陪着她的遗体又过了好几个星期，才等来救援飞机将她送回远方的家乡。

罗瑟拉角山顶上的科斯蒂纪念碑坐落在一个用石块笨拙地垒成

的石堆上；它本身是一个地形走向显示仪，一个金属圆圈说明周围360度范围内的景观，标出了冰川、山脉和海洋。绕着中心点刻着一圈碑文："科斯蒂·'大爆炸'·布朗。她在短时间内取得了诸多成就，生活得非常充实。"她只有28岁。

罗瑟拉站的潜水员依然在附近的海里潜水，但一直都有人负责望风，时刻准备发出警报。他们会将捕获物送进那里的水族馆——一间寒冷而明亮的房间，里面摆满了圆桶，桶里面挤满了光怪陆离的南极海洋生物。

劳埃德·佩克（Lloyd Peck）专门研究气候变暖对以南极为家的冷血生物的影响。"坚忍号"曾将我送到罗瑟拉站进行短期访问，劳埃德曾表示愿意带我去看他心爱的动物们。他在圆桶之间兴奋地跳来跳去，不断捞出我曾在麦克默多见过的十条腿的海星、防冻液鱼、巨型海蜘蛛，我还看到了其他各种古怪的适应性特征，动物们正是通过这些特征充分利用冰冷的海水。

"真有意思。"我说，"如果你提到南极生物，人们根本不会想到这些。总是想到企鹅、海豹和鲸。"

"那是因为跟南极有关的电影总是聚焦于那些引人注目的动物。"他回答说，"但是，温血动物只占地球物种总量的不到一千万分之一。因此对一个科学家来说，如果从统计学的角度看，它们根本不存在。它们在地球生物中的比例非常小，它们真的并不存在。"

哇。从统计数字上看，温血动物，包括人类，真的都不存在吗？

劳埃德大笑起来。"我们真正需要研究和了解的是占地球物种绝大多数的那些动物，也就是冷血动物。就像这个桶里的蛤蜊。"

他伸手进桶里抓起一只，拿出来让我看。它远大于我见过的所有蛤蜊。劳埃德一只手几乎拿不过来。它长着珠光闪闪的蛤壳，合上后呈圆柱形，顶部长着灰色的肌肉，如同皱起的手风琴，上面还带着斑点。"我们对这个物种做了大量研究。"他正说着，手里的动物突然出乎意料地朝我喷出一股冰冷的海水，就像一个参加嘘嘘大赛的小学生。我大叫一身朝后跳开。"对了，我忘了说它们会喷水。抱歉，抱歉。"他接着又哈哈大笑起来。

"这就是为什么我喜欢它们。它们做的事总是出乎意料。它们是唯一利用喷水推进的蛤蜊。它们通常被埋在海底，你只能看到皱起的部分。但如果它们被冰山挖了出来，就必须回落到低点将自己埋起来。它们先喷射一股水流，然后起飞。在所有双壳类动物中，只有它们能做这件事！"

劳埃德显然很喜欢他的动物。但他对这些蛤蜊以及水族馆内其他生物的研究却得出了有关半岛野生动物的令人不安的消息。虽然目前还不至于害怕来自人类手中的鱼叉和棍棒，但气候变暖让这里的动物面临一个全新的威胁，而且它最终可能成为最严重的危险。

"我们正在研究它们如何应对气温上升。如果你把这些蛤蜊从沉积物里挖出来，它们必须先把自己再埋进去，才能重新正常生活。如果让它们升温，很快就会达到一个令它们无法正常生活的温度。对它们来说，大约升温1.12℃就会失常。"

他之所以知道这一点，是因为他和同事已做过实验。他们将一些蛤蜊放进水桶里，改变水的温度，然后观察发生的情况。南极海洋生物从来都是慢吞吞的。如果实时观察，你很快就会厌倦。但劳埃德让我看了高速视频，将12小时压缩成约一分钟。在0℃时，蛤蜊非常活跃，当它们用力将壳埋入地下时，就像风钻一样上下抖动。可当劳埃德将水只加热几度时，它们就只能躺在那里，软绵绵的毫无生机。简直要热爆了。

"为什么温度升高会让它们更难将自己埋起来？"我问。

"无论外界环境如何，像我们这样的温血动物都能设定自己的体内温度，"劳埃德说，"但是冷血动物会将自己的体温与环境温度保持一致，它们的代谢速度也取决于环境温度。如果你让这些动物升温，它们的代谢速度就会增加，这样一来它们的生活成本就会上升。

　　"要是我让你走上楼，你大概同时还能聊天。要是我让你跑上楼，提高代谢速度，聊天就会变得更难。如果先大吃一顿，然后再试图跑上楼，那你很可能就会生病，因为你无法以足够快的速度获得足够多的氧气来驱动肌肉和消化系统。对这些动物来说，让它们升温就相当于让它们先大吃一顿，再让它们跑上楼。它们已经没有余力做别的事了。"

　　"如果它们不能把自己埋起来会怎么样？"

　　"易受食肉动物的攻击。而且，它们必须在适当的位置才能通过喷水进食和繁殖。对它们来说，不能回到沉积物里真不是一个好兆头。"

　　接着，他向我展示了更多曾在热水桶里试验过的生物。最奇怪的是一种形状和大小都像柠檬的亮黄色钉螺，它们的壳长在里面，软组织覆盖在外面，闪耀着幽灵般的光芒。每个钉螺都用一个黄色的大足附在有机玻璃桶壁上，当它们"呼吸"海水中的氧气时，你能看见它们的触角在不停地抽动。

　　"是不是很令人惊讶？"劳埃德说，"它们以海鞘为食。在南极部分地区有大量分布，可除了少数生物学家外，大多数人从未见过它们。"

　　"它们有多脆弱？"我问。

　　"我们知道这些动物无法应对升温。从进化的角度来讲，长期以来，这里的气温一直非常低而且非常稳定。我们老家欧洲海域里的动物已经习惯了5.6度，也或许是6.7度的季节性气温变化。而这些家伙所经历的全年气温变化量只有1.1度甚至更低。它们已经失去了应对温度大幅变化的能力。这就意味着随着海洋变暖，它们将是第一批受难者。"[①]

劳埃德非常担心南极半岛上已发生的气候变暖将对海洋生物产生的影响，到目前为止，这些生物一直在这里蓬勃生长。他的实验已经表明，不必再变暖多少度就能将它们推向崩溃的边缘。

"我们已经考察过八个不同的物种，到目前为止，它们对很小的温度变化都非常敏感。在这些奇异的生物中，有一些可能在大多数人知道它们存在之前就会消失。真是太令人遗憾了。"

自从我们见面起，这是劳埃德第一次沉下脸来。他不再开怀大笑。

这些动物是劳埃德的命根子，可我们这些局外人为什么要在乎呢？好吧，你不必失去很多物种就会令整个生态系统发生巨变。尤其是其中一种很小的、像虾一样的生物，被称作磷虾，是整个食物网的基石。它好像也在受难。

磷虾依靠海冰才能生存。它们以海冰下方生长的藻类为食，而且它们自己的幼虾也要在海冰保护下的巨大的磷虾托儿所内游动。但随着近期气候变暖，海冰开始融化。有一项研究追溯到1926年，涵盖九个不同国家的磷虾捕捞量，以及近12000次拉网，研究人员发现了磷虾数量"显著"下降。[②]

这转而似乎又在引人注目的生物身上产生了连锁效应——许多

---

① L. S. Peck, K. E.Webb and D.M. Bailey, 'Extreme sensitivity of biological function to temperature in Antarctic marine species', *Functional Ecology*, vol. 18, 2004, pp. 625–630.

② Mark A. Moline, Hervé Claustre, Thomas K. Frazer, Oscar Schofield and Maria Vernet, 'Alteration of the Food Web Along the Antarctic Peninsula in Response to a Regional Warming Trend', *Global Change Biology*, vol. 10.12, 2004, pp. 1973–1980.

海豹、鲸和企鹅依靠磷虾为食。南极半岛上帽带企鹅和阿德利企鹅的数量已经出现了下降。它们的主食正在消失，所以自身也在消亡。①

当然，有输家就有赢家。但在这种情况下，迁移进来接管生态系统的赢家是一种叫作樽海鞘的阴郁生物，它们就是一团无可名状的凝胶，处在食物链较高层级的生物中几乎没有一种愿意吃它。②拿走帽带企鹅和阿德利企鹅，也许再拿走海豹和鲸，代之以樽海鞘，这可能对樽海鞘来讲是件好事。但对我们来说呢？你自己掂量吧。

还有另外一种惊人的变化正在发生。直到最近，南极洲水域一直都是世界上最孤立的水域。当冰在数千万年前第一次光顾南极大陆时，许多无法站立的动物——如龙虾和螃蟹——都灭绝了；从遥远的北方更温暖的地方长途游过来，简直令它们望而生畏，这意味着它们在南极生物链中的位置空缺了。留下的大量进化空位，其他的动物会填补进去。

但现在螃蟹们又回来了。2010年，研究人员将一台遥控潜水器下沉到南极半岛西海岸附近一片水域的深处，用于寻找海床上任何令人感兴趣的生命形式。令人惊讶的是，他们发现了一处巨大的、热闹非凡的帝王蟹聚居地，大约有150万只帝王蟹。第一批先驱可能是被暖水从南方冲进来的，但现在这些臭名昭著的碎骨机正在严阵以待，随时准备扑向一个毫不知情的、在进化中已经失去自我保

① W Z.Trivelpiece et al., 'Variability in krill biomass links harvesting and climate warming to penguin population changes in Antarctica', *Proceedings of the National Academy of Sciences 2011*, vol. 108, 3 May 2011, pp. 7625–7628.

② Angus Atkinson, Volker Siegel, Evgeny Pakhomov and Peter Rothery, 'Long-term decline in krill stock and increase in salps within the Southern Ocean', *Nature*, vol. 432, 2004, pp. 100–103.

护能力的生态系统。①

不再需要看温度计，就知道南极半岛正在变暖。变化不仅在这里的空气中；它还在动物身上，在冰里。在过去几十年里，环绕南极半岛的浮动冰架一个接一个地像多米诺骨牌一样崩塌了。它们先裂开，接着破碎成冰山，随水漂走，留下前所未有的开放水域。对于科学家来说，当务之急是弄清楚这种变暖是否真的是人类活动的结果，如果真的是这样，还要设法预测接下来会发生什么。

南极冰架令人印象深刻。你必须航行到离它们很近的地方，才能认识到它们有多么庞大，多么坚固。早期探险家把他们遇到的第一个冰架叫作"大冰障"，因为它令他们的小船相形见绌。没法驾船穿过去，也绕不过去。

那是大陆另一边麦克默多附近的罗斯冰架，一块相当于法国大小的广袤无垠的浮冰，是阿蒙森设立基地的地方，也是斯科特和他的手下队员丧生之地。另一块巨型冰架几乎与它正好相对，从南极半岛东侧向西延伸，就像南极半岛拇指根部的一条织带。这就是龙尼冰架，面积与罗斯冰架大致相等，但更厚。它与罗斯冰架相似，此冰架有一部分也来自南极西部快速移动的冰川。

几乎每隔一段时间，这些巨型怪物靠海的一边就会有一大块向下弯得太厉害，也许表面裂缝开始朝下裂得更深；潮汐不断上下晃动冰体，从而催生出更多的裂缝，更多的裂纹，直到最后，那块冰剥落并漂走，成为一座扁平的冰山，平顶方肩，就像一座浮动的城

① Craig R. Smith, Laura J. Grange, David L. Honig, Lieven Naudts, Bruce Huber, Lionel Guidi and Eugene Domack, 'A large population of king crabs in Palmer Deep on the west Antarctic Peninsula shelf and potential invasive impacts', *Proceedings of the Royal Society B*, Published online before print 7 September, 2011, DOI: 10.1098/rspb.2011.1496.

市，甚至像一个浮动的国家。

在南极半岛本体周围还有很多小冰架。它们漂浮在该地区许多峡湾的内端，令峡湾里布满了冰山、冰山块、小冰山以及来自冰雪世界的各种碎片。以罗斯冰架和龙尼冰架的标准来看，这些都是小玩家。但在世界其他地方，它们可能会被视作庞然大物。

半岛上这些冰架的分崩离析开始向科学家发出警报。第一个消失的是拉森湾冰架，它于1989年消失。覆盖着南极半岛北端和詹姆斯·罗斯岛之间狭窄通道的古斯塔夫王子冰架，几十年来一直都在消退，到1995年终于消失得无影无踪。

下一个是拉森 A 冰架——古斯塔夫王子冰架硕果仅存的最近的邻居。它的面积约700平方英里，在1995年1月解体，将一排排冰山送进了威德尔海。研究人员目前正紧张不安地盯着链条上下一张多米诺骨牌：拉森 B 冰川，面积相当于拉森 A 冰川的两倍大，估计会更加稳固。它也会很快破裂吗？

拉森 B 冰川位于南极半岛东侧相当靠南的地方，去那里需要穿越臭名昭著、冰封雪盖的威德尔海。最好的观测办法是通过卫星。但研究者渴望从地面上去那里，亲眼看一看正在发生的情况。

这群人中有一位叫尤金·德迈克（Eugene Domack），是一位沉积学家，来自纽约州克林顿市的汉密尔顿学院。他知道半岛正在发生重大变化，不过他愿意以长远眼光来看待。可能这只是某种非常自然的局地变暖。或许半岛会周期性地经历热潮，它们来得快，去得也快。毕竟，我们熟悉该地区才只有两个世纪。冰架可能千百年来一直在反复不断地破裂和重构，只是没人注意到罢了。

如果他能接近正在崩解的冰架之一，尤金认为自己就有办法弄清楚冰架是否是习惯性地这样破裂，或者最近发生的事件是否真的像看起来那样令人担忧。首先，他需要在西部海岸一个更容易到达的冰架上测试他的模型——西部海岸很少会被浮冰堵住。如果模型有效，他就会尝试将它应用到更具挑战性的威德尔海水域。

我跟他一起登上了正在试航的两艘美国国家科学基金会的科考船之一"纳撒尼尔·B.帕默号"（*Nathaniel B.Palmer*）。[1] 穿过德雷克海峡后，我们沿着南极半岛一路直下，其间未在任何一处岛屿或基地内停留，甚至连半岛上名叫帕默的美国基地也未做停留。尽管项目中其他人都认为这处基地太舒适，对它嗤之以鼻，但它显然是南极大陆上最可爱的基地之一。船驶向一个名叫拉勒芒峡湾（Lallemand Fjord）的小海湾，这个峡湾位于半岛往下大约三分之一的位置，尤金盯上了这里的一块冰架。

尤金是个大忙人。"纳撒尼尔·B.帕默号"上的科考活动达到了工业级的规模，船上拥有巨大的绞车和钢缆，如果不穿救生衣，不戴安全帽，则禁止去后甲板。要是尤金认为自己"现在"就得去后甲板，他就会带上笔记板和笔一路冲出去，从别人手上抢一顶安全帽（或者，有一次，直接从别人头上抢一顶），再把自己塞进身旁最近的救生衣里，哪怕这件救生衣背后写着硕大的"小号"。

不过，至少他还愿意遵守一项最古老的海军传统。前一天晚上，科考船已经驶过了海面上标志着南极圈的无形界限，我们这些首次越界者必须参加一个"首越"仪式。原本这个仪式只在跨越赤道时举行，其间通过足以让大学生联谊会会员大惊失色的各种各样的羞辱，将海军"小蝌蚪"（新手）变成"老乌龟"（老兵）。在这件事上，科考船至少跟军舰一样严肃认真，而且据我所知，那些原本非常理性的研究人员在出发参加跨越赤道探险时，宁愿丢掉自己的护照，也不愿丢掉那张宣布他们已经对海神表示出适当的敬意而不需要再

---

① Gabrielle Walker, 'Southern Exposure', *New Scientist*, 14 August 1999, p. 42.

度参加此类仪式的证书。

对船上我们这些南极圈新手来说，颇为幸运的是，我们这里的海神，来自斯坦福大学的生物学家罗布·邓巴（Rob Dunbar），决定让我们轻松过关。没有强制理发或者胡乱修面，抑或是仪式性地将人扔进垃圾桶里，他只要求我们每人写一首诗，表达自己对海神适当的敬意。

那天晚上，在交了十首打油诗后，我收到了一份证书——一张精致的铜版纸，上面写着：

> 时值当日头班执勤第二次铃响，本人乘坐"纳撒尼尔·B.帕默号"，于南纬66度33分、西经67度36分处，英勇无畏地跨入南极圈，进入凶险无情的南冰洋辖地。有鉴于此，且在离开南冰洋辖地之前对海神及其忠实的臣民所表现出的适当的恭顺，她现在理应得到所有人类、鲸、海豹、企鹅、鱼类、甲壳类、海绵、不值一提的微观生物以及其他南极领地内居民应有的尊重。

顺便说一句，因为罗布研究"不值一提的微观生物"，这可能就是他把它们也加入名单的原因。在这段文字下方，就在海神签名的上方，又补充道：

> 她获此殊荣，无比自豪，因为它既非轻易授予，亦非轻易获取。

我将证书拿在手里，站在舰桥上张望了一会儿，但除了单调的灰色海水和雷达屏幕上偶尔闪过的一座遥远的冰山外，几乎什么也看不到。最后我只好趔趔趄趄地回去睡觉。第二天早晨，室友玛丽急切地摇着我的肩膀把我叫醒。"快起来！"她说，"你一定要看看这个！"她说得没错。就在我们睡觉的时候，船已经驶进了拉勒芒峡湾的入口，现在已经快走到一半了。

景色非常壮观。我们周围全是冰：有最近才断裂的方形扁平大型冰山，有带圆边且历时更久的中型冰山，还有各种奇形怪状的小冰块。在这些自然雕塑中，你能见到任何想见的东西：美人鱼、马头、交颈的天鹅、龙，等等。

但要是你能读懂各种形状，它们还能告诉你一些真实的故事。以内行的眼光看，因为冰总是先从底部融化，所以你能看出它们在哪个位置上连续失稳，翻来覆去。翘在半空的冰架，那是水线一度所在的位置；冰块侧面上一条条波纹，那是空气泡从水下融冰内逃逸并一路冲上水面所产生的结果。

所有这里的冰都来自陆地、来自降雪，先成冰，再成冰川，溢流入海，漂浮弯曲，最终断裂。但海水本身也冰冷刺骨。有些地方，水里混合着油脂状冰或碎晶冰，沿着船体两侧不断滑落；另一些地方，海水静止不动，已经开始形成饼状冰，就像冰冻的睡莲，上面还点缀着一缕缕白雪。我们一路前行，海冰变得越来越多，越来越厚。随着"纳撒尼尔·B.帕默号"突破障碍，在浮冰中缓慢庄严地穿行，船首如遭枪击般啪啪作响。雪海燕在头顶上方盘旋，瓦灰色的天空衬托出它们的剪影，一如飞燕般优雅。

船终于逆风停了下来。前方一座冰崖挡住了去路，它的水上部分约有60英尺高，水下部分则更大。这就是穆勒冰架——所有这些小冰山的母体，不断将冰雪从内陆山脉运回大海的废弃物处理槽的终点。

穆勒冰架就是尤金的试验对象。据他了解，该冰架过去曾反复自然消退和推进。他相信历史印迹就在拉勒芒峡湾的海底淤泥里，只待读取而已。

这些淤泥本是周复一周、年复一年累积成的碎屑，它们透过海水持续不断地如雨点般落下。正如同研究冰芯一样，观察各层淤泥就像时光回溯。淤泥内含有被冰川裹挟自陆地的尘埃和碎石，以及原本生活在水中的微小海洋生物的残骸和排泄物。陆地尘埃和水生物的相对比例，可以显示冰架高悬在上的时期和消失不见的时期。

但首先，我们必须采集淤泥。船员和科考队合力将一根方形金属管从船舷上推下去。这根管子有3米长，顶部配了一件重物，当它最终触及海底时，会缓缓沉入柔软的沉积物中，从而收集长长的一管淤泥，然后再被拉起来，用绞车吊到船上。

在甲板下的实验室里，泥芯正摆在工作台上以供剖析。来自纽约汉密尔顿科尔盖特大学的艾米·莱文特（Amy Leventer）仔细观察泥芯，一丝不苟地逐层与一张岩石比色表进行比对。"5Y4/4，中度橄榄棕。"她说，一位研究生立刻记下来。所有研究员都太熟悉这张表以及那些深奥难解的专有名词了，他们总是忍不住拿其他东西练手。罗布·邓巴就已经识别出我那件外套的精确色调。我自己管它叫米色，但他向我保证说应该叫"浅橄榄灰，5Y5/2"。

以我非专业的眼光看，泥芯顶部呈莫可名状的泥灰色，越往下沉积物越老，颜色竟变成了迷人的橄榄绿。冰雪初现的那一刻就在此处被记入泥芯。绿色来自微观海洋生物；泥灰色表明冰川此前已经前伸入海，其携带物已抛进海底，将海洋生物淹没在坚硬的灰色沙砾中。

换句话说，罗布的模型确实有效。几千年前这里并没有冰架。后来在17世纪，世界遭遇到一次被称为小冰河期的全球气候变冷。伦敦人曾在冰冻的泰晤士河上生篝火，逛市集，办展会。而在人类的视线之外的南极，穆勒冰架开始突入拉勒芒峡湾，并在淤泥里留下了自己的印记。

还有最后一件事需要检查。为了确保海底淤泥真的是海水中落下的沉积物的精确记录，尤金及其团队去年在峡湾内留下了一个系泊装置。一串四个明黄色的锥体正漂浮在水中某处。它们被重物系泊在海底，顶部朝上，用于收集如雨般落下的灰尘、沙子和碎屑。现在我们要做的就是找到系泊装置并取回收集物。

要找到很容易——那一长串系泊装置很快就出现在高频声呐中——但要把它取回来则相当棘手。系泊装置部署以后，一座大冰山曾从距其很近的地方漂过，船长很担心。我们这些无关人员被禁止踏上后甲板，只能轮流站在门口观看。天上正下着鹅毛大雪。船员们穿着全套保暖救生衣登上甲板，身上系着安全绳，以防失足掉入冰冷的峡湾。科考船张开拖网在现场来回拖行，船员们则隔着船舷奋力用拖钩去钩绳子，如同在海滨度假胜地举行的一场重装版的抓奖大赛。

一次，两次，觉得钩住了，等把拖钩拉起来一看，只有几块光秃秃的冰。于是再回到船舷边，再试一次，再来……终于……抓住了！绞车随即启动将系泊装置拖上船。直到现在我还无法相信，为了完成模型的细枝末节，为了在图表上多增加几个小点，需要付出多大努力，赔上多少小心和勤勉。

但所有这些都是整件事至关重要的部分。要弄清——真正弄清——南极正在发生的情况，唯一的办法就是解读过去遗留下的线索，尤金已下定决心弄个水落石出。努力终得回报。拉勒芒峡湾的实验结果看上去不错；模型也合情合理。现在他需要去南极半岛的另一边，看看其他更大的冰架是否也仅是自然消长，或者其近期消退更具危险性。不过这意味着要驶入威德尔海——南极最冰冷，也可能是最凶险的海域。即便当今，也少有船舶能穿过威德尔海日益增多的浮冰。首批尝试者之一，一艘"坚忍号"的同名船在那里遭遇了可怕的命运，成为英雄时代最悲壮的故事之一。

时值1914年，欧内斯特·沙克尔顿（Ernest Shackleton）制订了一项新计划。自从五年前试图到达南极点却无功而返后，他已决定尝试一次全新的冒险。他打算首度穿越整个南极大陆，从此岸到彼岸。

如此大规模的探险需要两艘船。其中一艘"极光号"（Aurora）将驶向南极大陆较为熟悉的罗斯海一侧，而沙克尔顿自己则率领一支探险队搭乘第二艘船"坚忍号"（Endurance）。这艘船将穿越威德尔海臭名昭著的浮冰，在浮动的龙尼冰架（大冰障的镜像）上的某个地方登陆。接着沙克尔顿和手下将利用罗斯海团队设置的补给点，一路穿越南极大陆。作为一个从不愿低估自己工作的人，沙克尔顿为这次探险取了一个最富丽堂皇的名字：横跨南极洲之帝国远征。

在两艘船中，"坚忍号"的航行任务更艰巨。由于某种原因，堵在威德尔海的浮冰，总是比罗斯海多得多。此前有一个探险队已经在那里失去了一艘船。不过起初一切都还算顺利。尽管早早就遭遇浮冰，但小船还是勇敢地沿着开阔水道，冒着白烟冲破冻结的海冰奋力航行。他们在浮冰中间缓缓蠕动，越来越接近目标。到1915年1月，他们距离海岸线只有85英里了。他们能看见它。几乎就能摸到它。被航行折腾得精疲力竭的队员们开始急切地讨论如何登陆建立基地，并为后续探险做好准备。

但令他们懊丧的是，接着浮冰便从四周合拢过来。再也没有开阔水道，再也没有小船能冲破的薄冰区。船被卡住了。1915年1月20日，"坚忍号"发现自己已动弹不得，就像一名无助的囚犯，被迫向北漂移，那可望而不可即的海岸步步后退，直至淡出视线。沙克尔顿曾在距离南极点不到100英里的地方被迫转身。现在，目标又一次与他失之交臂。

2月过去了，3月也过完了。小船周围的浮冰就像坚实的地面，坚硬得足以供人们在上面练习驾驶雪橇、训练雪橇犬、玩游戏，攀登冰在移动和挤压过程中隆起而形成的冰脊。很多人仍希望小船最终会松动，但沙克尔顿心里更清楚。在他的舱室里，他私下告诉"坚忍号"的船长弗兰克·沃斯利（Frank Worsley）："你最好能明白这只是时间问题……冰抓住的东西，不会放手。"①

冰在继续加压，一波又一波触目惊心的浮冰在船体周围越挤越紧。船被挤得左摇右摆，木架吱嘎作响，最终啪的一声断裂。10月27日，船员们不得不弃船。沙克尔顿在"坚忍号"的残骸前将手下人召集起来。"船和储备都没有了，"他说，"因此现在我们要回家。"②

"我觉得很难让大伙儿明白这些话的意思。"其中一个人写道，"我们处境艰难，一眼望不到头的拥挤的浮冰将我们围在中间，为了救船大家早已累得精疲力竭，根本想不到将会在我们身上发生什么——'我们要回家'。"③

每人只允许携带不超过2磅重的个人装备。为数不多的例外之一是一名船员的班卓琴（banjo），沙克尔顿坚持要把它带上，说它是"至关重要的精神良药"。④ 到了这步田地，外部世界的价值观已毫无意义。当不得不面对生死攸关之事，大家纷纷抛弃钱财而留下

---

① Huntford, *Shackleton*, p. 432.

② Ibid., p. 455.

③ Ibid.

④ Ibid., p. 473.

照片。沙克尔顿本人将一大把钱扔在雪地上，从船上的《圣经》中撕下来一页，上面是《约伯记》里一首难忘的诗：

> 冰出于谁的胎？
> 天上的霜是谁生的呢？
> 诸水坚硬如石头；
> 深渊之面凝结成冰。[1]

大家向前进发，起初还试图拖着两只救生艇翻越高耸的冰脊。可冰脊太高太硬了。"浮冰相互碾压，力量大得惊人，产生了巨大的冰脊，毫不留情地将彼此挤得粉碎。"沙克尔顿在日记中写道："人力并非徒劳，但人要本着谦卑之心与巨大的自然力相抗衡。"[2]

于是，他们只能等待，待在一个被称作"耐心"（Patience）的营地内随冰漂移。直到1916年4月，遇上了足够开阔的水道，他们才放下救生艇，朝最近的陆地驶去。这个地方叫海象岛（Elephant Island），是南极半岛最顶端一块微不足道、无人居住、默默无闻的火山岩。他们在一小块根本无法居住的地面上设下营地，开始筹划未来。没人会来这里救他们，因为根本就没人知道去哪儿找他们。沙克尔顿认为唯一的办法就是乘坐一只敞开式救生艇——不到25英尺长的"詹姆斯·凯尔德号"（*James Caird*）——驶过风高浪急的南大西洋去寻求帮助。

离他们最近的有人居住的陆地是合恩角，大约600英里远，但它的方向不对。大陆上西风肆虐，他们不可能去得了。相反，沙克

---

① Shackleton, South, p. 83.

② Ibid., p. 81.

尔顿和他挑选出来做伴的五个人必须驶进广阔的大西洋，尽力到达南乔治亚岛上的捕鲸站。那是东北方700英里之外的一块针眼大小的陆地，相当于大西洋这座巨大的灰色草垛针里的一根针。要是错过了，一切都完了。下一块最近的陆地远在几千英里之外。

对于留下的二十二个人，或许同样对于小船里的六个人来说，此次行动看上去定与自杀无异。可没有人敢这么说。对沙克尔顿来说，唯一不可饶恕的罪过就是悲观丧气，他将乐观描述为"真正的合乎道义的勇气"。他认为坚信一项事业就等于完成了一多半。而正如他的事迹所示，他或许是对的。

"我们与海浪和狂风搏斗。"沙克尔顿写道，"有时我们处于极度危险之中……大自然用尽全力将我们甩来甩去……船那么小，浪那么大，在两个波峰之间的平静期内，我们的船帆往往只能徒劳地随风摆动。紧接着我们又要爬上另一个浪坡，正赶上来势汹汹的大风，卷起羊毛般的白浪在我们周围汹涌激荡。"[1]

有人要是不用值班，也不用从漏船往外舀水，就爬进那个当初由木匠设计的狭小封闭空间，钻进浸湿的睡袋里稍事休息。但仓促建成的结构本非为舒适而设计。"那些袋子跟盒子如同活物一般，使出无穷无尽的绝招，将自己最不舒适的边角呈现给我们急需休息的身体。"沙克尔顿写道。"有那么一会儿，有人可能想象自己终于找到了舒适点，但总是很快就发现，某个不屈不挠的小点在戳他的肌肉和骨头。"[2] 临时船舱也令人窒息。其中一名船员写道，不止一次一觉醒来，他都有种可怕的恐惧感，害怕自己已经被活埋了。[3]

但沙克尔顿选择了五个很好的同伴。沃斯利在他的航行日志中

---

[1]　Shackleton, South, p. 168.

[2]　Ibid., p. 167.

[3]　Huntford, Shackleton, p. 555.

写道，爱尔兰海员麦卡锡"是我见过的最坚定不移的乐观主义者。当我去舵位上换他时，船里都结冰了，海浪从他脖子上直灌下来，他却开心地咧着嘴跟我说：'今天真是棒极了，先生。'"[1]

沙克尔顿也带上了沃斯利——"坚忍号"的船长，领航员中的大师，他的任务是在布满惊涛骇浪的宽阔海面上找到南乔治亚岛。沃斯利写道，海员用于计算航向和距离的正常步骤已经变成了"一种全凭臆测的玩笑"。相反，在为数不多的能见到太阳的时刻，沃斯利会跪在横梁上，让另外两个人从两侧抓住他，尽力用他的六分仪推断太阳的高度，而身下的"詹姆斯·凯尔德号"则不停地摇摆起伏。

这本来是不可能的。也确实是不可能的。但在离开海象岛十四天之后，他们竟然看见南乔治亚岛的悬崖就耸立在前方。沃斯利屈指可数的几次六分仪观测竟然管用了。他们成功完成了有史以来最伟大的小船航海之一。

但苦难并未就此结束。他们还没上岸就遭遇到一场大风暴，可怜的"詹姆斯·凯尔德号"几乎被撞得粉碎。两天后，当小船终于一瘸一拐地到划到岸边，却又落到了一个无人知晓的多山小岛的无人居住的一侧。能够伸手救援的捕鲸站还要绕着海岸再走90英里才能到。他们的船已残破不堪，人也已精疲力竭。

于是，沙克尔顿带上他的两个同伴，开始翻越岛内群山，进行了一次长达三十六个小时的急行军。像往常一样，沙克尔顿走在前面带路。他执意走在前面，在雪地里踏出一行足迹。他让同伴每次睡五分钟，自己则睁着眼望风，五分钟后再叫醒他们。为了让同伴们打起精神，他告诉他们已经睡了半小时。

---

[1]  Alexander, *The Endurance*, p. 148.

当三人到达位于葛利特维根（Grytviken）的捕鲸站时，近三周以来他们见到的第一批人类——两个小男孩——看见他们肮脏破烂的样子，吓得转身就跑。

捕鲸站站长并没被他们吓倒。在了解了来客的姓名和英勇行为后，他跟大家一一握手，然后招待他们洗澡吃饭，并将另外三个同伴从岛的另一侧救了出来。可寒冬即将来临，海象岛那里还有人需要施以援手。

沙克尔顿打电报给海军部，请求派一艘救援船。但海军部从来没有支持过他，他是一名商船海员，不是也永远不会是海军中的一员。海军部回复说10月之前无船可派。太晚了。到那个时候，一些甚至所有手下都早已丧命。沙克尔顿觉得自己应当为每一个被困的手下负责。他匆忙赶往南美，先后从乌拉圭政府和一个英国船东那儿借了一艘船，两次试图驶入浮冰区，但是都被浮冰打了回来。

但第三次撞了大运。8月中旬，沙克尔顿终于乘坐一艘蒸汽小拖船抵达了海象岛，这艘船叫"雅尔科号"（*Yelcho*），是智利政府借给他的。当看到船驶入海湾，岛上的人疯狂地发信号。他们燃起一堆火，又升起一面旗帜。可旗杆上的升旗装置坏了，而且旗帜本身也被冻得发硬，于是他们便把一件巴宝莉外套绑在旗杆中间，这是他们能举到的最高位置。

在"雅尔科号"上，当沙克尔顿看见"旗帜"降了一半，顿觉万念俱灰。但随后他拿出望远镜，仔细清点在岸上挥手的人。二十二个，所有人都在，一个都不少。"他把望远镜放回盒子里，朝我转过身来，"沃斯利写道，"他的脸上流露出我从未见他流露过的深情。"①

---

① Alexander, *The Endurance*, p. 183.

与此同时，岸上的人也大惑不解。怎么会派一艘蒸汽拖船来救他们，而且还是一艘智利的拖船？不过接着"雅尔科号"便放下了一艘小艇。当怀尔德看见沙克尔顿的身影清晰无误出现在船头，他差一点失声痛哭。

　　一个小时之内，所有人都离开海象岛，踏上了回家之路。"我做到了。"回到蓬塔阿雷纳斯后，沙克尔顿写信给他的妻子。"该死的海军部……一条命都没丢，我们已经穿越了地狱。"[1]

　　沙克尔顿这次探险标志着英雄时代的结束。他的部下离开了爱德华七世时代那个充满英雄主义和奋斗精神的世界，回到了疯狂的世界大战和索姆河战役中。不过，虽然他的希望已被威德尔海的浮冰击碎，但沙克尔顿又一次在南极留下了自己的印记。

　　阿普斯利·彻里-加勒德，斯科特最忠实的追随者之一，在谈到三个南极最有名的英雄的优点时，写下了这样一段话：

> 　　要想进行一次有组织的科学和地理联合考察，给我斯科特；要想奔向南极点，不顾其他，给我阿蒙森；如果我掉进了魔窟想要逃出生天，每一次都要给我沙克尔顿。[2]

　　在返回家乡之前，沙克尔顿在当地一个显贵的访客留言簿上写了一首诗，这首诗比大多数诗都更好地表达了那种即使在今天仍会令人们重返南极的疯狂：

> 　　我们是无法停歇的傻子，

---

[1]　Alexander, *The Endurance*, p. 185.

[2]　Apsley Cherry–Garrard, *The Worst Journey in the World*, Constable and Company, 1922, vol. 1, p. viii.

将乏味的土地留在身后。

却激情燃烧要去最南方，

在风中畅饮天地的狂吼。

明智者安然就坐的世界，

淡出了我们无悔的视线。

就此去跨越未知的海洋，

为了事业我们蹒跚向前。①

拉勒芒峡湾的工作结束后，尤金·德迈克对自己的模型非常满意。现在他可以研究已经消失的冰架下方的淤泥，从而了解该冰架是否惯于崩解，或者近期发生的事件是否值得警惕。

他的新目标是拉森 B——潜在崩解名单中的下一座冰架。它比其他那些最近已经消退的冰架要大得多——面积超过了1000平方英里，厚度达到了700英尺。到目前为止，它还一直稳如磐石，但最近却崩落了一些大型冰山。尤金打算去其中一座冰山断裂的地方，研究下方的淤泥。

浮冰可能还会阻止他们。"纳撒尼尔·B. 帕默号"进入拉勒芒峡湾的第二年，由英国南极调查局的冰川学家卡罗尔·帕齐（Carol Pudsey）率领的英国科考队曾试图登上拉森 B，但浮冰破坏了他们的计划。相反，他们最远只到达位于南极半岛顶端的前古斯塔夫王子冰架。他们从冰架曾经所在的位置采集了淤泥，发现了明确无误的迹象，表明这座冰架在几千年前确曾消失过。看起来，它的出现和消失都非常自然。至少，古斯塔夫王子冰架的崩塌不能归结于人

---

① http://www.shackletoncentenary.org/the-team/-henry-worsley-writes.php. 请注意，此处沙克尔顿故意错引了16世纪的一首诗《愚人船》。原文是"……激情燃烧一路向西"。

类原因造成的气候变化。[①]

听起来像是好消息。但古斯塔夫王子冰架很小而且位置非常靠北，出现和消失都不足为怪。但另一方面，拉森 B 要大得多，并且更靠南。如果它也显示出先前崩塌过的迹象，那么就南极半岛变暖来说，我们人类很可能就能脱掉干系。但如是没有这种迹象，那可能就是非常糟糕的消息。

尤金、艾米和整个科考队都撞了大运。他们乘着"纳撒尼尔·B.帕默号"，在浮冰中间找到了足够宽的空隙，侧着身子向南挤进了威德尔海。他们经过了海象岛、詹姆斯·罗斯岛以及沙克尔顿和手下在"耐心"营地内绝望漂流时曾记载过的许多地标。2002年1月，他们驶向拉森 B 冰架的正前方，驶到1995年一座冰山的断裂位置，随即开始钻芯和取样。他们希望找到曾在拉勒芒峡湾见过的同类信号——当冰架高悬撒下碎石将海底淹没在沙砾之中，淤泥就是暗灰色的；若冰架曾一度消退，留下开放水域供绿色生物生长繁荣，且死后沉入海底，那么淤泥就是绿色的。尤金和他的团队取芯采样并保存好样本后，心满意足地往回赶，穿越德雷克海峡驶向蓬塔阿雷纳斯。

无人预料到接下来所发生的事。2月，就在尤金和"纳撒尼尔·B. 帕默号"离开该区域几个星期之后，拉森 B 出乎意料地爆裂开来。它突然之间布满道道裂纹，冰体粉身碎骨。新形成的冰山争先恐后地向外逃逸。它们东倒西歪，彼此冲撞，互相推搡，像一股巨流冲出新形成的海湾。到3月初，共有5亿吨冰体碎裂，面积比美国罗得岛州还要大。[②]

---

① C. J. Pudsey and J. Evans, 'First survey of Antarctic sub-ice shelf sediments reveals mid-Holocene ice shelf retreat', *Geology*, vol. 29, 2001, pp. 787–790.

② T. Scambos, C. Hulbe and M. A. Fahnestock, 'Climate-induced ice shelf disintegration in the Antarctic Peninsula', *Antarctic Research Series*, vol. 79, 2003, pp. 79–92.

好莱坞气候灾难片《后天》的开场模仿的就是拉森 B 崩塌的场景。影片显示主人公在南极工作，将营地设在一座浮动冰架上，正透过冰面钻取冰芯。当研究现场正对面的冰架突然崩裂，末日降临的第一个迹象不期而至。为了挽救宝贵的冰芯，我们的主人公差点丢掉了性命。

从科学的角度来看，这部电影的大部分情节都夸张到了可笑的程度。为了取得轰动效果，飓风、龙卷风和海啸都被肆意夸大。但拉森 B 的崩裂并未夸张。如果我们的主人公在冰架崩裂之时真的身处其上，他早该飞奔逃命。拉森 B 灾难性的崩裂有史以来首次表明：现实情形用好莱坞灾难片都难以描绘。

尤金和世界上其他冰雪科学家都深感震惊。他们曾以为拉森 B 可能会在短期内开始崩裂，但不会像现在这样，如此迅速，如此剧烈。难道这是一种全新的情景，是最近气候变暖产生的可怕效应？或者存不存在令人欣慰的迹象，表明之前也曾发生过？

尤金匆忙对新获取的样本进行了分类整理，看看淤泥能传达何种信息。他的发现与拉森 B 惊天动地的崩裂一样令人震惊。从记录可以显示的最早时间起，直到一万年前最后一个冰河时代结束，冰架一直完好无损。[1]

拉森 B 壮观的崩裂是前所未有的。

这个消息令人深感不安。它似乎证实了许多气象学家的怀疑——南极半岛气候变暖真的与人类活动有关。[2] 在逐渐消失的冰

---

[1] Eugene Domack et al., 'Stability of the Larsen B ice shelf on the Antarctic Peninsula during the Holocene epoch', *Nature*, vol. 436, 2005, pp. 681–685.

[2] 科学家认为，南极半岛升温是温室气体增多（产生自人类燃烧煤炭、石油、天然气和树木）和臭氧层损失的严重副作用（人类创造和使用破坏臭氧的化学品）的共同结果。可参见 J. Perlwitz, S. Pawson, R. L. Fogt, J. E. Nielsen and W. D. Neff, 'Impact of stratospheric ozone hole recovery on Antarctic climate', *Geophysical Research Letters*, vol. 35, 2008, p. L08714。

2017年拉森 C 冰架上的一块面积5800平方公里的冰山开裂，这是人类有史以来最大的冰山

海上漂浮着的巨大冰山

　　　　　　　　南极洲：一片神秘的大陆

架里，尤金已经找到了确凿的证据，表明人类在南极半岛上留下的印记不仅仅是教堂、学校甚至鱼叉。我们的整个生活方式，我们驾驶的汽车、我们生产的电力、我们清除的森林，这一切显然都正在南极半岛上留下自己的印记。

但也有一丝令人欣慰之处。因为位于海上，这块浮冰已经排开了海水，所以即使冰架解体，也不会令海平面上升。但它们是一个严重警告信号，势如累卵。"南极半岛冰架就是矿井中的金丝雀。"尤金说，"要是金丝雀死了，你可得小心点儿。"

更重要的是，冰架似乎还充当着巨型支柱，起着重要的支撑作用，阻拦陆地冰体，防止其滑入海中。目前已有迹象表明，一些此前汇入拉森 B 的冰川，由于约束力被解除，正在加速移动。[①] 如果同样的情景发生在巨型冰架身上，以及被它们阻拦的冰川身上，海平面大幅上升的景象很快就将出现在我们身旁，时间将早于所有人的想象。

这才是最大的隐忧。南极洲的陆基冰盖所含的冰，足以淹没我们微不足道的、沿海岸分布的文明。如果说南极半岛正在对气候变化做出响应，那么冰盖本身可能会是下一个吗？

---

① H. DeAngelis and P. Skvarca, 'Glacier surge after ice shelf collapse', *Science*, vol. 299, 2003, pp. 1560–1562.

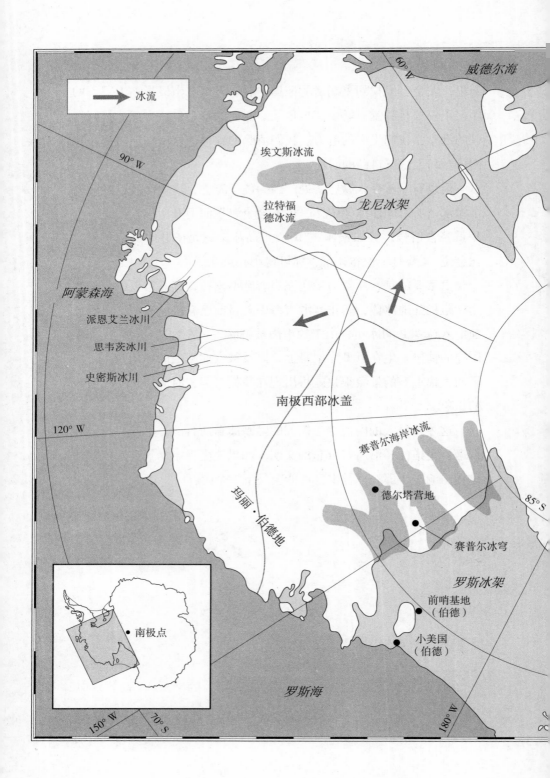

冰流

威德尔海

60° W

埃文斯冰流

90° W

拉特福
德冰流

龙尼冰架

阿蒙森海

派恩艾兰冰川

思韦茨冰川

史密斯冰川

南极西部冰盖

120° W

赛普尔海岸冰流

德尔塔营地

玛丽·伯德地

85° S

赛普尔冰穹

罗斯冰架

前哨基地
（伯德）

小美国
（伯德）

南极点

罗斯海

150° W

70° S

180° W

# 第七章
# 一路向西

一个，古老、寒冷、一成不变。另一个，更小、更灵活、动作迅速，与海洋相连，看起来——也许会——发生变化。它们就是南极的两大冰盖，像两只不对称的蝴蝶翅膀，被一条纵贯整个大陆、大部冰封的群山构成的脊柱连接在一起。

东侧是南极东部冰盖，比另一个大得多，就像庞然巨兽，包含了地球上超过80%的冰。尽管其平均厚度超过一英里，但基部大部分仍牢牢坐落在高地上，大部分冰体只在缓慢地从中心向大海蠕动。它已存在了千百万年。

由于其海岸线与印度洋和大西洋相接，所以东部冰盖比较容易通过船舶或飞机从新西兰、澳大利亚、南非和南美洲的顶端到达，冰盖边缘科考基地星罗棋布。甚至其严酷的内陆也设有美国南极点站、俄罗斯东方站，以及法国-意大利协和站。

但在西部，却……什么也没有。南极西部冰盖的海岸线直面辽阔无垠的太平洋。没有任何一个国家可以简单地通过向南航行抵达，这里也没有一处永久性的科考站。这一冰盖的大部分，都不受目前南极任何科考活动的影响。南极西部是地球真正的最后边疆。

由于只有东部的五分之一，所以它也更容易发生变化。南极洲西部冰盖的基底岩石不如东部高，反而几乎全部位于海平面以下，有些甚至深达10000英尺。事实上，它是如此之深，如果没有冰的话，除了海洋和为数不多的几个小群岛外，南极西部就什么也没有了。

西部冰盖尚未漂浮离去的唯一原因是：它目前非常厚，把海水阻挡住了。但是，如果消耗冰盖的冰川加快移动速度，冰盖变薄，海水就可能收复失地，将冰盖浮起并打碎，最后是灾难性的消融，世界各地的海平面都将因此上升。[①]

南极气候记录中存在足够证据，证明此事以前曾发生过，当时的自然气温高于今天。无人确切知晓最后一次崩裂发生在何时。可能近在10万年前——地球上一次处在冰河期之间，就像我们今天这样。但肯定是在过去100万年中的某一段时间，是漫长的冰雪时间尺度上"最近的过去"。[②]

几十年来，科学家对此已经有所了解。气温正在不断上升，原因看起来远远超出了自然波动的范围，现在令他们忧虑的问题是：它多快会再次发生？目前已有迹象表明，尽管东部看上去大致处于平衡状态，西部冰体却正在严重流失。[③] 东部高原是研究人员回顾过去之地：向上观测太空直至宇宙起源，向下观测冰雪穿越历史气候层。西部则是他们展望未来之地。

---

① Jonathan L. Bamber, Riccardo E. M. Riva, Bert L. A. Vermeersen and Anne M. LeBroq, 'Reassessment of the Potential Sea-Level Rise from a Collapse of the West Antarctic Ice Sheet', *Science*, vol. 324, 2009, pp. 901–903.

② 可参见 Robin Bell et al., 'Large subglacial lakes in East Antarctica at the onset of fast-flowing ice streams', *Nature*, vol. 445, 22 February 2007, pp. 904–907, and R. P. Scherer, 'Did the West Antarctic Ice Sheet collapse during late Pleistocene interglacials: A reassessment', *Geophysical Research Abstracts*, vol. 11, 2009, EGU2009–5895。

③ Eric Rignot et al., 'Recent Antarctic ice mass loss from radar interferometry and regional climate modeling', *Nature Geoscience*, vol. 1, 2008, pp. 106–110.

南极洲西部是一个很难涉足的地方。我唯一的一次行程几乎没能成行。

西部冰盖整齐地分成三份，每个区域都是一条独立的巨型通道，冰通过它从内陆流入海洋。我想去三条通道中的一个。如果任何地方正在发生变化，这里就是发现变化的地方。

三条通道中有两个差不多是禁止入内的：一条汇入龙尼冰架，位于大陆另一边，主要由英国人和德国人在开展研究，他们没有多余的后勤能力，可以将无关人员送到这么远的野外；另一条自冰盖正中部泻入阿蒙森海，超出了所有人的后勤保障能力，永远笼罩在迷雾之中，无人研究。

但剩下的第三条也许可以去——只是也许。要是乘坐"大力神"飞机，赛普尔海岸（Siple Coast）距离麦克默多只有几小时的航程，而且美国的研究人员曾在此开展了几十年的研究。那里有五座巨大的冰川，叫作冰流，一直溢流到罗斯冰架的远端。它们比地球上几乎任何其他冰体都更厚更宽，移动速度也更快。来自加州理工学院的一个团队目前正在钻探其中一座，希望能触及下方驱动冰川的动力源。

位置显然非常偏远，就算是美国国家科学基金会那四通八达的后勤系统，要想触及如此遥远的地方，也有些力不从心。但尽管如此，一切看起来都充满希望，直到灾难在设立营地时突然降临。就在预定出发日期两个月之前，载着科学家和支持团队的"大力神"飞机在雪地上滑行时掉进了冰缝。起初似乎并不太严重；飞机只是从一侧歪到另一侧，接着便停了下来。但飞行员很快就意识到，他们撞开了一座雪桥，飞机上的一只滑雪板已经掉进了一个3米宽的洞里，大洞又深又黑。

乘客们只好通过机顶上的逃生舱口往外爬，一名登山员用绳子将他们串在一起，一边还在生气地抱怨当初不该不让她进驾驶舱给飞行员提建议。一架"双水獭"飞来撤回了科考队，一个新团队又飞进来，带着推雪机、巨型气囊和重型起重设备。

当救援人员辛苦地填充裂缝以收回价值4500万美元的飞机时，研究人员只能在麦克默多干等着，不知道这个科考季是否就此完结，还是仍能够挽救至少部分科研计划。他们学着跳舞，织毛衣；他们堆雪雕，举办音乐会，表演戏剧；他们制作了一个"大力神"形状的彩纸皮纳塔[①]，用卫生纸卷做发动机，硬纸板做机翼，棒棒糖做螺旋桨，然后大张旗鼓地将它砸开，以驱除那些不让他们进入野外科考现场的邪灵。

后来在1月的第二个星期，几乎一切都太迟了，却终于接到了出发的命令。研究人员急忙装配好钻机，本来打算十二周做完的事，现在他们要在两周内做完。

在此期间我一直跟科考队保持接触，他们曾向我保证说仍然欢迎我加入其中。但接着我就遇到了意外的困难。驻麦克镇的美国国家科学基金会代表戴夫·布雷斯纳汉决定所有参访人员全部退出。这个营地的麻烦已经够多了。任何与科研无关的人员现在都被正式禁止参加。这指的就是我。

我连哄带骗，摇尾乞怜，据理力争，但能得到的最好结果就是他们很不情愿地答应送我去赛普尔冰穹（Siple Dome）。这是位于西部冰盖顶端的一处临时基地，距离麦克默多几个小时的航程。但尽管如此，这仍然不是我想要的。在赛普尔冰穹，我会找到几名研究

---

① papier mâché piñata，一种用彩色硬纸糊成的各种形状的玩具，内装糖果、小礼品等。孩子过节或开生日派对时，蒙上眼睛，看谁先砸破，让里面的糖果等掉出来。——译者注

人员，他们刚完成冰芯钻探，以研究该地区的气候历史。这件事本身可能很重要。但我要去的营地叫作"德尔塔营地"（Delta Camp），位于将西部冰盖泄流入海的一条冰流的顶部。那里的研究人员正在调查南极西部冰盖有多脆弱。他们不是在观察已经死亡和消失的东西，而是关注当下和未来。

不过……赛普尔冰穹距离德尔塔营地乘坐"双水獭"飞机只需很短的航程。也许，只是也许，我仍然可以找到办法。

到达赛普尔冰穹后，我径直去找营地主管萨拉·格朗德洛克（Sarah Grundlock）。麦克默多的几个合同制工友让我捎口信给他，他们曾向我保证，如果有任何人能想到办法让我去德尔塔营地，那个人可能就是萨拉。果不其然，当我说完了口信，又解释了我的任务，她带我走进一顶充当厨房的詹姆斯威（Jamesway）帐篷里，指给我看一个正坐在桌子旁的人。他叫亨利·珀克（Henry Perk），"双水獭"飞机首席飞行员。他定期给德尔塔营地运送补给。事实上，他第二天就要去那里。而且，更重要的是，他做了些五彩缤纷的表带用于出售。"去买一根他的表带，"萨拉建议说，"那就是你的登机牌。"

几小时后，我手腕上戴着那根新表带，走进赛普尔冰穹的通信帐篷，通过无线电呼叫麦克镇的戴夫·布雷斯纳汉。他听不见我说的话，所以一切都得通过麦克默多运营中心中转。

"我要搭飞机去德尔塔营地。"我说，"亨利已经答应带我去。你批准吗？"

我等着信息被传递过去。满是杂音的回复来了："亨利当天接你回去还是要留下来？"

"我想留下来。"

又停顿了一会儿。

"他说你可能会被困在那里。他不能保证在五天或更长的时间里再让你飞回来。"

"我没意见。"

这一次，信息之间的停顿时间更长。我焦急地等待着。接着听筒里传来了麦克默多运营中心的声音："他说，告诉她旅途愉快。"

第二天一早，我和亨利就起飞了。一开始冰面平坦洁白，没有任何特征。但突然间我看见了冰面上的裂缝，就像巨大的指爪留下的抓痕。远近各处，雪桥已经断裂，熟悉的碧蓝色冰块在下面闪闪发光。接着裂缝变得不那么规则，纵横交错，曲折蜿蜒，坑坑洼洼地朝四下胡乱散开。"我们现在正处在冰架边缘的正上方。"亨利从驾驶舱跟我说。

这意味着我们正穿越此地进入冰流区。一侧，冰盖可能每年只会移动几英尺；而另一侧，冰盖会在一天之内移动同样的距离。冰盖边缘外侧的冰体保持静止，内侧的冰体则在快速移动，中间区域被拉力撕扯，在冰面上产生出样式奇异的裂缝，"双水獭"飞行员给各个边缘部位都起了富于想象力的绰号："蛇""龙""瓦尔哈拉神殿"[1]等等。

到目前为止，我见过的最大冰川是比尔德莫尔冰川，就是沙克尔顿和后来的斯科特曾用来攀上极地高原的阶梯。我在飞往南极点时曾见过它，上面纵横着一条条流线，那是令人印象深刻的冰冻河流。但这座冰川要大得太多太多，从空中都难以尽收眼底。它有30英里宽，半英里厚，朝内陆延伸了数百英里。这些冰流的巨大规模和惊人速度意味着它们都是巨型高速公路，以超常的速度将冰从内

---

① 这是北欧神话主神兼死亡之神奥丁接待英灵的殿堂。——译者注

地运至海洋。正因为如此，许多研究人员相信，它们是整个南极西部冰盖稳定——或者不稳定——的关键所在。

而且，这些冰流不只是规模大、速度快；它们还是动态的，不断地停止、启动，从一个地方扭动到另一个地方，其时间跨度很短，因此与人类活动息息相关。[1]与这条冰流相邻的那条几乎纹丝不动[2]，但对后者边缘处隐蔽裂缝的雷达测量结果表明，近在130年前，它的移动速度与其他冰流一样快。

这些冰流还有另一些奇异之处。当我们越过边缘处混乱的裂缝，冰面又再度完全平滑起来。它的移动速度超过了我曾见过的任何其他冰川。这应该意味着，当快速移动的冰川被下方的地面勾住时，冰体就会被扯出裂纹。但并没有流线，也没有移动的迹象，什么都没有。研究人员已经发现，冰流之所以没有流线，是因为它们在基底上滑行时，动作顺滑得令人难以置信，因此没有任何东西去撕裂、拉扯或扭曲冰体。

有许多理论解释为什么冰流移动得这么快，还这么顺滑，目前来自加州理工学院的巴克利·坎布（Barclay Kamb）正试图亲自弄个明白。他正尽可能多地逐个观测赛普尔海岸的六条冰流，将它们钻穿，搞清楚另一端——也就是冰在地面上滑动的交会处——到底发生了什么。

虽然还没见过巴克利，但我曾读过他的许多论文。他习惯性地称自己为"怀疑主义者"，要亲自看到、摸到，然后才能相信。他将之称为"钻头下的真理"。"对于冰面下方深处的东西，你可以获得遥感数据，还有各种解释和理论，但在你钻进去并掌握实际材料

---

[1]　Ian Joughin and Richard B. Alley, 'Stability of the West Antarctic ice sheet in a warming world', *Nature Geoscience*, vol. 4, 2011, p. 506.

[2]　最初被称作冰流 C，现已被重新命名为坎布冰流，以向巴克利致敬。

之前，你永远不会真正了解。"

我们在一个亮蓝色的南极清晨降落。营地主管史蒂夫·泽布洛斯基（Steve Zebroski）前来接机并仓促地打了声招呼。由于睡眠不足，他脸色苍白，两眼红通通的；科考队一直在夜以继日地干活，以挽救这个科考季。我们一起走进厨房帐篷，里面是一个装备齐全的厨房，弥漫着新鲜出炉的面包诱人的香气。营地厨师莱斯利（Lesley）刚将一盘面包卷从烤箱里抽出来。她递给我一个，又沏了一杯茶。但史蒂夫提醒我说，科考队在钻探现场的最新一个钻孔大约在十五分钟以内就会突破冰层，抵达基底位置。我谢绝了茶水，将一块面包卷塞进大衣口袋里，便跟着他走了出去。

"你可以骑这辆雪地车。"他指着一辆名叫"克拉伦斯"（Clarence）的车跟我说，车名就印在车辆侧边的胶带上。原来巴克利的团队总是选择一个主题来命名他们的雪地车，今年是电影《生活多美好》中的角色。克拉伦斯是一位天使，她来向詹姆斯·斯图尔特（James Stewart）扮演的失意商人揭示他的生活并非那么糟糕。我总觉得这部电影过于缠绵，不符合我的口味，但能获得天使，我还是很开心的。

"怎么去钻探现场？"

史蒂夫面无表情地看了我一眼。"这附近没有多少小路。"他说，"只要别靠近黑旗就行。"

哦，对了。"大力神"出事后，一组登山员曾彻底搜查过整片区域以找出其他裂缝，并用旗帜标出了几处危险点。不管怎样，史蒂夫说的没错。这里只有一条"路"，就是雪地上被搅出的一条清晰的痕迹。我发动引擎，拉下护目镜就出发了。

巴克利前来迎接我的雪地车。他身材高大，胡子刮得干干净净——对于身处野外的男性来说这非常罕见。我后来发现，除其他便利设施之外，营地竟然设有一个淋浴间。当然，你得自己铲雪融水，但效果却跟宾馆一样温暖舒适。按照指示，我洗完后又铲满雪，这样下一位来洗的时候水就已经化好了。这活干起来很热，所以我没有注意空气有多冷——直到我听到一个清脆的声音，竟然是我湿漉漉的几缕头发丝迅速冻结的声音。

钻探现场的装置就包括我曾在冰芯钻探现场见过的井架和绞盘。但与冰芯钻探不同，前者需要将钻穿的东西取样带出，而巴克利需要做的就是钻透冰盖，钻到下方的东西就行。因此，没必要使用带旋转金属头和锋利切割齿的复杂钻头。相反，加州理工学院的钻探方法更快、更洁净——差不多相当于一个垂直安装的消防水带。整个想法是融化大量的雪——这就是为什么有三个人疯狂地从一个推雪机推成的雪堆里将雪铲到一个大缸里——将水加热至90℃左右，接着再通过一个长得像梭镖头的喷射装置将水在非常高的压力下泵进钻孔里。接下来你只需要将喷头朝下，按住正确的按键，让热水和重力合力干完剩下的活就行。

不过冰非常厚，需要24小时才能钻穿。科考队昨天就开始钻这个孔，马上就要见底了。好几个研究生和野外科考助理正跪在钻孔周围的胶合板上。井架将软管固定到位，一名女队员用手将它往下放，让它往下滑，一边感觉触底时的那种拉紧感。"快点……"她说，"快点钻穿吧。"

巴克利在加州理工学院的同事赫尔曼·恩格尔哈特（Hermann Engelhardt），突然从帐篷里冒了出来。巴克利很高，他很矮；巴克利的胡子刮得干干净净，他却满脸是毛。他一直在监测仪器，查看软管上的拉力变化。"行了！"他大喊，"快拉上来！"两个人开始将软管向上拉，另一个人则把身子挂在钢缆上以增加拉力。我跑过去跟他们一起往上拉，直到有人说："好了，固定住了。"很明显，钻头不能卡住，不过我不知道他们是如何知晓的。我们松开手，绞车接管了工作，将喷头重新拉回到冰面上。

巴克利已跟赫尔曼一起又钻进了帐篷，我也跟着走了进去。两人正俯身在一台笔记本电脑上，观看一张曲线图上的一系列波峰。"漂亮。"巴克利说。显然工作进展很顺利。

他说这是他们连续快速钻出的第四个钻孔，所有钻孔都是为了考察为什么冰流能如此迅速顺滑地移动。答案就是，一般想不到能在一公里厚的冰下找到的两样东西——水和泥——的共同作用。

此前穿透其他冰流的钻孔显示，这些巨型冰毯似乎正在水床上滑动。尽管听起来惊人，但在冰盖底部生成水其实并没有那么难。地球灼热的内核一直在向外辐射一定的热量，此类地热肯定有所助益。然后，还有冰体的重量和冰体刮擦基底时产生的摩擦力。把这些东西放在一起，就能获得足够的能量来融化冰川底部的冰，推动冰川滑行。

但如果你用热水钻法，就很难真正证明下面有水。你如何分辨见到的是不是自己加进去的水？因此当巴克利跟团队在此处钻第一个孔的时候，他们曾故意采用能侥幸成功的最低水压。如果下面的水能把整座冰盖举起来并让它滑动，那它肯定处于极高的压力之下。当用低压钻进去，下面的水应从孔里喷涌而出。事实确实如此。当他们钻穿第一个孔时，便发现冰盖自身的管道系统导致压力陡增。下面肯定有水且肯定处于高压之下，令其足以举起并润滑整个冰体。

在后续钻孔里，他们验证了管道系统如何互通。这一次，他们发现当水先后在多个钻孔里上下冲刷时，压力出现振荡，这表明冰下通道确实互相连通。曲线图中让巴克利非常兴奋的波峰就是这种振荡引起的。

另一因素也影响到冰流如此快速顺滑地移动。冰流的基底并非由岩石而是由泥构成。这跟你在海底见到的东西同属一类，可能是南极西部上一次处于无冰海洋期时遗留下来的东西。在二号钻孔处，科考队曾成功从孔底钻出一块沉积物，在其内部水分冻结、钻孔闭合之前，将其从钻孔底部迅速取出。巴克利从搁料架上取出一只小桶，打开给我看。里面是暗瓦灰色的泥浆，质地如沙砾一样，非常黏稠，而且还嵌有小碎石块。他抹了一点在我的几个指尖上，我并拢手指搓了搓。现在它很硬，但巴克利向我保证，当它被水浸透后——就在我们脚下半英里的地方——却是柔软流动的。在水的帮助下，这种泥坚硬到足以背负起一座冰盖，却又柔软到足以变形和滑动，并让冰从上面滑过。

　　第二天，我骑着雪地车去查看给"大力神"带来这么大麻烦的裂缝。为了救回飞机，从麦克镇赶来的救援人员已经用雪将裂缝填满了一半。你可以顺着雪坡走进去，满心惊奇地抚摸缝壁。冰缝里很冷，比冰面上冷得多，我的睫毛很快就结了霜。靠近入口的地方，缝壁上挂着餐盘大小的蕨叶状寒霜，如珊瑚般从冰面上伸出来。但随着我往深处爬，缝壁变得陡峭起来，幽幽地泛着一种充满寒意的蓝光。两侧一起往里挤，直到我几乎无法在间隙里容身。我试图想象，如果掉进来并卡在这里会是怎样一种景象，简直不寒而栗。没有人知道为什么在冰流内部会出现一道裂缝，此处与冰流边缘相距甚远，冰体应当平稳移动才对。但也许下方基底处有所起伏，足以让冰体稍微跳了一下，这才裂开。与其说它是一个陷阱，不如说它是一种提醒：南极洲非为人类而构造。我们可以占领它，研究它，而它只是在勉强忍耐着我们。

　　那天晚上天光很美。我借来滑雪板，滑到距离营地几公里远的地方。显然最近未曾刮过大风，因为雪脊光滑低矮。这是熟悉的南极东部高原"平白景观"的新变体。尽管此处气温只有 -15℃，空气干燥得足以割伤皮肤，但比起东部干燥的沙漠来，明显要湿润得多。空气中的水分足以在外套拉绳上结出白霜。冰面上的晶体很大很粗，闪闪发光。它们在阳光的斜照下熠熠生辉，仿佛有人在雪地上撒下了一大把一大把的钻石。

去自己喜欢去的地方，没有足迹或者道路做指引，有一种超脱之感。当天早些时候，一名队员曾让我独自驾驶履带式雪地车回营地，我紧张兮兮地问他："万一我撞到东西怎么办？"他脚后跟着地慢悠悠地转了一圈，以一种非常夸张的样子瞅着平坦洁白的地面。"撞到什么东西？"他问。

人们向我保证，只要远离附近唯一的裂缝，带一台无线电，保持在营地的视野范围内，就不会有危险。但我仍有一种说不出的紧张。猛然间只觉得自己"呼"的一声掉了下去。几乎还没弄明白那种感觉，便又落回到坚实的地面，如释重负地喘着粗气。这是一次"粒雪地震"——某块区域的冰因太阳照射变软而突然下沉几厘米。几天前史蒂夫就曾警告过我，可惜我早忘得一干二净。"刚开始会觉得惊心动魄，"他说，"你朝死亡的方向下坠了3英寸。"

除了被冻死之外，裂缝是南极最普遍也是最浪漫的危险。伟大的南极英雄毅然决然地在冰面上前行，他们了解危险所在，任何时刻都可能踏穿薄薄的雪桥，将自己挂在安全带上，绝望地来回晃荡，身下是巨大的蓝色裂纹，一直伸向遥不可测的地方。尽管现在心被"粒雪地震"弄得怦怦跳，可我还是无法理解那种面对纯洁无邪却又危机四伏的地貌时的感受。我对裂缝仍然一无所知。

第二天一早，科考队决定收拾行李。他们已经做了尽可能多的工作，很快就有一架飞机过来将第一批设备带走。在八天时间里，他们已经钻了六个孔。大家兴高采烈，这也是理所应当的。现在负责将雪铲进融雪机的人正在准备一场热水浴，其余的人则乘坐一架平底雪橇，从雪堆上直冲而下，他们将雪堆非正式命名为"大山"。呼——！"你看，"巴克利说，"这是南极西部冰盖上唯一的一座大山。"

巴克利在德尔塔营地的工作证实了他以前曾见到、他和其他人将要再次见到的事实。所有冰流下方都存在着水和泥的混合物，无论是此处赛普尔海岸流向罗斯冰架的冰流，还是大陆另一边汇入龙尼冰架的冰流。

尽管它使冰流速度加快且易于变化，这可能仍然是一个好消息。研究人员已经发现并用来解释冰流动态的某些机制也表明，它们可能会令冰盖更加稳定，而非更加不稳定。①

比如，如果冰流速度加快，冰体就会变薄，这将意味着下压的重量减轻，意味着摩擦力变小，所以水就会变少，所以冰流就会重新慢下来。如果冰流重新侵入一块没有沉积物的区域，很可能就会停下来。飞机在赛普尔海岸上空来回穿梭时，雷达上的证据表明冰并未流失；事实上，它可能还在稍稍变厚。② 在大陆另一侧，如果说汇入龙尼冰架的冰流有什么变化的话，就是看起来更加稳固。它们更厚，却在凹槽中移动，所以很难扩展或扭曲，其中最大的一条——拉特福德冰流（Rutford Ice Stream）——正挂在一处高地上，被牢牢地钉在原地。③

所以，几十年来，对大陆一侧流向罗斯冰架和另一侧流向龙尼

① Ian Joughin and Richard B. Alley, 'Stability of the West Antarctic ice sheet in a warming world', *Nature Geoscience*, vol. 4, 2011, p. 506.

② I. Joughin and S. Tulaczyk, 'Positive Mass Balance of the Ross Ice Streams, West Antarctic', *Science*, vol. 295, 2002, pp. 476–480.

③ David G. Vaughan, 'West Antarctic Ice Sheet collapse—the fall and rise of a paradigm', *Climate Change*, vol. 91, 2008, p. 65.

冰架的冰流的研究得出了这条令人欣慰的信息：在可预见的将来，这片占据南极西部冰原三分之二的区域看起来还是相当稳定的。甚至随着气温在未来几个世纪里变暖，不断变化、蜿蜒前行的冰流依然不太可能加速到足以让冰盖滑入海中。

不过，当然，还有一个问题。当所有这些科学家把所有的时间和精力都花在绕着南极西部冰盖的前门和后门逡巡时，却无人去检查它的侧门。阿蒙森海是南极西部冰盖的第三个部分，是冰盖流进南太平洋的地方，是最难到达的地方，是距离所有人的作业场地最远的地方，也是天气最糟糕的地方。那里是无人关注之地。但事实证明，这缺失的一小块，南极西部拼图中最后的三分之一，却是一块最热闹的地方。

这并非完全出乎意料。一些冰川学家几十年来一直在担心阿蒙森海。首先，那里缺乏冰架。不同于南极西部冰盖其他两个分别流入罗斯冰架和龙尼冰架的出口点，涌入阿蒙森海的冰川并没有浮冰构成的巨大冰架来支撑它们。相反，每座冰川都有自己的微型冰架，仅仅延伸出20英里就会进入开阔水域。这使得冰川离海非常近，几乎没有任何东西支撑，岌岌可危。

更重要的是，20世纪50年代就有探险队发现了迹象，阿蒙森海冰川下方的地形也非比寻常：从海岸到内陆，就像饭碗内壁一样倾斜而下。

温暖的海水拍打着距离冰川前锋很近的地方，底层地面又朝内陆方向向下倾斜，这两种因素相结合可能产生灾难性的后果。陆地冰入海并开始浮动的地方就像一个铰链；浮动部分随着潮汐（以及海平面的任何其他变化）而上下移动。如果这根铰链线开始向内收缩，海水就会尾随而来，顺着饭碗内壁流入陆冰下方。这将减少陆冰的流动阻力，会导致其滑动得更快，这样一来铰链线将进一步后撤，向内朝盆地中央移动，这将是一种无法遏止的反应。早在20世纪80年代初，阿蒙森海就已经被称为南极洲的"软肋"。

但这一切尚无法确切了解。整个南极西部极难开展研究。一方面，它所在的位置完美避开了科学探查。尽管阿蒙森海距离南极半岛上的英国主基地只有1000公里多点儿，刚刚超出英国南极调查局"双水獭"飞机能轻易达到的航程。凭借装备滑雪板的"大力神"飞机，美国人本来能够到达那里，可麦克默多距离此地更远，刚好又让它无法企及。

就算它距离某个主要研究中心更近，要去那里仍然充满挑战。该区域内快速流动的冰川——思韦茨冰川（Thwaites Glacier）、派恩艾兰冰川（Pine Island Glacier）和史密斯冰川（Smith Glacier）——将海湾里塞满了冰山，一年中有十一个月海湾会被海冰堵塞，除了最大胆的船长，谁也不敢驾船驶入。供养冰川的大雪来自一年中大部分时间都笼罩着这个区域的浓云，这令飞机无法穿越，也遮蔽了卫星视线，否则本可以从太空中勘察。

南极西部冰盖这神秘的三分之一，如果确曾试图置身于科学的关注之外，那么这项工作它做得再好不过了。

但过了不久，在20世纪90年代，欧洲航天局就发射了两颗欧洲研究卫星（ERS-1，ERS-2）。不同于此前的卫星，它们携带的雷达装置能够透过云层发射无线电波，并让下方的冰面反射回来。它们还能相隔约一个月两次飞越同一块冰面。通过比较前后两次飞越时获得的测量数据，研究人员不仅可以推导出非常精确的冰体高度测量值，还能推导出非常精确的高度变化值。如果冰在变薄，或者铰链线在移动，新卫星就会判断出来。

它们确实做到了。20世纪90年代后期，来自加利福尼亚喷气推进实验室的美国国家航空航天局科学家埃里克·里戈诺特（Eric Rignot）将1992—1996年拍摄的派恩艾兰冰川前端的卫星图像放在一起。通过寻找浮冰随潮汐上下移动的地方，他成功追踪到了铰链线，就是冰川开始浮起的位置。他发现，在短短四年内，铰链线每年向内收缩超过了半英里。[①]

他于1998年7月发表的论文引起了轰动。其他科学家仔细查看卫星勘察结果，所有顶级刊物均迅速发表了雪片般的论文。所有论文均指向阿蒙森海的巨大变化：派恩艾兰冰川的浮动铰链线确实在向内陆移动，陆地冰川本身也在萎缩，高度每年下降约6英尺。而且移动速度也在逐年加快。思韦茨冰川的铰链线也在朝内陆移动。而且它也在变薄。事实上，所有汇入阿蒙森海的冰川都在变薄。而且思韦茨冰川正在稳步变宽。每年都有越来越多的南极西部冰盖冲出那扇无人关注的侧门，注入阿蒙森海。[②]

如果只有一座冰川受到影响，还可能只是局部问题——基底特别软，容易滑动，或者下方产生了多余的热量。但这种同步变薄需要来自外部的更为普遍的影响。埃里克怀疑到了海洋。他与两名英国科学家安迪·谢泼德（Andy Shepherd）和邓肯·温纳姆（Duncan Wingham）共同组成一个团队，观察海岸外围小型浮动冰架的卫星数据。[③]他们发现，海湾内的所有三个冰川都已经变得越来越薄，

① E. Rignot, 'Fast recession of a West Antarctic glacier', *Science*, vol. 281, 1998, pp. 549–551.

② A. Shepherd, D. J. Wingham, J. A. D. Mansley and H. F. J. Corr, 'Inland thinning of Pine Island Glacier, West Antarctica', *Science*, vol. 291, 2001, pp. 862–864; A. Shepherd, D. J. Wingham and J. A. D. Mansley, 'Inland thinning of the Amundsen Sea sector, West Antarctica', *Geophysical Research Letters*, vol. 29, 2002, p. 1364; E. Rignot, D. G. Vaughan, M. Schmeltz, T. Dupont and D. MacAyeal, 'Acceleration of Pine Island and Thwaites Glaciers, West Antarctica', *Annals of Glaciology*, vol. 34, 2002, pp. 189–194.

③ A. Shepherd, D. Wingham and E. Rignot, 'Warm ocean is eroding West Antarctic Ice Sheet', *Geophysical Research Letters*, 31, 2004, p. L23402.

厚度每十年减少惊人的18英尺。[①]

海洋地质学家斯坦·雅各布斯（Stan Jacobs）认为自己知道个中缘由。南极洲周围的大部分海水都非常寒冷。冷空气吸收表层水体的热量，将水温降至 −2.2℃，这是咸海水的冻结温度。但下方更深处则是一层暖海水，不受冷空气的影响，在相对暖和的1.1℃上下徘徊。

温暖的深水通常没有机会过于接近冰体。整个大陆四周围着一圈巨大的水下冰架，它阻止了暖水靠近。但在阿蒙森海这里，这个天然防御圈——过去在海底犁出的海槽，当时冰盖比今天更大，冰川也比今天延伸得更远——却存在着几个薄弱之处。早在1994年，斯坦曾设法乘船奋力进入派恩艾兰湾，并抵达了派恩艾兰浮动冰架的前锋。在那里，他发现暖水已经穿过这些海槽渗了上来，正拍击着冰架，本来它是不应该出现在那里的。

那么，或许就是这些异常温暖的海水在搞破坏。不过，1994年那次巡航的数据只是瞬态情况。2009年1月，斯坦决定乘坐美国国家科学基金会的破冰船"纳撒尼尔·B. 帕默号"回到那个地方。这一次，他发现冰架附近的水变得更暖，冰架融化得更为显著。斯坦通过计算发现，融化速度在过去短短十五年间竟然增长了50%。可为什么呢？

随他一起乘船的是来自英国南极调查局的艾德里安·詹金斯（Adrian Jenkins），后者曾数次试图进入派恩艾兰湾。他迫不及待地想利用一艘专门设计的自主潜艇自潜三号（Autosub-3）勘察冰下

---

① 由于冰架是浮动的，更低并不一定意味着更薄。局部海平面可能由于某种原因出现了下降，连带着冰也一块下降，或者局部冰面上的降雪量更低。但研究人员经过反复考察，发现上面任何一种解释都不符合实际。海平面或者降雪量的任何变化都太小，不足以解释他们观察到的沉降。冰架一定正在从底部融化。

区域。这头智能怪兽长达20英尺，不需要用链子系住，在必须返回母船之前，可以连续工作30小时以上。它发出声波扫描上方的冰体和下方的海底。它能勘察冰下海洋中最黑暗、最浑浊、最无法企及的角落，看见其他仪器无法看到的东西，而且听到召唤后还能返回。它是潜艇界的猎狗。尽管实际上无人值守，它还是涂成了非常可爱的黄色。

操作自主潜艇的风险很大。它们并未连接任何东西，超过了几英里之外，你就没办法再跟它们对话。自主潜艇的工程师们已经将上一个原型艇丢失在一座小冰架之下。

但如果你想真正了解这些冰架下方正在发生的情况，你必须冒这个险。来自英国南安普敦国家海洋学中心的技术员，虽然深情设计并建造了这艘以及以前几艘潜艇，也只能给它输入指令，把它从船上放下去，然后希望一切顺利。

一开始任务进展顺利。黄色的小潜艇没于波涛之下，朝派恩艾兰冰架进发，它谨慎选择冰下路径，在去路上测绘海底，在归路上测绘冰架底部。它出发了三次，每次深入20英里——也就是整个冰架的中间位置。

1月24日是它最后一次执行任务，这是一次重大的任务。在此项任务中，自潜三号要尽可能地远行，一直走到冰川开始自由浮动的铰链线那里，并绘制出冰架图。此次行程将是最危险的一次。潜艇必须自己决定多远是太远，而且要在海水过浅被困住之前转身返回。研究人员将它放入水中，在接下来的三十六个小时里，他们只能等待。

自潜三号在半黑暗状态下嗡嗡响着前行，不断发出声波，接收并存储回声，谨慎调整高度以与上方冰层和下方海底均保持安全距离。现在它已经前进了超过20英里，在未知水域内驶向冰与水和泥汇合的铰链线。它越驶越近，不断地发出和接收声波，同时密切关注潜航深度，直到仪器警告当前水深只有650英尺。转身时间到。潜艇安全掉头，朝冰层上浮，开始了回家之旅。来路上它已经测绘了海底。现在它应该研究冰架底部。没问题。它知道如何安全地待在冰下300英尺的地方，如何避开麻烦。

但还是出了问题。它的防撞系统检测到前方有障碍物。同样，潜水艇知道该怎么做：后退约一公里，略微调整航向，尝试一条不同的路径，以避开障碍物。它开始倒车。"砰！"身后有东西。要避免碰撞。往前开。"咣当！"向后，向前，潜艇绝望地乱闯，被困在一条狭窄的冰缝里，它的声呐此前并未探测到冰缝，它的大脑更是无法理解。它现在已经焦头烂额，玻璃纤维外壳划伤了，铝翼也弯曲了。"砰！""咣当！"

后来另一些东西开始起作用。幸运的是，工程师们曾将最后一条明智的建议编进了自动潜艇的大脑电路："如果某个方法不管用，请停止尝试。"潜艇终于承认自己的防撞策略已经无可挽回地失败了。它下潜到更深的水中，驶上了回家之路。[①]

研究人员将它提出水面时，发现它已经伤痕累累，这才知道这段插曲。不过它包含的数据倒是完整的。将它与其他任务获得的数据放到一起，便显示出有关派恩艾兰冰川所延伸出的冰架的一些非常有趣的东西，这将有助于解释为什么它会以如此惊人的速度融化。

有一条海脊。大约在冰架中间位置的海底有一座山丘，其走向与冰架前锋平行，隆起到距离上方冰层不到几百米的高度。斯坦连忙回去查看20世纪70年代从冰架上方拍摄的卫星图片，他发现在完

---

① Stephen D. McPhail et al., 'Exploring beneath the PIG Ice Shelf with the Autosub3 AUV', in *Oceans 09 IEEE Bremen—Balancing Technology with Future Needs*, IEEE, Piscataway, New Jersey, 2009.

全相同的位置上，冰面上曾有一块隆起。但是那块隆起现在竟然没有了。冰架过去肯定被卡在海脊上，被钉在那里，直到渗进海湾的温暖深水融化掉足够多的部分，终使其能够自由浮动。现在暖水已没有任何约束。它已经冲进了冰架的另一边，一直到达铰链线，并即将蚀出一个巨大的空洞，就像一颗龋齿。难怪冰会融化，铰链线会收缩。[①]

这令人非常不安。有史以来第一次，陆冰融化直接关联到我们已知正在发生变化的外部世界。随着全球变暖，南极周围的深水已经显著变暖，而且科研模型预测这将会持续下去。[②] 海水温度越高，就越能有效地侵蚀阿蒙森海冰川的铰链线，降低冰架阻力，使得身后的陆冰加速入海。

因此，海洋正在从海岸线开始蚕食阿蒙森海的冰川。现在我们需要知道，到底要蚕食到什么程度。这取决于冰川自身下方发生了什么。如果冰川下方的陆地确实朝内陆方向一直向下倾斜，那就没有什么能够阻止海水一直侵蚀到南极西部冰盖的心脏地带。

两个研究小组——一个来自英国，另一个来自美国——最近阐明了这个问题，消息既好也坏。两位资深南极冰川学家，来自英国南极调查局的戴维·沃恩（David Vaughan）和来自得克萨斯大学奥斯汀分校的唐·布兰肯希普（Don Blankenship），长期以来一直在

① Stanley S. Jacobs, Adrian Jenkins, Claudia F. Giulivi and Pierre Dutrieux, 'Stronger ocean circulation and increased melting under Pine Island Glacier ice shelf', *Nature Geoscience*, vol. 4, 2011, pp. 519–523; Adrian Jenkins et al., 'Observations beneath Pine Island Glacier in West Antarctica and implications for its retreat', *Nature Geoscience*, vol. 3, 2010, pp. 468–471.

② Nathan P. Gillett, Vivek K. Arora, Kirsten Zickfeld, Shawn J. Marshall and William J. Merryfield, 'Ongoing climate change following a complete cessation of carbon dioxide emissions', *Nature Geoscience*, vol. 4, 9 January 2011, pp. 83–87.

研究各自一侧的南极西部冰盖。戴维可能比世上所有人都了解汇入龙尼冰架的冰流的活动，唐几十年来则一直在研究赛普尔海岸。当他们意识到阿蒙森海的问题后，两人决定联手。两人都拥有勘察飞机，上面装满了各种仪器，能够在冰体上方来回勘察，测量其高度、厚度以及冰体下方的东西。他们将让两架飞机飞往思韦茨和派恩艾兰地区的内陆部分。戴维将研究派恩艾兰冰川，唐将研究思韦茨冰川。然后两人将把研究结果汇集在一起。

由于他们的营地距离海岸相当远，虽然天气不算太坏，但这项行动仍让罗瑟拉和麦克默多的各项资源承受了很大压力。但结果证明努力没有白费。好消息来自派恩艾兰。戴维发现，尽管冰川下方的地面确实朝内陆方向向下倾斜，但有一个自然极限。在某一点处，地面隆起成一个山脊。这意味着冰川消融只能到此为止，此后地理因素就将介入。经他计算，易受影响的盆地内的冰完全消融后，将导致全球海平面上升大约11英寸，这将非常严重，但并不一定就是灾难性的。此外，冰川的主体部分被约束在一个海槽内，因而无法变得更宽。[1]

不过从唐考察的思韦茨冰川传来的消息却没这么好。他发现，没有什么能阻止思韦茨冰川走向消亡。此外，思韦茨冰川下方没有海槽，这意味着它并不会受到约束。那里的融冰可能会溢出，使得海水涌入看上去很安全的派恩艾兰冰川上游，甚至可能会涌入赛普尔海岸上的冰流之中。[2]

---

[1]　D. G. Vaughan et al., 'New boundary conditions for the West Antarctic ice sheet: Subglacial topography beneath Pine Island Glacier', *Geophysical Research Letters*, vol. 33, 2006, p. L09501.

[2]　J. W. Holt et al., 'New boundary conditions for the West Antarctic Ice Sheet: Subglacial topography of the Thwaites and Smith glacier catchments', *Geophysical Research Letters*, vol. 33, 2006, p. L09502.

如果整个区域就这样崩溃了，我们估计海平面将上升5英尺左右。与最初担心的12英尺相比，这还不算糟糕。但如果再加上格陵兰融冰预计造成的海平面上升，仍将足以导致破坏和死亡，对于发展中国家那些生活在地势低洼的三角洲地带的千百万人来说，尤其如此。[①]

　　这一切都前所未闻，还有很多东西需要研究。当然，重要的是融化需要多久。如果世界海平面在几十年里上升5英尺，可能会是灾难性的。如果需要几百年，我们也许能够适应。但是来自南极洲软肋的消息是，变化正在确凿无疑地发生，而且变化的速度就连素来保守的研究人员也感到震惊。

　　阿蒙森海冰川的命运已成为南极科研中最热门的话题，因为它可能与我们所有人的命运紧密相关。在理解这句话的潜在含义时，我们最好能记住七十年前第一个飞越这片旷地并给它命名的那个人的经历。他以自己的方式评价了他的冒险行动。我可以总结如下："你可以尽己所能地了解南极，但永远不要小看它。"


　　海军上将理查德·伯德（Richard Byrd）是士兵、飞行员和探险家，1934年1月17日抵达南极之前，他已经是美国的英雄人物。他来自一个显赫的弗吉尼亚家族，12岁就已经独自走遍了世界各地，一路拜访散居各地的亲友。成年后，他曾在第一次世界大战中英勇作战，架机横跨大西洋——差一点抢在查尔斯·林德伯格（Charles Lindbergh）前面成为第一人——并驾机飞到了北极点。

　　后来他来到南极，在前一次探险中，他曾飞至南极点，飞越南

---

① 由于洋流作用和地球自转，将冰体倾倒进南极周围海域并不会引起各地海平面上升同样高度。研究者经计算发现，南极西部冰体融水将集中流向印度洋，以及美国东西部海岸。

极西部的大部分地区并画出了地图。为了纪念自己的妻子，他将冰盖西部命名为玛丽·伯德地（Marie Byrd Land）。它非常偏远，所以尽管在《南极条约》生效之前各个国家都企图抢占南极土地，但没人想要这个地方，目前它仍是地球上最大的无主之地。

伯德这次的计划是在罗斯冰架过冬，那里他可以用船运送给养，而且仍处于飞机在南极西部的航程之内；到了夏天，他将继续探索这片巨大而空旷的西部冰盖。

他手下大多数人都将在一个长期基地内过冬，基地靠近海岸，他把它叫作小美国（Little American）。但伯德急切地想在进入内陆100英里的地方建立一个前哨基地（Advance Base），现在我们都知道那就是赛普尔海岸冰流溢流入冰架的地方。就科研而言，他希望测量整个冬天的南极内陆天气，看看是否有助于解释海岸地区的天气模式。就个人而言，他醉心于在南极大陆上建立首个内陆过冬站。

于是，他派出一辆牵引拖车，离开小美国基地，在冰面上一路蹒跚向南。拖车绕过裂缝区域，摸索着进入大冰障的心脏地带。他们在距离小美国基地约130英里的地方停下来，挖出一个大洞，将一间预制的小屋放进洞里。但由于行程耽搁，无法进行第二次补给，也就无法为伯德当初设想的三位小屋居民供应装备。他当即决定从飞机上空降，独自一个人在那里过冬。

即使在今天，在这片大陆上的任何地方，你都很难发现自己是孤身一人。为了安全起见，我参观过的科考站都拒绝让任何人在无人陪伴的情况下离开营地视野。在伯德时代，一旦在漫长的极夜里出了问题，不可能有任何救援的希望，他的决定确实非同寻常。每次探险结束，他都要偿还债务。筹划下一次行动时，他都要费尽心机、陪尽笑脸去募集资金，充当待价而沽的社交宠儿。也许他已经厌倦了。

他写道：

在南极大冰障上，在寒冷和黑暗中……我应该有时间去弥补、学习、思考、听留声机；在大约七个月的时间里……我应该能够完全按照自己的选择来生活，除狂风、黑夜和寒冷强加于我者，不必俯就于任何事物，也不必遵从除我之外任何人的法律。[①]

头几天里，他唯一的抱怨就是忘了带上一本食谱。由于之前从来不需要给自己做饭，这下被难住了。他在日记中描述了一次"玉米糊事件"，他在平底锅里做了太多玉米糊，结果诱发了火山喷发般的反应。"它漫到炉子上，溅到天花板上，把我从头到脚浇了个遍。要不是我行动果断，可能已经被淹死在玉米糊里了。"他一把抓起平底锅，冲到一个储物坑旁，"砰"的一声把它扔到地上，它还在那儿继续喷涌，直至冻结。

利用每周三次的无线电通话，伯德向小美国基地内的手下漫不经心地复述这些事件。他能听见他们的声音，但回答起来却大费周章，他得把自己的信息用莫尔斯代码一点一画地拼出来。他的手下取笑他不会操作代码，特别提到有一次有人请他对芝加哥的世界博览会发表寄语（当然，信息要通过小美国基地中转），结果他把世博会（world's fair）拼成了焰火展（firework）。"如果人们用'焰火'拼出你发来的信息，"他的朋友查理·墨菲（Charlie Murphy）通过无线电告诉他，"那么意思就是，芝加哥将见证大火灾以来最疯狂

---

① Byrd, *Alone*, p. 7.

的焰火表演。"①

伯德和手下说好了。如果他错过预期通话超过一次，他们就要尽量每天都呼叫他，然后再开始担心。但确实没什么好担心的。每天他都会推开小屋的板门，登上大冰障测量气温和风速。第一个黑夜来了又走了，捎来了星星和极光，还有日落。5月5日，他被一次特殊的日落深深地迷住了；他写道："我盯着天空看了很长一段时间，得出的结论是，这种美只会留给遥远、危险的地方，大自然有充足的理由从那些决心见证美景的人身上索取她专享的祭品。"此时，他对自己将要被迫做出牺牲还一无所知。

起初几次有惊无险的事让他开始警惕。有一次，一只脚踩穿了无线电天线附近的雪桥，但他奇迹般地朝正确的方向猛地一扑，才避免跌进一个隐藏的裂缝。有一次当他心不在焉地观看天空时，走出了标志线的边缘，勉勉强强才找到回小屋的路。还有一次他在暴风雪中上到高处，舱盖却在他身后卡住了，他拼命折腾了一个小时，才回到温暖安全的小屋内。

一直以来他都很清楚，如果出了事，没有救援的希望。没人会知道出了问题，除非他错过了好几次无线电通话。即使拖车能在寒冷的极夜里成功抵达（这一点颇值得怀疑），他们肯定也来不及救他——他曾明确禁止他的手下冒着生命危险进行任何这样的尝试。

但伯德肯定以为自己有幸运之神相伴，直到他开始感觉到一种隐隐的不断蔓延的抑郁，伴随而来的还有眼睛后方无休止的疼痛和一种无法摆脱的绝望。他写道，"没有了文明世界中的那些消遣，简直是一种比自己预期的更为痛苦的折磨"。他在强撑着完成任务，

---

① 芝加哥早期的房屋是用木料搭建起来的，很容易着火。1871年10月8日，一场大火烧了几天几夜，把市区8平方公里的地区统统烧毁，伤亡惨重，这就是历史上著名的芝加哥大火灾。——译者注

所有的漫不经心早已消失了踪影。

伯德尚不知道，他已经中毒了。临行前最后一刻，他将炉子改装成烧油，而非原设计的烧煤，这就意味着它会慢慢渗出一缕缕无色无味但却致命的一氧化碳。小屋上方的气温经常下降到 −56.7℃。他需要炉子和保温间才能生存。炉子是他的敌人，可他却不能没有它。

很快他就开始昏昏沉沉，无法吞咽热牛奶，吞下去又吐出来。他躺在自己的铺位上，虚弱得连收拾的力气都没有了。不知为什么，他仍设法成功地保持着无线电通话，用尽最后的力气摇动发射机，痛苦地用莫尔斯电码拼出笑话，希望小美国基地的朋友不会注意到异样。

现在甚至还不到冬至。距离太阳现身还有三个月。过去当他生病了，他就想自己一个人待着，但现在他渴望陪伴和安慰。但是，他无法要求他的朋友通过无线电远程提供慰藉，而不会引起他们的怀疑，并诱导他们鲁莽地冒险尝试救援。与莫森不同，后者是因为一场不可预见的灾难，在夏季独自一人与死亡展开竞赛，伯德刻意选择了独自一人待在南极寒冬的黑色心脏地带。他非常痛苦地意识到了这一点："你找过它，身体内一个微弱的声音说，现在它就在这里。"[1]

他甚至无法说服自己，为了科学这一切都是值得的。谁知道那一卷卷的纸和一行行的气象数据有什么价值？他痛斥自己的狂妄自大。到了6月中旬，这个曾经高傲的弗吉尼亚人开始躺在铺位上抽泣，失去了所有的力量和希望，他把脸转向墙壁。现在他唯一担心的是他的手下、他的探险队的命运以及他的家人。他给所有人都写

---

[1]　Byrd, *Alone*, p. 214.

了最后一封信。

但他仍然强撑着站起来，仍然试图强行吞咽食物。他已经猜出炉子是罪魁祸首，并在每天尽可能长的时间里不烧炉子。地板上的一摊摊呕吐物已经冻结。寒霜开始爬上小屋的墙壁。可他仍然摇动发射器，将信息用代码发给手下人，即便不是为自己着想，也为了他们着想去尽力掩饰。

他们太了解他了，根本骗不了。6月底，他的一个手下告诉他，他们已经在整修拖车，并且轻描淡写地暗示说，等到天气再暖和一点，他们要趁着夜色出去测量流星，以免太阳回归后影响视线。他们也许要到他这里来，在返回之前用他的小屋遮风避寒。伯德进退维谷。这件事突然提供了救援的可能性，但他怎么可能让手下冒着生命危险来救他？

最终他还是批准了行程，从7月中旬开始，但要是找不着路，或者天气变糟，他们必须返回。希望让伯德重新振作起来，可当他拖着身子爬上房顶为手下点亮信标灯时，这种希望连续两次被击得粉碎。有好几次，他以为自己看见了地平线上的应答闪光，可那始终只是一颗星星，或是一个幻影。在第二次尝试之后，他在日记中写道，他用镁燃起的一只火炬"在黑夜中烧出一个巨大的蓝洞。它燃烧了大约十分钟。接着黑暗又蜂拥而入，我终于明白了孤独的终极含义"。[1] 每次他拖着身子回到下边，只能从无线电里听手下人说不得不返回。

第三次，从小美国基地传来的消息还不错，看样子拖车能过来。当还剩最后30英里时，伯德失去了所有联系，随之丧失的还有他的大半希望。不过他继续点亮信标灯，然后，最后，长长的最后，

---

[1]　Byrd, *Alone*, p. 262.

终于有了一个不会消失的应答亮光；一阵打破南极寂静黑夜的隆隆声；还有隐隐约约的拖车的影子；三个人从车上爬下来，面色凝重地握着他的手。"到下边来吧，"伯德说，"我煮了一碗热汤等着你们。"说完他爬下梯子，崩溃了。①

又过了两个月，伯德才又强壮到足以返回小美国基地。在这之后，又过了一段时间，他才恢复自信，重新开始飞越南极西部，继续勘察未知的领地，这些领地即使在今天也仍是一处神秘之地和凶险之地。

伯德吸取了教训——他永远不会再低估南极。但目前还不清楚我们是否也吸取了教训。因为当我们后知后觉却又急急忙忙地去了解驱动南极西部冰川的复杂机制时，这片大陆却又将另一张王牌扔到了桌面上：不是冰，而是一个巨大的、已经融化的、不断喷涌的水库。②

斯瓦韦克·图拉采科（Slawek Tulaczyk）此前从未亲眼见过真正的冰流，更不用说站在上面。他所有的分析都是在加州大学圣克鲁斯分校的办公室里进行的。但经过十多年对这些巨大冰川的远程研究，他非常了解它们的行为方式。肯定有什么地方出了问题。首先是1998年和2000年两次飞越两条赛普尔海岸冰流时获得的数据。飞机曾发射激光测量冰的高度。由于某种原因，2000年的冰体似乎比1998年高出了13英尺。这种现象用一点多余的降雪远不足以解释。肯定有个东西从下向上抬升冰体。

接着一些卫星数据也出来了，显示出同一地区的冰体在1997年

---

① Byrd, *Alone*, p. 293.

② Gabrielle Walker, 'Hidden Antarctica: Terra Incognita', *New Scientist*, 29 November 2006, pp. 30–35.

的高度和移动速度。卫星曾多次飞越该地区。当他将9月26日的数据与24天后的数据进行比对时，斯瓦韦克发现冰的某些部分已经下沉了大约半米，而附近一条冰流的其他部分则或上或下地发生了移动。"看到这个，你就会问自己为什么，冰面为什么变化得如此之快？"他说。他或其他任何人只能想到一种解释。

水。肯定是水，在冰流下喷涌，充满空隙又再次排空，就像车下的千斤顶一样将冰体顶起，当水流走时，又会让冰体落下。①

这怎么可能？在接近冰面的地方，大部分冰盖的温度都要低于 -50℃。在这个坚硬的外壳下面，莫非真的有那么多的水不断喷涌、抬升和泄走？

要不是自20世纪60年代以来同时获得的一系列大发现，斯瓦韦克的想法可能显得荒诞不经。在南极冰盖下方，在冰与岩石相遇的黑暗深处，似乎隐藏着一大片一大片的液态湖泊。没有人曾见过或触及过这些湖泊；它们被埋在几英里厚的冰下，几十万年——也许是数百万年——来从未见过阳光。但是，幸亏冰无法掩盖它的源头，所以研究人员得以知晓它们的存在。

冰面总是能略微显示出它所处的地形。如果下面有一座大山，冰面会利用一个隆起泄露它的存在。如果有一座山谷，冰面就会发生凹陷。如果有一个湖，就会没有任何地形特征。湖面是平的，因此浮在上面的冰也会是平的。要找到一个隐藏的湖，你只需要找到一大片完全平坦的冰面。

研究人员现在已经发现了数百个湖泊。也许这不足为奇。毕竟，来自上方冰层的压力以及地球内部发出的热量合起来足以令冰达到

---

① L. Gray et al., 'Evidence for subglacial water transport in the West Antarctic Ice Sheet through three-dimensional satellite radar interferometry', *Geophysical Research Letters*, vol. 32, 2005, p. L03501.

融化的温度。所需的只不过是岩石中一个适当的空隙或者沟槽，让水聚集起来，就有了湖泊。但尽管如此，这些湖泊的数量之多已改变了许多研究者看待南极大陆的方式。

目前的统计是近四百个冰下湖泊，其中一些是巨型湖泊。[①] 第一个湖泊早在20世纪60年代就被发现了，随着卫星数据代替了费力的局部飞行勘测，不断地有更多的湖泊现身。协和站下方有好几个，南极点附近至少有一个，皇冠上的明珠位于东方站下方——水体面积与安大略湖相当，深度却是两倍，使得它成为世界第七大淡水湖。[②]

所有这一切都足够引人入胜，许多科学家一直渴望钻探进这些湖泊，看看它们是否可能包含某种形式的生命。但没人想到它们会相互连通。或者至少到目前为止还没人想到。

这本来应该一次就能发现。当邓肯·温纳姆利用卫星数据测量派恩艾兰冰川的高度时，他发现南极东部的一块冰体似乎下沉了3米。与此同时，附近几个湖泊似乎正在被注水，湖面各上升了一米左右。邓肯跟踪卫星数据一年多，发现一条泰晤士河大小的暗河排空了一个湖，同时又注满了另外两个湖。[③]

接着在2006年5月，邓肯的论文刚发表不久，斯克里普斯海洋学研究所的海伦·阿曼达·弗里克（Helen Amanda Fricker）发现，

① 据最新统计有397座。参见 A. Wright and M. J. Siegert, 'The identification and physiographical setting of Antarctic subglacial lakes: An update based on recent discoveries', in *Antarctic Subglacial Aquatic Environments, Geophysics Monograph Series*, vol. 192, 2011, edited by M. J. Siegert, M. C. Kennicutt II and R. A. Bindschadler, pp. 9–26, AGU, Washington, DC.

② A. P. Kapitsa, J. K. Ridley, G. de Q. Robin, M. J. Siegert and I. A. Zotikov, 'Large deep freshwater lake beneath the ice of central East Antarctica', *Nature*, vol. 381, 1996, pp. 684–686; M. J. Siegert, S. Carter, I. Tabacco, S. Popov and D. Blankenship, 'A revised inventory of Antarctic subglacial lakes', *Antarctic Science*, vol. 17, 2005, pp. 453–460.

③ D. J. Wingham, M. J. Siegert, A. Shepherd and A. S. Muir, 'Rapid discharge connects Antarctic subglacial lakes', *Nature*, vol. 440, 2006, pp. 1033–1036.

在为期两年的时间内，赛普尔海岸的部分冰体下沉了30英尺。更重要的是，下沉的区域也是平的。她发现了一个新湖泊，而且湖泊正在排空。接着她画出了赛普尔海岸其余部分的地图，发现在另外十四个以上的地区，随着水在下方流动，冰面也出现了下沉或上升。[①]

这种事到处都在发生！在大陆各地，似乎暗湖正在不断地被注满和排空，水在恣意地四处流动。流动的原因可能与地球表面的水流一致：一个湖被注满后溢出，水会"向下"溢流到下一个湖里。但在这里，"向下"并不一定表示相同的含义。由于上方冰盖施加巨大的压力，因此在决定水流的方向时，它的作用要远远超过当地的丘陵和山谷。因此，在南极底部的奇异世界里，湖泊会沿着山坡向下倾斜，瀑布会向山上喷涌。

但真正震撼冰川学家的是这一切发生的速度。冰层下没有任何东西能够如此迅速地发生变化。唐·布兰肯希普总结了眼下的形势："一件几个月内就会发生的事情竟会触发一个需要数百万年才能发生的变化。我认为任何人都还无法理解这意味着什么。"

而且，不仅只有湖泊。唐的学生，萨沙·卡特（Sasha Carter），已经发现了一组全新的近似湖，他认为可能是沼泽或湿地。它们平坦如湖泊，但表面更加粗糙。他称它们为"模糊"湖，认为可能有一块块陆地从水里戳出来，导致其表面不平。这些冰下湿地可能会定期被常规湖泊中溢出的水淹没，然后再将水传导至下游。[②]

事实上，最新计算表明，冰下沼泽所含的水可以让南极底部变成世界上最大的湿地。如果数字是正确的，那么困在冰下沉积物中

①　H. A. Fricker, T. Scambos, R. Bindschadler and L. Padman, 'An active subglacial water system in West Antarctica mapped from space', *Science*, vol. 315, 2007, pp. 1544–1548.

②　S. P. Carter et al., 'Radar–based subglacial lake classification in Antarctica', *Geochemistry Geophysics Geosystems*, vol. 8, 2007, p. Q03016.

的水将比地球上其他地方所有河流、湖泊、池塘、水坑里的水加起来还要多。①

这非常惊人，但也令人担心。"记住，这是四处流动的润滑剂。"唐说，"如果下面有了它，就会变得很滑，我们根本弄不清冰盖的不稳定点在哪里。"

例如，来自缅因大学的利·斯特恩斯（Leigh Stearns）发现，南极东部的伯德冰川加速移动了一整年，而其加速恰好与附近一个冰下湖泊的排空同时发生。②来自纽约拉蒙特·多尔蒂地球观测站的罗宾·贝尔（Robin Bell）在南极东部一条快速移动的冰流的源头，即汇入威德尔海的里卡弗里冰川（Recovery Glacier）内，发现了多个湖泊。她认为正是湖的存在才使得冰川滑动如此迅速，因为湖泊向冰川下方沉积物提供了所需的水。③

"南极有两副面孔，"罗宾说，"一副展示给世界，另一副隐藏在里面。而里面的面孔可能才是真正重要的那副。"

我还是不能理解这一点。一块如此令人畏惧、寒冷干燥、慢条斯理的大陆，竟有一颗柔软温暖的心脏？虽然外表没什么变化，但下方深处却是一个跌宕起伏、有取有舍、生机勃勃的世界，水从一个地方滑动到另一个地方，可能也承载着冰一路滑移。对我们来说，这其中的意味可能很严重。也许冰比我们所能意识到的要更加脆弱。也许，这充满活力的内在生命，将为人类的活动起到助推作用，促

① J. C. Priscu et al., 'Antarctic subglacial water: Origin, evolution and ecology', in *Polar Lakes and Rivers*, p. 119, W. Vincent and J. Laybourn Parry, eds, Oxford University Press, 2008.

② L. A. Stearns, B. E. Smith and G. S. Hamilton, 'Increased flow speed on a large East Antarctic outlet glacier caused by subglacial floods', *Nature Geoscience*, vol. 1, 2008, pp. 827–831; Helen Amanda Fricker, 'Water Slide', *Nature Geoscience*, vol. 1, 2008, pp. 809–816. DOI: 10.1038/ngeo367.

③ Robin Bell et al., 'Large subglacial lakes in East Antarctica at the onset of fast-flowing ice streams', *Nature*, vol. 445, 22 February 2007, pp. 904–907.

使冰块滑入大海。

这自然令人不安。但我不禁好奇起来。直面那张隐藏的面孔会是什么感觉？如果沉入黑暗，身处那些湖泊、湿地、洪水，以及向山上流动的瀑布之中，又会是什么感觉？

南极在其中一个地方已经退下了它冰冷的面具，这就是南极干谷，也就是霍尔湖、比肯谷以及军舰岬的所在地。那里的地貌宛如另外一个世界，以至于去那里的美国国家航空航天局科学家会联想到火星；那里的生命已找到如此极端的生存方式——在湖冰下、岩石里、冰川顶部的空洞内——以至于生物学家利用它来研究外星生命可能的样子。但这片干燥古老的地带也流露出某种迹象，显示了更要紧的东西。


"看到这些河道没有？看到了吗？那条大河道从这里流下去，还有那些冲淘出来的阶地，还有顶部河水漫过留下的波痕。那是一条巨大的无水瀑布。你正站在尼亚加拉大瀑布的顶端！"

来自缅因大学的乔治·丹顿（George Denton）是研究南极洲的老手中的老手。他的专长是解读冰川地形，像法医一样捕捉蛛丝马迹，并推断之前发生过什么。几十年来他一直在干这个，因此对干谷了如指掌。

很早之前，他曾与戴夫·马尔尚一起工作——我曾在比肯谷内见过后者，当时他正在寻找目前尚存的远古冰灰层。事实上，是乔治教会了他如何进行该项研究，当时戴夫还是个稚气未脱的学生，乔治是他的博士生导师。戴夫和乔治现在都确信，干谷一度并不像现在这般干燥。在1月末的一个深夜，当麦克默多的正常人都已睡熟，影子拉得很低很长，乔治乘直升机把我带到了干谷，向我展示个中缘由。

这是一次精彩的旅程。我们在麦克默多湾对面的马布尔角（Marble Point）停靠加油，越过弗里克塞尔湖（Lake Fryxel）平坦如镜的灰色冰面，爬上雪面平滑、蓝色冰缝纵横交错的加拿大冰川（Canada Glacier）。接着我们飞临阿斯加德岭（Asgard Range）上空，在一排排巧克力色的山峰间盘旋穿梭。乔治坐在副驾驶位置，透过直升机的球形窗户一张接一张地拍着照片。我坐在他们身后，咬紧牙关，这时耳机里传来驾驶员格雷格·莱伯特（Gregg Leibert）的声音："别担心。我不会撞山的。"

"你可千万别。"

"我从来不喜欢这么做。"

我们继续飞行，从这片由棕褐色的山脉、山谷和冰体构成的巨型地貌上空一掠而过。我们越过奥林波斯岭（Olympus Range）[1]，还有广袤无垠的麦凯冰川（Mackay Glacier），最后停在军舰岬巨大的砂岩悬崖上。

这里就是克里斯·麦凯发现隐藏在岩石内的绿色生命条纹的地方。但这些岩石表面还掩藏着另一个秘密，一个规模更宏大的秘密。乔治带我来看一个巨大的、几乎是不可想象的冰下洪水冲刷出的印迹。

我们所站的灰白色砂岩峭壁再往前几米远就是一个陡峭的悬崖。我伸长脖子望下去，只见干燥的岩石笔直下插3000多英尺。

"我可不想坐着木桶从这里翻下去。"我说。[2]

"你看出来没有？"乔治急切地问。"看出来为什么是个瀑布了吧？你看悬崖外面是什么？底部是不是有很多坑洞？是不是延伸

---

① 后来我发现，此处有一种叫作利伯特冰斗（Liebert Cirque）的地貌，由于直升机从登顿冰川（Denton Glacier）起飞，所以并不是很远。

② 美国人形容胆子大时常说的一句话是，坐着木桶翻下尼亚加拉大瀑布。——译者注

出很多波痕？下面是不是有很多锥形的小山？这是一片巨大的波纹状地形，一路向下直到大海。刷——！"

接着他心满意足地长出一口气。"是不是很壮观？看起来就像曾被 B-52 飞机轰炸过。"

当然很壮观。而且，是的，就算在我这个外行人眼里，那些被轰炸出的坑洞也能看得一清二楚。"它们是怎么形成的？"我问。"被水冲成的。"乔治说，"水沿着这些河道流下来，就从直升机的正后方，它奔流而下，形成了一个跌水潭，又一个跌水潭，不停奔涌前行。在这一带的山里有千千万万个跌水潭。"

我们走到峭壁的另一侧，看起来更像是一个碎石斜坡，却通向更为巨大的凹陷和坑洞。"看它多像华盛顿州的沟壑地形，"乔治说，"就像干瀑布（Dry Falls），还有大古力峡谷（Grand Coulee）。"

我从未见过沟壑地形，但听说过它们。美国华盛顿州的广大地区有一种地形让地质学家困惑了几十年。表面上看起来就像某个疯狂的巨人舀出大块土地四下乱扔。现在我们知道沟壑地形形成于上个冰河期，当时覆盖着加拿大大部分地区的冰盖伸出一根手指四处摸索，并阻拦冰川融水形成了一个巨大的湖泊。湖水越积越多，最终破堤而出，形成灾难性的洪水。乔治认为，差不多同样的情形也发生在这里。

"受洪水侵蚀的地貌看起来就像这样。到处都是宛如掏空般的地形特征，顶部有波痕，有很多坑洞和河道系统，还有像这样的深谷，还有就像你在底部看到的圆锥形山丘。这些都不是典型的冰川地貌。完全不同。"

"好吧。"我说，"我能看出来好像是被水冲出来的。但你怎么知道当时水在冰下？"

"我们可以长距离追踪这些河道。"乔治回答说，"我们曾用直升机追踪过某些河道，它们不只是向下流。它们竟然翻越了2000米高的大山。冰是我们对如何迫使水翻山越岭的唯一解释。"

于是就有了这里。我身旁这个干涸的大瀑布不仅曾经是一个尼亚加拉大瀑布。它还是一个瀑布网络的一部分，它们被上方巨大冰盖的重量强迫着向山上流动，一路奔流，一路搅动和冲刷，雕刻出这样一种地貌。这就是南极隐藏的面孔，它在此袒露无遗。

我们在这里还有差不多半个小时的地面时间，所以我们三人走向碎石陡坡一侧，开始爬下曾经的大瀑布。通常在南极，距离都具有欺骗性。这些坑洞巨大无比：深达100英尺，带有陡峭的圆柱形侧面。现在我才看到它们通常出现在河道交叉的地方；交汇之处必然会产生巨大的漩涡，将水能汇聚起来，令其刺穿岩石。

根据河道的宽窄，以及它掏挖出来的岩石体积，戴夫·马尔尚计算出水流速度一定曾高达每小时30英里。而且水量一定很大。几年前人们可能对此表示怀疑，会问水来自何处。不过我们现在已然知道，南极冰冻的外表下蕴藏着大量的水。只需要一个或者可能一个半东方湖（Lake Vostok）的水量，就能切割出散落在这些大山里的河道。

还有其他一些迹象表明，当水流经此地时，上方肯定有冰存在。在一些地方，河道仿佛失去了动力般戛然而止。急速奔流的水只有遇到冰在基岩上冻结的地方才会发生这样的事情。水流本身是无法阻止的；它会强行冲开冰内的裂缝，喷涌进上方的冰川内。在另外一些地方存在着"悬河"，此处的水被从河道内劫掠而去，只剩下干涸的河道悬在高处，同时其他河道则在其周围不断侵蚀。这是我曾见过的最壮丽的地貌之一。

在回程中，我们飞越了古代洪水在此留下的另一处壮观印迹：位于怀特谷（Wright Valley）源头处的迷宫。山谷南面是极地高原闪闪发光的白色边缘，高原大部分都被峰峦峭壁环抱；只有一条宽阔的冰带成功溢流出陡峭的悬崖，展开裙摆形成了上怀特冰川。细长的河道从冰川边缘辐射开来，仿佛谷底褐色玄武岩上的疤痕。再向外就是迷宫——由更多连锁冰沟构成的回环曲折的地貌，凸起之处在午夜阳光下闪耀着金褐色，凹陷之处则位于阴影之中。"看这里。"乔治在耳机里说，其实我已经在看了。"你能看见大瀑布和坑洞吗？想象一下瀑布层叠而下的景象。"

戴夫·马尔尚一直在努力研究迷宫，追踪其复杂的相互关系并一层层剥开它的历史。他和乔治已详细测绘出干谷河道系统的不同部分。他们已经弄清谁与谁交叉，区分出新老地形特征，利用火山灰确定了各层年代，并推断出什么时间发生了什么事情。他们一致认为此处地貌古老得令人难以置信。可能发生过一系列的大洪水，但最后一次发生在1400万前至1200万年前，自那以后几乎什么都没再发生。[1]

这与这座雄伟冰盖的历史恰好吻合。分界线大约就出现在苔原从地面消失，冰盖从温暖、潮湿、温和状态过渡到冻结至岩石上的这一时期。它也可能比今天更大，曾因延伸得过远，最终只能往回收缩。随着某些部位被冻结在基底上，可能就是它截断了下方的水流，直到水流汇聚足够的能量冲破牢笼。

如此规模的大洪水不会经常发生，但一旦发生，它们就会让世

---

① Adam R. Lewis, David R. Marchant, Douglas E. Kowalewski, Suzanne L. Baldwin and Laura E. Webb, 'The age and origin of the Labyrinth, western dry valleys, Antarctica; evidence for extensive middle Miocene subglacial floods and freshwater discharge to the Southern Ocean', *Geology*, vol. 34, July 2006, pp. 513–516; D. R. Marchant, S. S. R. Jamieson and D. E. Sugden, 'The geomorphic signature of massive subglacial floods in Victoria Land, Antarctica', in *Antarctic Subglacial Aquatic Environments*, Martin J. Siegert, Mahlon C. Kennicutt II and Robert A. Bindschadler, eds, *Geophysical Monograph Series*, vol. 192, 2011.

界感受到它们的威力。除了切割岩石之外，一次这样的超大洪水最终汇入罗斯海时，并不会导致全球海平面升高很多。也许会增加1—2厘米。但戴夫认为，当涉及气候时，它却有可能触动了一个敏感点。

这是因为罗斯海是全球输送带的关键部位之一，全球输送带指的是一系列相互依存的洋流，它们以一种复杂的模式将热量输送至全球各地，从而抹平过热的热带和冰冻的两极之间的某些失衡状态。海冰在此成形，剩下的海水将变得更咸、更重，并开始下沉，从而启动输送带。如果突然在顶层加进大量淡水，就可能危及整个系统。尽管戴夫无法证明这一点，但他注意到大约就在干谷被大瀑布切割出来时，气候出现了多个令人不安的变化。

对我们来说，幸运的是至少1200万年来这件事都未曾发生，短期内也不可能再次发生。但整个故事还有最后一个转折。海洋地质学家约翰·安德森（John Anderson）发现，海底也有一处类似于迷宫的地形特征。它是否也在一个敏感点上？这个水下迷宫就在派恩艾兰湾的……正中间，在那里，部分归因于我们人类生产和使用能源的方式，变暖的海水正在蚕食着冰体——这可能正在打开闸门。

我们不知道，这片神秘大陆的沿海地区是否——或者说何时——会再发生一次大洪水，尽管研究人员对它的了解日益加深。我们也尚未决定人类是否该采取行动帮助融冰或者阻止融冰。我们确知的是，这片冰冷的地貌并非一直如此冷冷清清、毫无生机。现在看来温暖正在回归。当然，在南极再次变得潮湿炎热之前还有很长一段路要走，但我们目前正走在这条路上。[1] 南极半岛变暖已经

---

[1] Dominic Hodgson et al., 'Antarctic climate and environment history in the pre-instrumental period', in *Antarctic Climate Change and the Environment*, Scientific Committee on Antarctic Research, p. 123, Victoire Press, Cambridge, 2009.

远超正常速度，南极大陆其他地区正在变暖的初步迹象也在显现，而研究人员已经确定这是一种反常的人为迹象。[1]

由于科研工作，我们对南极大陆今天的样子知之甚多。如果你正在北方的夏天阅读这本书，雄帝企鹅们正在冰崖背风的某个地方挤在一起，轮流保护自己的同伴免遭狂风侵袭，小心翼翼地将每枚蛋在脚背上稳稳地保持平衡，一边等待着阳光回归，等待着他们的配偶，等待着重新进食的机会。

如果你正在北方的冬天读这本书，阳光正照耀着整个南极大陆。雪海燕正奋力争抢岩石上的巢穴。阿德利企鹅正利用短暂的夏季窗口奔波忙碌以期繁育后代，科学家们也同样忙碌着在广阔的南极大陆上留下自己渺小的印迹，尽力从冰面上收获成果。

在南极半岛上，冰雪融化，冰架松动，温暖的海水正危险地拍打着南极西部冰盖那柔软的腹部。

未来会怎样？在一定程度上，它取决于我们自己。尽管捕鲸业将永不会再恢复，但开发南极大陆的新良机一旦出现，条约协定很可能会土崩瓦解，人人都会退回到一切为己的状态。

但这种情况不大可能发生，因为南极洲本身将令它难以实现。整个大陆只有不到1%的地方无冰。如果世界其他地方的石油资源变得足够稀缺，使得在南极洲勘探原油成为一件有吸引力的事，人类可能会开始在南极附近海域钻探，但冰山将始终是个威胁。在陆地上，面临的挑战几乎是无法克服的。

而且，即便你能在这里钻探，南极洲改变人们心态的力量依然可能占据上风。正是在南极，英国科学家发现了臭氧保护层空洞，

① N. P. Gillett et al., 'Attribution of polar warming to human influence', *Nature Geoscience*, vol. 1, 2008, pp. 750–754; Eric J. Steig et al., 'Warming of the Antarctic ice–sheet surface since the 1957 International Geophysical Year', *Nature*, vol. 457, 2009, pp. 459–462.

虽然一开始遭遇了否认和不解，但随后却促成了大规模的国际合作，有害化学物质在全球被禁用，空洞开始恢复。

也许这片无情大陆的持续影响将帮助我们将天平从毁灭和攫取拨向人类大团结。我希望如此。因为如果我们继续大规模排放正在令世界变暖的气体，融化将会继续，海平面将会上升。如果我们停下来，我们或许可以避免一些或所有此类危险。我们需要抉择。

有两个人曾被寒冰逼至绝境，并记录下各自的体验，他们发现了归根结底最为重要的东西。当理查德·伯德躺在铺位上哭泣，并写下自认为是给妻子的最后一封信时，他突然想起了斯科特在日记中写下的最后那行字。在交代完所有事情后，斯科特用潦草的笔迹写道："看在上帝的份上，照顾好我们的家人！"伯德以前也曾思考过这个问题，但仅出于理智而已。现在他完全理解了。他写道："很遗憾，人们必须经历一次灾难性事件，才能明白这个最简单的真理。"[1]

杰克·斯皮德，南极点过冬者，也曾说过同样的话。我们分别后，他又在北部的格陵兰岛上度过了一个冬天，曾在没有救生装备的情况下被困在风暴之中。杰克挨过了地狱般的三天时间才最终获救。他失去了两条腿和一只胳膊。他说他靠对新婚妻子、家人和朋友的思念才活了下来。[2]到了最后，对我们真正重要的是我们的家人。

所以道理就是这样。一路走到世界尽头，你会发现……一面镜

---

① Byrd, *Alone*, p. 181.

② 杰克在南极点的朋友们专门为他创建了一个页面，可参见 http://www.southpolestation.com/trivia/00s/jake/jakespeed.html。事故发生后不久，新西兰电视台就采访了他，在采访中，他依然还是我在南极点见到的那个思想深刻、幽默风趣、不屈不挠的人，自豪地展示如何使用他的新爪形手，并谈到计划去冲浪——后来他真的做到了，参见 http://tvnz.co.nz/close-up/stranded-in-middle-ice-2901536/video。

南极洲：一片神秘的大陆

子，一个不言而喻的真理，某个你自始至终都该明白的道理；或者你可能会像理查德·伯德那样，从理智上明白。但现在，经历南极之后，它已深入你的内心。

当我想起那里的人告诉过我的一切，我意识到南极洲给出所有教训全都指向同一个道理：只有当你被迫毫不遮掩地依赖周围的人，以及遥远的基地内那些你永远不会谋面的人，你才能想起现实世界中我们是如何完全彼此依赖。只有纯粹的空虚才能提醒你放下傲慢；只有被大自然的力量围困，才能提醒你生存是何等的岌岌可危，所谓的掌控又是何等的脆弱和短暂。

有人会觉得这很可怕，但当我明白这片耐心却又无情的大陆并不在乎我们在想什么或做什么，我竟获得了一种莫可名状的慰藉。如果我们寻找警醒之事，它会发出警报。如果我们对此采取行动，人类就能避免灾难。但南极本身并不会受到任何威胁。

归根结底，这就是我最喜欢它的地方。南极洲超越了我们所有人，超越了我们的技术、我们的优点和弱点、我们建设的雄心和摧毁的能力。足够多的冰可以滑入海中，将南极西部变成群岛，将海平面抬升到足以淹没沿海城市的高度，而南极大陆冰冷洁白的心脏都不会为此悸动一下。

而且，即使当所有的冰最终都融化，也不会是南极洲的末日。太阳随着年龄增大正在自然升温，在遥远的某一天，也许在千百万年后的未来，不管我们做什么，白色大陆都将重新变成绿色。当这件事发生时，因为它肯定会发生，我们人类将很可能不会见证。但是，另一些生物或者另一些东西肯定会见证。

# 时间轴

**1亿年前**：作为一个正在分崩离析的巨大的超级大陆的一部分，南极洲漂移至南极点上方并稳定在那里。大气中温室气体的浓度比今天高得多，地球温度比现在高出约10℃。

**6600万年以前**：地球被一颗巨型小行星撞击后，恐龙灭绝，哺乳动物接管了南极洲茂密的森林。大气中的温室气体水平正在下降，地球正在逐渐冷却。

**4000万—3500万年前**：作为超级大陆的最后两个部分，澳大利亚和南美洲从南极洲分离出去。南极大陆被环形洋流隔离开来，这促使其进一步冷却。

**3400万年前**：大陆上出现第一批大冰盖。

**1400万年前**：随着进一步冷却，冰盖变得越来越广，越来越牢固。从现在起，在干谷内部，时间开始停滞。

**1773年**：詹姆斯·库克（James Cook）船长和他的船员跨越南极圈。

**1820年**："东方号"（*Vostok*）和"和平号"（*Mirny*）上的俄罗斯海军军官法比安·戈特利布·冯·别林斯高晋（Fabian

Gottlieb von Bellingshausen）上校和他的探险队员发现第一块南极洲陆地。

**1821年**：捕鲸船长约翰·戴维斯（John Davis）成为第一个踏上南极大陆的人。

**1898年**：比利时海军军官阿德里安·德热而拉什（Adrien de Gerlache）男爵和他的船员被困在"贝尔吉卡号"（*Belgica*）上第一次熬过南极冬天。船上有一名年轻的挪威探险家，名叫阿蒙森，他后来重返南极大陆，带领探险队首次到达南极点。

**1899年**：英国–挪威探险家卡斯滕·埃格贝格·博先克格雷温克（Carsten Egeberg Borchgrevink）带领探险队首次在南极大陆内地过冬。他热情洋溢的行动报告与一些心有不满的队员私下所写的日记并不一致，他们以挖苦的语气评论他的领导能力。探险在争吵中结束。

**1901—1902年**：包括罗伯特·斯科特、爱德华·威尔逊（Edward Wilson）和英国–爱尔兰探险家欧内斯特·沙克尔顿在内的英国探险队首次尝试徒步抵达南极点，但只到达南纬82度17分。

**1909年**：沙克尔顿和其他三个人首次爬上南极高原，并向南抵达新的最远点，但由于食品匮乏，在距离南极点仅100英里处被迫返回。

**1911年12月**：阿蒙森与四名同伴首次抵达南极点。

**1912年1月**：斯科特和他的三个同伴抵达南极点，在（与阿蒙森的）比赛中位居第二。

**1912年2—3月**：斯科特南极探险队的所有五名成员在返回海岸的途中死亡。

**1912年**：澳大利亚地质学家和探险家道格拉斯·莫森带领一只科考队抵达阿德利地，成为首位在南极洲和另一个大陆之间建立无线电联络并首次发现南极陨石的人。在乘雪橇返回远在东部的基地途中，莫森的两个同伴死亡，其中一人掉进了一条冰缝，大部分食物和装备也一并丢失。依靠非同凡响的忍耐力，莫森成功幸存并返回基地，却发现他要乘坐的船消失在地平线上，留下他在南极大陆上又滞留了一个冬天。

**1915—1916年**：沙克尔顿重新尝试打破南极纪录，这一次希望能成为第一个徒步跨越南极大陆的人。但他的船"坚忍号"在威德尔海被挤破。沙克尔顿的手下被困在海象岛上，他和其他五人乘坐一艘敞篷小船成功驶抵南乔治亚岛寻求帮助——完成了有史以来最伟大的小船航行之一。沙克尔顿随后领导了对其余被困手下的营救行动。

**1929年**：美国海军上将理查德·伯德和三个同伴首次驾机飞越南极点。

**1934年**：伯德在罗斯冰架上设立了一个小型内陆基地，进行气象研究，并在此独自过冬。他几乎死于一氧化碳中毒，尽管他试图不让海岸边的队友知晓他的病情，但他们最终在太阳回归之前救出了他。

**1935年**：卡罗琳·米克尔森，一位挪威捕鲸船长的妻子，在南极海岸上短暂逗留，成为首位踏足南极大陆的女性。

**1947—1948年**：珍妮·达林顿（Jennie Darlington）和伊迪丝·"杰基"·罗尼（Edith "Jackie" Ronne），两人均为探险队成员的妻子，成为首批在南极大陆过冬的女性。

**1954年**：澳大利亚莫森基地建成，现在成为南极圈以南最古老的连续使用的科考站。

**1956年**：美国科考站麦克默多站在罗斯岛上建成，位于斯科特的第一座小屋旁边。

**1957—1958年**：国际地球物理年，一个涉及除中国外所有主要国家的科研项目触发了强烈的南极科研兴趣。这是南极大陆科学时代的黎明。苏联东方站和美国南极点站都在南极东部冰盖的高原上建成。在此期间，维维安·富克斯（Vivian Fuchs）率领英联邦横贯南极探险队从威德尔海穿过南极点到达罗斯海，最终成功穿越整个大陆，距离沙克尔顿尝试失败已有四十余年。

**1961年**：最初由十二个国家签署的《南极条约》正式生效。该条约将所有的领土声索搁置起来，并承诺将南极只用于科研与和平目的。

**1969年**：美国研究人员在南极鱼类血液中发现防冻液。同年，刚获准加入美国科研计划的六名女性被从沿海空运至南极点合影。走下飞机后，她们挽起胳膊，六个人均成为到达南极点的"首位"女性。

**1978年**：埃米利奥·马科斯·帕尔马在南极半岛上的阿根廷埃斯佩兰萨站出生，成为首个出生在南极大陆的婴儿。

**1979年**：南极大陆上首颗火星陨石被发现——尽管此时并未得到认可。

**1981年**：世界上首颗月球陨石在南极大陆被发现。在此之前，科学家并不相信其他大型行星体上的岩石能够抵达地球。这一发现引发了对此前世界各地发现的陨石进行重新评估，揭示出此前未知的一类陨石实际上来自火星。

**1985年**：在龙尼冰架上的哈雷站工作的英国科学家报告在南

极上空发现臭氧层空洞。

1986年：阿根廷科学家在詹姆斯·罗斯岛发现南极洲首个恐龙化石。

1994年：最后一批雪橇犬离开南极大陆。根据《南极条约》，自此以后，南极大陆唯一允许踏足的非本地物种就是人类。

1995年：美国研究人员报告，在干谷内发现至少有800万年历史、但仍处于冻结状态的冰。

1996年：俄罗斯东方站的钻探员在12000英尺深处停止钻探冰芯，以避免污染下方湖泊。这是有史以来钻探出的最长冰芯，直到2011年才被南极西部冰盖冰芯超越。东方站冰芯包含四个完整冰河期的记录，并显示出气温和温室气体如二氧化碳之间存在非常紧密的相关性。

1998年：美国研究人员报告，卫星观测结果显示，南极西部冰盖阿蒙森海区域内的冰正以惊人的速度消退。随后涌现出大量论文，说明南极大陆上这片区域实际上是南极洲的"软肋"。

2002年：拉森 B 冰架，面积相当于美国罗德岛州，以惊人的方式崩裂，引发南极冰盖响应全球气候变暖的担心。美国研究人员发现，过去至少1万年间从未发生过这种情况。

2004年：欧洲联合体 EPICA 停止在冰穹 C 的冰芯钻探工作。虽然此次冰芯比东方站冰芯略短，但它可以追溯到更远，穿透了八个完整的冰河周期。滞留在冰芯内的微小远古空气泡确认了更高水平的温室气体和更高气温之间的紧密关系，表明当今大气中的二氧化碳水平比过去至少80万年来都高。同年，合同工杰克·斯皮德成为首位在南极度过五个冬天的人。虽然该纪录已被超越，但他仍是唯一在此连续度过五个冬天的人。

**2005年**：法国 – 意大利协和站首次在冬季使用。协和站成为
近五十年来首个在南极高原上新建的过冬站。另外，美国
研究人员发现南极大陆拥有一张隐藏的面孔。他们发现，
南极冰下数百个湖泊不是孤立的，而是通过河道和瀑布互
相连接；许多湖泊似乎不断注满和排空，造成的湍流可能
会动摇冰盖的大片地区。

**2005年**：多家科考站的气温记录证实，南极半岛五十多年来
升温了近2.78℃，相当于全球平均升温的三倍以上。

**2009年**：中国在南极内陆冰穹 A 上建立了一个夏季科考站——
昆仑站，用于钻探新冰芯，以进一步探查南极深埋的气候
记录。

**2011年**：美国南极洲西部冰原区冰核研究计划抽取出南极大
陆上有史以来最深的冰芯，也是南极西部冰盖为数不多的
几根冰芯之一。他们希望冰芯揭示出更多有关这个非常脆
弱的冰盖的历史和可能面临的命运的信息。

# 术语表

搜寻南极陨石计划（ANSMET）：一个在南极大陆搜寻陨石的项目。

南极条约（Antarctic Treaty）：一项规约整个南极大陆所有权及使用权的条约，于1961年正式生效，目前已获得四十九个国家签署。该条约规定将南极大陆留作科研之用，禁止商业开发和军事活动。

大冰障（Barrier）：早期探险家对罗斯冰架的称呼。

回旋镖（Boomerang）：一段从新西兰飞往麦克默多站的航程，由于着陆点天气恶劣，飞机不得不在安全折返点处返回。

雪地靴（bunny boots）：白色（有时为蓝色）的大靴子，看起来像太空靴，经过改造后配上了保温层，用于极寒环境。

铲雪车（cat 或 snow cat）：雪地推土机或者履带拖拉机。

通信室（Comms）：南极各项行动的核心部分。

宇宙微波背景辐射（CMB）：宇宙诞生即大爆炸产生的淡淡余辉，肉眼看不见，但仍弥漫在天空中。

迪蒙·迪维尔站（DDU）：位于阿德利海岸的法国主基地。

欧洲南极冰芯取样项目（EPICA）：涉及两根冰芯，一根取自冰穹 C，一根取自毛德皇后地。

**菜鸟**（fingee）：FNG 的发音，意思是"他妈的新来的家伙"。

**鲜品**（freshies）：新鲜水果和蔬菜——它们在南极洲的价值超过了黄金。

**餐厅**（galley）：基地和营地餐饮区的统称，来源于早期对南极提供后勤支持的海军后勤系统。

**"大力神"飞机**（Herc 或 Hercules）：广泛用于美国南极科研项目并进行长途飞行的 C–130军用运输机。其他国家的科考活动也使用"大力神"飞机，但需要依靠轮子在海冰跑道上起降，只有美国拥有在飞机上加装滑雪板的技术，因而能在内陆地区使用"大力神"飞机。

**冰盖**（ice sheet）：覆盖南极大陆大片区域的一层厚冰；目前世界上仅存的三大冰盖分别位于格陵兰岛、南极洲东部和南极洲西部。如果三座或其中任何一座整体融化，巨量的融水汇入海洋，都将显著抬升全球海平面。

**冰架**（ice shelf）：冰川中已经溢流入海但尚未破碎成冰山的大块浮冰。南极洲存在大量小冰架和两座非常大的冰架——罗斯冰架（也称为大冰障）和龙尼冰架，两者面积均大致与法国相当。

**冰流**（ice stream）：大而宽的冰川，通常深度超过一公里，宽度可达50公里，移动速度极快，将冰盖中心的冰泄流入海。

**詹姆斯威**（Jamesway）：长的半圆柱形帐篷，带两层篷布和一层木地板，一般用炉子取暖。通常被用作较大营地的公共生活区，或用于住宿。

**麦克镇**（Mactown）：对南极洲的美国总部麦克默多站的昵称。

**麦特拉克**（Mattrack）：一种模样古怪的南极车辆，类似于小卡车，但采用三角形履带车轮以抓住海冰。

医疗后送（medevac）："medical evacuation"的缩写词，指人员重病或重伤后用飞机紧急运送至后方。

观测山（Observation Hill）：圆锥形的火山渣堆，俯瞰麦克默多站。

浮冰群（pack 或 pack ice）：挤在一起的海冰，或译积冰。

雪脊（sastrugi，单数形式 sastruga）：被风吹起的波浪状的雪地隆起。

斯科特帐篷（Scott tent）：基于罗伯特·斯科特船长的原始设计而制成的金字塔形帐篷，通常容纳两个人外加一个做饭用的炉子。

海冰（sea ice）：冰冻的海水，通常比陆冰薄得多且更加脆弱。

雪地车（Skidoo）：雪地上常用的个人交通工具，看起来像装在滑雪板上的摩托车。也可以用来牵引雪橇。

雪地推土机（snow dozer）：就像推土机，但用于推雪。

300度俱乐部（300 Club）：要加入该俱乐部，你需要裸体经受300华氏度（约149摄氏度）的温度变化。通常情况下，你要先在200℉（约93.3℃）下蒸桑拿，然后只穿雪地靴和面罩，在 −100℉（约 −73.3℃）下走完规定距离。这只有在南极最冷的地区——主要是南极点——过冬时才会发生，该俱乐部绝不轻易接收会员。

迷糊（toast）：南极俚语，指大多数南极过冬者都会出现的精神不稳定状态，还有"犯迷糊"（going toast）或者"迷糊了"（being toasty）等说法。

"双水獭"飞机（Twin Otter 或 Otter）：双发动机螺旋桨飞机，以结构坚固、可靠、可短距起降而著称。专为边远地区设计，"双水獭"可配滑雪板或轮子，可进入大型飞机无法企及的南极野外科考现场。

过冬（winter-over）：在南极大陆度过整个冬天。

# 延伸阅读

Alexander, Caroline, *The Endurance*, Alfred A. Knopf, New York, 1999

Amundsen, Roald, *The south Pole*, Hurst & Co, London, 2001

Bainbridge, Beryl, *The Birthday Boys*, Carroll and Graf, New York, 1991

Byrd, Admiral Richard E, *Alone*, Kodansha International, New York, 1995

Cassidy, William, *Meteorites, Ice and Antarctica*, Cambridge University Press, Cambridge, 2003

Cherry–Garrard, Apsley, *The Worst Journey in the World*, Picador, London, 1994

Crawford, Janet, *That First Antarctic Winter*, Caxton Press, Christchurch, 1998

Gosnell, Mariana, *Ice*, Alfred A. Knopf, New York, 2005

Griffiths, Tom, *Slicing the Silence*, Harvard University Press, Cambridge, 2007

Huntford, Roland, *Race for the South Pole-The Expedition Diaries*

南极洲：一片神秘的大陆

*of Scott and Amundsen*, Continuum, London, 2010

Huntford,Roland,*Scott and Shackleton*, Hodder & Stoughton, London, 1979

Huntford, Roland, *Shackleton*, Abacus, London, 1985

Johnson, Nicholas, *Big Dead Place—Inside the Strange and Menacing World of Antarctica*, Feral House, Los Angeles, 2005

Riffenburgh, Beau, *Nimrod*, Bloomsbury, London, 2004

Riffenburgh, Beau, *Racing with Death*, Bloomsbury, London, 2008

Robinson, Kim Stanley, *Antarctica*, Bantam Books, New York, 1999

Rubin, Jeff, *Lonely Planet: Antarctica*, Lonely Planet, 2008

Mawson, Douglas, *The Home of the Blizzard*, St Martin's Press, New York, 1998

Pyne, Stephen J, *The Ice—A Journey to Antarctica*, University of Washington Press, Seattle and London,1998

Scott, Robert F., *Scott's Last Expedition*, Smith, Elder & Co, London, 1913

Shackleton, Ernest, *South*, Robinson, London, 1998

Solomon, Susan, *The Coldest March*, Yale University Press, New Haven and London, 2001

Spufford, Francis, *I May Be Some Time: Ice and the English Imagination*, Faber and Faber, 2003

Spufford, Francis, ed.,'The Antarctic'in *The Ends of the Earth*, Granta Books, London, 2007

Tyler—Lewis, Kelly, *The Lost Men*, Bloomsbury, London, 2006

Wheeler, Sara, *Terra Incognita— Travles in Antarctica*, Vintage, London, 1997

# 致　谢

这本书一直酝酿了十余年，很多人都在收集资料和写作过程中提供了帮助。

正因为有了来自英国南极调查局、美国国家科学基金会极地项目办公室、法国保罗－埃米尔·维克多研究所（Institut Paul–Emile Victor）、意大利国家南极研究项目（Programma Nazionale di Ricerche in Antartide）以及佩里格林旅行社（Peregrine Voyages）的慷慨资助和项目奖励，我的南极之旅才得以成行。特别感谢尼诺·库奇诺塔（Nino Cucinotta）、卡尔·厄尔布（Karl Erb）、杰拉德·朱吉（Gerard Jugie）、戴维·麦克高尼格（David McGonigal）、尼克·欧文斯（Nick Owens）和克里斯·拉普利（Chris Rapley），并感谢以下人员在后勤方面提供的帮助：戴夫·布雷斯纳汉、琳达·卡珀（Linda Capper）、雅典娜·第纳尔（Athena Dinar）、帕特里斯·戈东、盖伊·居特里奇（Guy Guthridge）和伊莱恩·胡德（Elaine Hood）。还要感谢杰里米·韦伯（Jeremy Webb）派我前往南极大陆进行第一次宿命之旅。

除本书提及曾与我共度冰面时光的人士之外，还要感谢美国项目中的"电脑告密者"霍利·特洛伊（Holly Troy）、我在麦克默多的室友伊丽莎白·"外星人"·特拉弗（Elizabeth 'E. T.' Traver）以及我的"艺术家兼作家"同行艾琳娜·格莱斯贝格（Elena Glasberg）、苏珊·福克斯·罗杰斯（Susan Fox Rogers）和康尼·萨马拉斯（Connie Samaras）。感谢协和站的吉勒斯·巴拉达（Gilles Balada）、纪尧姆·达尔戈、米歇尔·米诺（Michel Munot）和休伯特·西纳德（Hubert Sinardet），感谢劳伦特·奥古斯丁允许我引用他的私人日记。感谢"纳撒尼尔·B. 帕默号"上我的舱友玛丽·罗奇（Mary Roach），并感谢"坚忍号"上的雅典娜·第纳尔和马丁·雷德芬（Martin Redfern）。

本书提及的科学家均慷慨分享了他们的研究成果，在许多情况下，还分享了他们的野外科考现场和营地。此外，还要感谢理查德·阿利（Richard Alley）、斯里达尔·阿兰达克里斯兰（Sridhar Anandakrishnan）、迈克尔·本德尔（Michael Bender）、鲍勃·本德沙德勒（Bob Bindschadler）、迈克·卡斯泰利尼（Mike Castellini）、杰罗姆·沙佩纳兹（Jérôme Chappellaz）、皮特·康威（Pete Convey）、亨利·凯泽（Henry Kaiser）、卡尔·克勒茨（Karl Kreutz）、贝里·里昂（Berry Lyons）、道格·麦克阿耶尔（Doug MacAyeal）、菲尔·利特（Phil Leat）、罗伯特·马尔瓦尼（Robert Mulvaney）、迪恩·彼得森（Dean Peterson）、多米尼克·雷诺（Dominique Raynaud）、朱利安·斯科特（Julian Scott）、安迪·史密斯（Andy Smith）和埃里克·沃尔夫（Eric Wolff）。

感谢西蒙·马尔（Simon Marr）在我最长的行程中给予我的支持，感谢艾琳·西万斯基（Eileen Cywinski）及其圣克莱尔班的同学们，他们热情的参与和精彩的问题支撑着我们在"坚忍号"上度过了漫长的六周时光。还要感谢"坚忍号"的船长鲍勃·塔兰特（Bob

Tarrant）和所有船员，感谢"谢尔盖·瓦维洛夫院士号"上的船员和科考人员，感谢"纳撒尼尔·B.帕默号"上的船员和科学家。

以下人士审读了全部或部分书稿：戴维·安利、安尼塔·阿南德（Anita Anand）、肯特·安德森、弗雷德·巴伦（Fred Barron）、唐·布兰肯希普、戴维·波坦尼斯（David Bodanis）、萨姆·鲍泽、理查德·布兰特（Richard Brandt）、奥利维耶·沙泰尔、尤金·德迈克、彼得·多兰、朱利安·多德斯韦尔（Julian Dowdeswell）、迈克尔·埃文斯（Michael Evans）、鲍勃·卡罗特（Bob Garrot）、卡罗琳·吉尔伯特（Caroline Gilbert）、拉尔夫·哈维、伊莱恩·胡德、卡伦·豪厄尔（Karen Howell）、罗莎·马洛伊（Rosa Malloy）、达米安·马洛伊（Damian Malloy）、戴夫·马尔尚、达朗·米森（Darran Messem）、罗布·马尔瓦尼（Rob Mulvaney）、蒂埃里·拉克洛、马丁·雷德芬、拉里·理卡德、萨拉·拉塞尔（Sara Russell）、莱斯利·塞奇（Leslie Sage）、莱昂·泰勒（Leon Tayler）、约翰·范德卡尔（John Vandecar）和戴维·沃恩。他们的意见和建议令文稿大为增色，当然任何差错均由本人负责。

感谢 Xyntéo 公司的同事对本人的鼎力支持，特别是奥斯瓦尔德·比耶兰（Osvald Bjelland）和菲尔·哈里森（Phil Harrison）。还要感谢我的朋友们在此漫长过程中给予我的宽容和鼓励，特别是安尼塔·阿南德、珍妮·巴伦（Jeanne Barron）、戴夫·巴罗斯（Dave Barrows）、斯蒂芬·巴特斯比（Stephen Battersby）、罗密·布兰代斯（Romy Brandeis）、娜塔莉·德维特（Natalie de Witt）、亚历克斯·埃克尔斯顿（Alex Eccleston）、卡伦·豪厄尔和韦恩·豪厄尔（Wayne Howell）、露西·莱格（Lucy Legg）、唐娜·利伯曼（Donna Lieberman）、多米尼克·麦金太尔（Dominick McIntyre）、达朗·米森、阿德里安娜·舒尔（Adrienne Schure）、西蒙·辛格（Simon

Singh）、比利·斯坦普尔（Billy Stampur）、约翰·范德卡尔、杰夫（Jeff Wolf）和杰妮·沃尔夫（Jeany Wolf）。还要感谢我在帕拉冈（Paragon）的朋友们，特别是黑兹尔·加莱（Hazel Gale）、丽萨·肯特（Lisa Kent）、斯图亚特·劳森（Stuart Lawson）、基思·莫里斯（Keith Morris）、乔纳森·史密斯（Jonathan Smith）和马克·沃克（Mark Walker），他们在我最需要的时候，帮我厘清思路。

另外还要特别感谢以下五人：吉尔·阿什利（Jill Ashley）、弗雷德·巴伦、戴维·波坦尼斯、马丁·雷德芬和莱昂·泰勒。如果没有他们的鼓励和及时干预，本书可能无法完成。

感谢我的经纪人迈克尔·卡莱尔（Michael Carlisle）的出色工作，让我有幸全程获得了两位业内最佳编辑的协助。哈考特出版公司（Harcourt）的安德烈亚·舒尔茨（Andrea Schulz），在本书尚未列入出版计划之前，就对其坚信不疑且从未动摇。布鲁姆斯伯里（Bloomsbury）出版公司的比尔·斯温森（Bill Swainson）远远超越自己的职责范围，帮我在混乱之中找出方向。如果没有他，我肯定做不到这一点。

感谢我亲爱的家人：罗莎、海伦、爱德、克里斯蒂安、萨拉、达米安、杰恩、尼尔和香农夫妇、菲利克斯和艾拉夫妇。最后，感谢所有在过去一两个世纪里被吸引至白色大陆的那些勇敢执着的男男女女，他们让我们知道了这片大陆的存在。他们铺好了道路，让我们不仅对南极，最终更是对我们自己有了全新的认识。

新 知
文 库